农田水利基础理论与应用

左毅军　蒋兆英　常宗记　主编

科学技术文献出版社
SCIENTIFIC AND TECHNICAL DOCUMENTATION PRESS

·北京·

图书在版编目（CIP）数据

农田水利基础理论与应用 / 左毅军，蒋兆英，常宗记主编. —北京: 科学技术文献出版社，2021.8

ISBN 978-7-5189-8292-9

Ⅰ.①农… Ⅱ.①左… ②蒋… ③常… Ⅲ.①农田水利 — 排灌工程 Ⅳ.① S277

中国版本图书馆 CIP 数据核字（2021）第 177157 号

农田水利基础理论与应用

策划编辑：周国臻　　责任编辑：李　鑫　　责任校对：文　浩　　责任出版：张志平

出　版　者	科学技术文献出版社
地　　　址	北京市复兴路15号　邮编　100038
编　务　部	(010) 58882938，58882087（传真）
发　行　部	(010) 58882868，58882870（传真）
邮　购　部	(010) 58882873
官 方 网 址	www.stdp.com.cn
发　行　者	科学技术文献出版社发行　全国各地新华书店经销
印　刷　者	北京虎彩文化传播有限公司
版　　　次	2021 年 8 月第 1 版　2021 年 8 月第 1 次印刷
开　　　本	787×1092　1/16
字　　　数	414千
印　　　张	17.5
书　　　号	ISBN 978-7-5189-8292-9
定　　　价	78.00元

编 委 会

主　编

左毅军　新疆昌吉回族自治州昌吉市榆树沟镇农业畜牧业发展服务中心

蒋兆英　湖北省水利水电规划勘测设计院

常宗记　长江勘测规划设计研究有限责任公司

副主编

张陆明　天津市津南区双桥河镇农业农村事务服务中心

包洪福　北京中环格亿技术咨询有限公司

季德雨　河南省水利第二工程局

编　委

周　兵　新疆昌吉方汇水电设计有限公司

龚节卫　巴音郭楞蒙古自治州水利水电勘测设计有限责任公司

前　言

农田水利建设就是通过兴修为农田服务的水利设施，包括灌溉、排水、除涝和防治盐、渍灾害等，建设旱涝保收、高产稳产、高标准的农田。农业是国之根本，有言道："民以食为天"，也就是说，如果没有农业的良好发展，也就无法开展其他活动。我国作为农业大国，水利是农业的命脉，农田水利是农业和农村经济发展的基础设施，在改善农业生产条件、保障农业和农村经济持续稳定增长、提高农民生活水平、保护区域生态环境等方面具有不可替代的重要地位和作用。加强农田水利基础设施建设，直接关系到水资源的可持续利用、粮食生产的安全和国内与国际环境的安定。因此，对农田水利的研究就显得十分必要。基于此，编者撰写了本书。

本书共分为13章，在编写过程中，编者努力做到少而精，注重理论联系实际。主要包括以下5个方面的内容。第一，结合我国农田水利的特点和问题，探讨国外农田水利事业的先进经验；第二，阐述了农田水利工程管理、农田土壤水分与灌水技术的理论知识；第三，分别对灌溉系统、排水系统、田间工程的规划设计进行分析；第四，探讨了灌溉排水工程管理、不同类型地区的水利问题及治理、灌排系统水体污染与治理和农田水利产权制度与灌溉组织制度；第五，适当介绍了新疆农田水利建设发展历程和灌溉技术的发展应用。

目　录

第一章　农田水利事业概述

农田水利是水利工程类别之一，其基本任务是通过各种水利工程技术措施，调节和改变农田水分状况及地区水资源不平衡状况，以促进农业生产的发展。

农田水利科学技术是在不断发展的。农田水利建设和管理，又是由社会经济条件决定和制约的。这些条件也是在不断变化和发展的。因此，要发展农田水利事业，就必须不断研究新情况，解决新问题，才能使农田水利事业不断向前推进。

第一节　农田水利事业的地位

一、我国农田水利事业的发展概况

农田水利是直接为农业生产服务的，是农田基本建设的重要组成部分。它的基本任务是通过各种工程措施，合理利用水土资源，改善对农业生产不利的条件，调节农田土壤水分状况和地区水情条件，并与其他农业增产措施相结合，不断提高土壤肥力，为农业高产、稳产提供良好基础。

（一）现状

我国位于亚欧大陆东侧，濒临太平洋，南北跨纬度 50 度，东西跨经度 60 多度，国土面积 960 万 km^2，地域广阔、地形复杂、气候多样、江湖众多、资源丰富，但由于人口众多，如按人均占有水土资源计，却不算丰富。

目前，在农田水利方面突出的问题是水土资源的组合很不平衡。例如，全国有45%的土地面积处于降水量少于 400 mm 的干旱少水地带；全国河川径流量分配，直接注入海洋的外流河水系占 95.8%，不与海洋沟通的内陆河水系占 4.2%，而内陆水系面积占全国总面积的 36%；长江流域和长江以南水系的径流量占全国的 82%，但耕地只占全国耕地总面积的 36%；黄河、淮河、海河三大流域，年径流量占全国年径流量的6.6%，但耕地面积却占全国总耕地面积的 38.6%，水土资源分布相差悬殊。由于降水量在年内及年际间分配不均，以及水土资源组合不平衡等，造成我国水旱灾害出现频繁和农业生产不稳定。

此外，在我国北方温带干旱、半干旱地区及东部半干旱、半湿润季风气候区域的内陆盆地、冲积平原和滨海平原有4亿亩[①]盐碱化和遭受渍害的土地，其中约1亿亩分布在农田，占我国耕地面积的7%左右，遍及17个省（市、自治区）。在当前和今后开垦新的农田扩大耕地面积时，这些地区的开垦是很主要的。在我国的东北平原有部分沼泽地带，在西北黄土高原、江南红壤丘陵地区、华北土石山区、东北黑土地带等处共有100多万km²的面积上目前还存在着不同程度的水土流失现象，都需进行治理和改造。

（二）历史沿革

1.古代发展

我国农田水利事业的发展已有几千年的历史，早在夏商时期，黄河流域一带就有了一些比较原始的农田水利工程，并出现了拦截径流用于灌溉的"沟渔"。春秋战国时期已经有了规模较大的渠系工程，如公元前6世纪在今安徽寿县南侧修建的我国最早的灌溉水库——芍陂（现名安丰塘）；公元前4世纪在今河北临漳开挖的引漳十二渠；公元前3世纪在四川兴建的我国古代最大的灌溉工程都江堰等。特别是都江堰工程，其规划思想、工程设施及管理措施都很符合现代科学理论，是我国古代最成功的农田水利工程。此外，我国古代比较著名的农田水利工程还有郑国渠、灵渠、秦渠、汉渠、唐来渠等。其他，如遍布南方地区的塘坝工程，北方地区的水井、水车，西北地区的坎儿井、天车等，在过去都曾经为我国人民在与干旱斗争中发挥了历史性的作用。

2.新中国成立后

1949年以后，亿万群众和广大水利工作者在中国共产党和各级人民政府的领导下，经过艰苦努力，农田水利建设有了飞速发展，主要江河都得到了不同程度的治理，洪、涝、旱、碱四大灾害的威胁大大减轻，水利资源也得到了合理的开发与利用。

20世纪80—90年代，全国已整修堤防20万km，保护了5亿人口及5亿亩耕地；全国累计建成水库82 900余座，塘坝600多万座，总库容达4500多亿m³，其中向城市供水的500亿m³；全国耕地的灌溉面积已由新中国成立前的2.3多亿亩增加到7.2亿亩，其中万亩以上灌区5300多处，此外，除农田灌溉面积外，还发展林地及果园灌溉2100多万亩；固定排灌站已建成4.6万多座，打机井250多万眼，建水轮泵站2.1万处，机电排灌动力逾6400万kW，机电排灌的发展代替了绝大部分原来靠人、畜力提水灌溉的旧机具，机电提水灌溉面积达4亿亩；全国易涝面积3.65亿亩，已经初步治理2.8亿亩；我国耕地中有1.14亿亩盐碱地，已治理7100万亩，占62%；全国有近5亿亩坡耕地，已有1.1亿亩改造成梯田；全国草原面积42.9亿亩，其中北方地区缺水草原10多亿亩，目前已建成了一批水源工程和供水设施，灌溉饲料基地和天然草场980多万亩；随着北方地区大量开采地下水，不同材质的管道有了较大的发展，到20世纪80年代末期北方地区管道灌溉面积已发展到3003万亩，管道总长11.4万km。近

---

① 1亩=666.6m²，依据数据记录习惯本书中的亩不做处理，将沿用。

些年来，喷灌、滴灌、微灌技术正从各种经济作物、果树、蔬菜等试点开始向面上推广。20 世纪 80 年代初期，全国喷灌面积约 1000 万亩，滴灌面积 15 万亩，近几年又有所增加。在喷灌、滴灌技术方面研制了多种成套设备，并发展了适合我国特点的一些喷、滴灌系统，技术上也有所创新。

随着我国社会主义建设的不断发展，除上述工程外，还新建和扩建了许多大型的农田水利工程，其中有设计灌溉面积超过 1000 万亩的四川省都江堰灌区，安徽省浮史杭灌区和内蒙古自治区的河套灌区等；装机容量超过 40 000 kW 的江苏省江都排灌站；设计流量 15.1 m³/s、净扬程达 50 m 的湖南省青山水轮泵站等。此外，还兴建了一些大的调水工程，如引黄济青（青岛市）、引滦济津（天津市）工程，长江水北调（南水北调）工程正在实施中。

总之，新中国成立以来我国农田水利建设已取得了巨大的成就，并积累了丰富的建设经验。但是走过的道路是曲折的，既经历了大的发展阶段，也经历了紧缩和停滞不前的时期，因而也总结了一些克服困难的办法。目前和新中国成立初期相比，抗御旱涝灾害、改良土壤的能力已经有了很大的提高。但是，全国水利化程度很不平衡，仍有不少地区抗旱除涝标准不高、灌溉排水系统配套不全、管理不善，全国平均每年受灾面积仍有 3 亿亩。尤其是有些已建工程老化、失修、效益衰减和北方水资源短缺这两大问题很突出。以上情况的存在，阻碍了农业生产的发展。因此，继续大力加强农田水利建设、提高抗御水旱灾害能力、提高科学管理水平、改进技术装备、进一步扩大灌溉、除涝、排渍、治碱的经济效益，把农田水利事业推向新的高度，是农田水利工作者面临的光荣而艰巨的任务。

二、农田水利在国民经济建设中的地位

农田水利的基本任务是通过兴修各种水利工程并和其他措施相结合，改良农田水分状况和调节地区水情，以便为农业高产、稳产创造条件，为国民经济全面发展奠定基础。因此，农田水利在农业现代化和国民经济建设中具有十分重要的地位和作用。

（一）农田水利建设与农业发展的关系

植物生长的要素是水、肥、气、热、光，其中水是最活跃的因素。俗语说："有收无收在于水，收多收少在于肥。"我国史书中指出："有水无肥一半谷，有肥无水望天哭。"均说明在其他条件相同的情况下，水是决定农业丰歉的关键因素，对农业生产起着决定性作用。

所以历史上农业的发展和水利的建设关系非常密切。据不完全统计，从公元前 206 年到 1949 年的 2155 年间，我国曾发生过较大的水灾 1092 次，较大的旱灾 1056 次，平均每年发生一次较大的水灾或旱灾，而每次大灾的后果是农业大量歉收，饥荒遍野，经济萧条。相反农业丰收年都是风调雨顺、无灾少害的年份，凡是这样的年份五谷丰登、粮食满仓、丰衣足食、市场繁荣，经济上都有一个很大的发展。历史上这些生动的事例说明，国家的建设和社会的发展都离不开农业的发展，离不开农田水利建设的发展。

新中国成立以后的经验也说明，农业是国民经济的基础，水利是农业的命脉。凡是水利基础较好的地区，农业稳定，生产发展较快，相反则发展缓慢。生产实践还说明，水利建设的发展不仅保证了农业的发展，也促进了商业、工业、财贸、交通、物资、能源及文化教育等部门的发展，因此，农田水利建设是关系到农业发展的大计，是关系到国民经济发展的大计。

（二）农田水利建设与改善环境的关系

广义的环境是指自然环境，即人类生存的自然空间和领域。由于任何一个地域都具有一定的由各种生态系统所组成的环境，而人类及各种生物正是依赖这些生态系统存在与生活，所以又把自然环境称为生态环境。水是自然环境中重要的元素，它直接影响环境的生态变化和质量指标，同时也在生态系统营养物质的生物小循环和生物地球化学大循环中起着极其重要的作用，可以说生命系统离开水就无法生存和发展，所以适宜的水域自然生态环境，可以给人类带来适宜的生育繁衍、物质文明和精神文明的条件，这可从古代几大文明发源地加以证明，印度的恒河流域、埃及的尼罗河流域、我国的黄河流域，这些适宜人类生存和发展的地区，都成了历史文明发达的古国。

生态环境还是农业发展的基本条件。良好的生态环境可以使生态系统保持长久的动态平衡和良性循环。而生态环境的恶化，会出现生态失调和恶性循环。水是生态环境中的基本要素。水的丰、平、枯对生态环境的好坏具有决定性的影响和作用，环境中有了水，沙漠可以变成绿洲；缺了水，绿洲也可能变成沙漠。这便是水和环境相互之间的关系。兴修水利，科学、合理地改变自然界水的时空分布，不仅可为农业发展创造条件，而且也是为人类生存创造适宜生态环境的措施。因此，进行大规模的、长期的农田水利基本建设具有极其深远的意义。

三、我国农田水利事业的展望和科技发展趋势

根据国内外科技发展情况，近期内农田水利技术发展趋势，大致有以下几个方面。

（一）节水技术

节水技术是国内外都很关注的问题，也是扩大灌溉面积的主要途径之一。由于当今世界上多数灌溉土地使用地面灌溉法，所以人们在改进地面灌水技术和提高管理水平方面进行了长期的研究，取得了不少行之有效的成果。间歇灌水法就是近年来新发展起来的一种新的灌水技术。其特点是通过间歇地向灌水沟送水，造成涌流状态，使沟内水流推进速度加快，并使水分沿程入渗均匀。间歇灌溉比一般连续水沟灌省水30%～50%，在有风条件下，灌水效率比平移式喷灌提高10%～15%，由于灌水均匀，作物的产量和质量都有所提高。例如，河北省唐山市在小面积上试用间歇灌溉法，节水效果良好。

美国、澳大利亚等国研究用水平地块灌水法代替传统的沟畦灌，每个地块30～240亩，应用激光控制平地，可使任何方向的高差小于 2.5 cm，田间灌溉水的有效利用率达70%～90%。近年来，我国在地面灌溉节水技术方面有了很大的进展。例

如，在水稻、小麦、棉花等作物灌水方面研究出既能节水又能增产的科学灌溉制度、旱田地膜覆盖灌水技术、调整作物种植结构以充分利用天然雨水、渠道防渗技术等，在井灌区以管道输水代替明渠输水，畦灌中采取大面积水平畦灌溉等都有很好的节水效果。在喷灌方面，目前喷灌设备正处于再次更新阶段，高压中心支轴式喷灌机在美国、日本已逐渐被低压系统所代替，许多国家正在努力开发低耗能喷灌机械。滴灌方面，国内外在研制低造价管道系统和防止滴头堵塞等问题上已有了较大的进展，并已成功地试用微咸水滴灌。

（二）节能技术

节能和节水是息息相关的，所以国内外普遍注意在节水的同时达到节能的目的。低压喷灌、滴灌系统及太阳能、风能在农田水利方面的应用，是节约能源的主要措施之一。我国在喷灌、滴灌系统的创新与运用方面做了很多工作，但在开发利用太阳能和风力资源方面，尽管起步很早，但进展不快。因此，在日照充足、风力资源丰富地区加速发展风能及太阳能的利用是很必要的。我国排灌机械保有量60多万台，管理好、维修好这些设施，不断提高装置效率，对节能来讲具有重要意义。

（三）优化配水和自动化配水技术

该技术在美、日、法等国应用较广，有明显提高用水效率的作用，并有节水节能的效果。我国北方地区由于水资源紧缺，供需矛盾尖锐，近年来，不少地方在灌溉水资源优化分配及调度方面的研究比较多，而且进展很快，不少成果已在推广应用，目前仍在发展中。田间自动化灌水技术，在日本和欧洲已试验多年，因投资大，直接经济效益不明显，尚未能进入大面积应用阶段。我国有些省（市、自治区），在一些小型泵站、机井灌区，已开始应用微机自动控制灌溉用水，如已建成的江苏省太仓市沙溪镇泰西村泵站、江苏省江阴市渭南村泵站、河南省开封市惠北实验站喷灌和微灌失去试区、天津市武清区下伍旗机井灌区等效果都很好，但也因投资大，推广困难。

（四）农田排水技术

国内外在排水技术方面很重视暗管排水及竖井排水，认为田间排水明沟占用耕地，而且较深的排水明沟塌坡易淤的问题仍未很好的解决。目前主要研究造价低的塑料制品和裹滤料及高效率施工机械。在井排方面主要研究提高井的出水量及延长使用年限措施。我国在排水暗管、暗沟、鼠道的应用方面，无论是在南方还是在北方都已得到较广泛的应用。南方低洼圩区、北方低洼易涝地区、沼泽地、内陆盐碱地和滨海盐碱地，采用形式多样的暗管、暗沟排水，在排渍、排咸及改良土壤方面都获得较好的效果。

（五）灌排水质监测及控制技术

国外对灌溉水质非常重视。美、英、德、日等国都制定了国家标准，建立了完整的对灌排系统的水质监测制度，采用全自动分析设备。由于水资源短缺，美、英、德等国开展了污水处理工作，在20世纪80年代初，城市污水处理厂平均已达1万人一座的水平，利用土地处理系统净化污水，水质可达二级、三级处理水平，可安全用于灌溉。

我国在这方面起步较晚，但进展较快。1979 年，国家颁布《中华人民共和国环境保护法》以后，又陆续发布了一些有关水资源保护、水污染防治等法规及规定，1979年 12 月由中华人民共和国农业部编制了《农田灌溉水质标准》并颁布试行。与此同时，水利部建立了水质监测试验中心。由于环境管理工作的加强和投资的增加，污染防治水平提高很快，但距离控制灌溉水源的污染还相差很远，目前仍有数千万亩农田被工业"三废"所污染。因此，大力开展水质监测管理和预报预测工作并进一步治理污染是十分必要的。

（六）调水技术

国外解决水资源不足的途径，除采取节水措施外，主要是调水。已实现的较大调水工程有：巴基斯坦的西水东调工程，年调水 150 亿～ 200 亿 m^3；美国加州北水南调工程，年调水 270 亿 m^3。大规模调水工作，将灌溉工程技术、机电提水技术提高到一个新的水平，并促进了灌溉经济分析、灌溉生态环境等灌溉学科分支的发展。我国调水工作也已经开展起来，已完成的引黄济青（青岛）、引滦济津（天津）、引滦济唐（唐山）等都效果良好，并解决了一系列规划、设计、施工、提水、环境评价等技术问题。引长江水北调工程可望在近期实现。

上面只是梗概地介绍近期农田水利技术发展的趋势，但应特别指出的是：研究任何一项技术都必须充分考虑经济效益，以及当地在经济上的承受能力，否则只是空谈。此外，目前我国农田水利发展中面临三大问题，即水资源紧张、工程更新改造任务艰巨、资金短缺。为此，农田水利科学技术应紧密围绕上述问题，重点研究节水、节能、节约投资的技术措施，对现有工程挖潜改造，同时发展基础理论研究，在促进农业生产中取得较高的经济效益，将我国农田水利科学技术提到新的高度。

第二节　北方地区农田水利的特点和问题

我国北方一般是指秦岭—淮河以北的干旱、半干旱、半湿润广大地区。这一地区地域辽阔，地跨暖温带、温带和寒温带；地形复杂，丘陵山区水土流失比较严重；降水少，变率大，旱涝频繁；土壤类型多样，土地盐碱化比较普遍；平原多，农业用水量大，水资源供需矛盾突出，缺水问题日趋严重等，这些不利的自然条件影响和制约着北方地区农业生产和国民经济发展。

一、北方地区水资源特征和农田水利的特点

（一）北方地区水资源特征

1. 水土资源在空间分布不均衡

我国北方，在以林地为主的高山区，如东北的大小兴安岭和长白山，西北的祁连山、天山和阿尔泰山等地，耕地少，水资源较丰富。而东北平原、黄淮海平原等地人

口、耕地集中，水资源却十分短缺。内陆盆地人口少，降水量也少，水资源也十分紧缺。另外，水资源与工业布局也不协调，如京津唐工业区、山西能源重工业基地、沈大经济技术开发区等地，水资源均严重不足，供需矛盾十分突出。

2. 水资源供需在时间上不相适应

北方地区受季风气候影响大，降水、径流年际和年内变化十分明显，一些河流常常出现连枯、连丰现象。据统计，黄河、海河年径流量的最大最小值之比高达14～16 倍。一年内由于降水分布不均，夏秋多雨，通常其降水量占全年降雨量的70%～80%。因此，地面径流量季节变化也特别大。如北方小麦需水期的 3～5 月径流量只占全年的 10%～15%，其中最枯的 5 月份只有 3%左右。所以春旱秋涝现象已成规律，既频繁又严重。

3. 水资源利用受泥沙和生态环境的制约很大

北方河流含沙量多。如黄河含沙量极高，达 1300～1400 kg/m³，致使河道、水库淤积严重，影响河道行洪，降低水库工程寿命，如永定河官厅水库，目前已淤积了总库容的 37%，使水库防洪能力从十年一遇标准减少到 300 年一遇，水库的供水能力也大大减低。由于河道淤积，生态环境恶化，制约了水资源的开发与利用，如黄河为了维持下游河道冲淤，入海水量至少要求保持在 200 亿 m³ 左右，这就限制了上、中游和中、下游的用水。

4. 地下水资源有限，不能无限制的开发

北方地区除地表径流不足外，地下水资源也很少。浅层水的储量受每年降水的影响很大，深层水比较稳定，但补源难找。实践证明，地下水的开采量不能超过每年的降水补给量，否则地下水位将会连续下降并带来严重后果。因此，北方地区地下水不能无限制开采。

（二）北方地区农田水利的特点

1. 旱涝碱综合治理

北方平原地区，尤其是黄淮海平原是洪、涝、渍、旱、碱多种灾害并存的地区，各种灾害交替发生，相互影响，互为因果。因此，在治理中决不能针对某一种灾害，必须采取蓄泄并重、灌排兼顾、抗旱、除涝、治沙、治碱相结合的综合治理措施，才能取得较好的收效，这是几十年实践中总结出的一条基本经验，也是这一地区农田水利建设的方针。

2. 地表水、地下水联合运用

北方地区地表水严重不足，应建成蓄、引、提相结合的灌排系统。北方地区地下水也很缺少，开采后应重视补源与回灌。并在运行时使两种水源密切结合起来，才能缓解用水的紧张局面。例如，河北省平原地区地表水只能解决远景灌溉所需水源的20%左右；山东省也仅能解决半数。因此，必须大力开发利用地下水，发展井灌。在低洼易涝区和汛期采取井灌井排，并有计划地控制地下水，防止土壤次生盐碱化。

3. 节流与开源并重

北方缺水，已成定局，因此必须进行大力节流，这是北方地区水利建设的一项长远方针。因此应将渠道防渗、低压输水管道灌溉、喷灌、微喷灌等各种节水技术纳入推广的重点，同时应进一步深入研究雾灌、土壤水开发利用及土壤-植物-大气连续体（SPAC）的水分传输理论。与此同时还应重视新的水源开发包括南水北调，只有这样，才能彻底解决北方地区水源不足的问题。

4.注重防治风沙

北方地区受风沙危害的面积很大，风沙危害不仅使农业导致减产而且使环境遭到破坏。据有关资料，我国沙漠化的面积每年都在扩大，风沙危害和沙化已经成为内陆广大地区主要灾害。风沙灾害直接与农田水利建设密切相关，减少风沙可以减轻蒸发，增加空气相对湿度，进而减少土壤蒸发量，从而导致减少灌水量与灌水次数。另外，在水土流失地区更需要重视风沙的治理。对风沙的治理除运用水利措施外，还需要密切结合林业措施，广泛造林。林带可以防沙育土，调节气候，缓解干旱，在洪涝地区还可起到排水的作用。我国三北林带的实施使风沙危害得到了初步控制，保护了 1300 万公顷农田。这充分说明造林对防治风沙的重要性。

5.大力推广节水农业与旱作农业

北方水资源短缺，大力推广节水农业势在必行。北方旱作农业比重很大，约占全国耕地总面积的 38%（5.7 亿亩）。这种农业没有任何灌溉设施，只靠降雨供给作物所需水分，因此，多雨年农业可以获得较好的收成，否则收成很差。这种农业，需要采用大量的技术措施，包括工程措施、生物措施、耕作措施及管理措施等，如修筑梯田、改良土壤、植树造林、深耕蓄水及蓄肥保土等，从而改善生产基本条件，夺取农业丰收。

二、北方地区水利区划与灌区建设

（一）北方地区的水利区划

全国性水利区划是在 20 世纪 80 年代初开始的，根据水资源的开发利用条件和水利建设特点，在全国范围内进行了水利建设分区。北方地区水利区划大体可归纳为以下几个主要类型。

① 耕地稀少，以林地为主的高山区该区主要包括东北林区、西北高原和新疆边境山区。这些地区人口稀少，交通不便，主要以林业为主，耕地率一般在 10% 以下，水资源开发利用程度很低，这类地区水利发展方向是兴建蓄、引工程，开发水能，解决生活和生产用水。

② 山地丘陵农林牧过渡带，该区主要包括燕山、太行山、秦岭等山地丘陵。这类地区水能资源丰富，是今后发展的方向。

③ 土地资源丰富，开发利用程度较低的农牧高原，该区主要包括内蒙古东三盟草原和黄土高原。内蒙古草原从东北向西南水土条件逐渐恶化，当前以发展人工草场灌溉为主。黄土高原植被破坏，水土流失严重，今后主攻方向是加强水土保持，调整农、林、牧结构，改善生态环境。

④ 水土资源开发程度较高的山地丘陵农业区，该区主要包括长白山边缘的低山丘陵，辽西、辽南和嫩江右岸丘陵区，胶东沂蒙和豫西伏牛山区。这些地区人口稠密，

耕地率高，大部分干旱缺水，水土流失严重。今后除加强水土保持工程外，应重点发展节水农业和旱地农业。

⑤ 地下水丰富，水资源开发条件较好的山前地带，华北太行山、燕山的山前平原，河西走廊，天山南北麓由山区向平原的过渡带均属此类。这些地区工农业生产发展迅速但水资源不足，供水紧张。今后主要在水资源利用方面进一步挖潜，开发地表水和地下水，并合理调配利用。

⑥ 水资源开发利用程度较高，社会经济条件优越的平原地带，这主要是东北平原和黄淮海平原。东北平原要洪旱涝兼治，大力改善水利条件，解决工农业供水的矛盾。黄淮海平原在搞好防洪除涝的同时，要大力解决农业灌溉问题，要搞好地表水和地下水联合调控，实现旱涝碱咸综合治理。

⑦ 贸、工、农较发达的滨海平原和河口三角洲区，主要包括冀、鲁滨海区和淮河下游平原水网区。这类地区人口稠密，经济发达，但排水不畅，洪涝灾害、海潮侵袭较重，同时用水量不足。今后主要任务是提高防洪除涝标准，兴建排水系统，整顿水网，发展水运与水产，有条件的地方可围垦造田，扩大耕地面积。

⑧ 荒漠、沙漠和戈壁地带，该区主要包括鄂尔多斯风沙区、内蒙古西部阿拉善盟、新疆古尔班通古特和塔克拉玛干等地。这些地区气候干燥，人口稀少，大部分地区难以开发利用，今后应以造林为主，防沙固土，保护草原。

（二）北方地区的灌区建设

全国有效灌溉面积在万亩以上的大中型灌区有 5000 余处，其中大部分都是国家商品粮基地，也是保证我国粮食供应和发展农业生产的重点区。北方地区主要灌区有以下 4 个。

1.黄淮海平原区

这一地区的灌区主要集中在以下 4 个地带。

① 燕山、太行山山前地带，此地带分布有石家庄地区的石津灌区（设计灌溉面积 250 万亩），邯郸地区的民有灌区（设计面积 240 万亩），河南省安阳地区的漳南灌区（120 万亩）及北京郊区的京密引水灌区等。

② 伏牛山、大别山山前地带，安徽省的浮史杭灌区（该灌区为我国三大灌区之一，灌溉面积 1025 万亩）和河南省的站鱼山、薄山、南湾、白龟山、昭平台等大型灌区均位于此地带。

③ 黄河下游引黄灌区，该区有 20 世纪 50 年代最先修建的河南人民胜利渠和山东打渔张引黄灌区，设计灌溉面积在百万亩以上的还有山东聊城的位山灌区，德州的潘庄灌区和惠民的簸箕李灌区等。

④ 沂蒙山周边地区，该地区较大的灌区有山东昌潍的峡山灌区（153 万亩）、牟山灌区、墙奋引黄灌区、太河灌区；临沂的岸堤灌区、枣庄的枣南灌区；江苏徐州的塔山灌区、沭新灌区、沭南灌区等。

2.黄河中上游地区

黄河中上游地区是我国古老灌区的集中地区，新中国成立以后经过大规模的改建或扩建，面貌一新。著名的灌区有宁夏的银川灌区，内蒙古河套灌区，陕西的泾惠渠、

泾惠渠、洛惠渠、宝鸡峡引渭工程（296 万亩）、交口抽渭电灌工程（120 万亩）、东雷抽黄电灌工程（97 万亩）及冯家山、羊毛湾等大型水库灌区，山西的汾河灌区、汾西灌区、潇河灌区、文峪河灌区等。

黄河中游为解决两岸一些高台地的灌溉补水问题，修建了一批大功率高扬程的电力提水灌区，如甘肃的景泰川灌区总扬程 444 m，功率 64 200 kW，灌溉面积 30 万亩；和靖会灌区（总扬程 533 m、装机 49 840 kW、灌溉面积 30 万亩）及宁夏的固海（总扬程 342 m、装机 78 405 kW、灌溉面积 50 万亩）、内蒙古的麻地壕（总扬程 34 m、装机 10 050 kW、灌溉面积 54 万亩）、山西的大禹渡（总扬程 355 m、装机 22 275 kW、灌溉面积 28 万亩）、夹马口（总扬程 110 m、装机 8130 kW、灌溉面积 40 万亩）等。

3. 西北干旱荒漠区

这一地区是无灌溉即无农业的地区，主要灌区分布在新疆和甘肃。在其中灌溉面积百万亩以上灌区的有玛纳斯河、渭干河、奎屯河、塔里木、喀什河、老大河、叶尔羌河等 7 处。甘肃河西地区主要引祁连山雪水灌溉，较大灌区有疏勒河、西营河、党河、双塔堡等。

4. 东北地区

东北地区较大灌区有辽宁营口地区的大洼灌区，辽沈地区的浑浦、浑沙、塔河灌区，吉林省的梨树、松沐、前郭灌区，黑龙江省的查哈阳灌区，内蒙古的莫力庙、西辽河灌区等。目前，东北地区共有万亩以上大中型灌区 1000 多处，有效灌溉面积约 4000 万亩，占耕地面积 15%，为全国灌面积占耕地面积比重最小的地区。

三、北方地区农田水利建设存在的主要问题

新中国成立以来，我国北方地区大力发展农田水利建设，取得了很大成绩。但也存在着一些亟待解决的问题，主要体现在以下几个方面。

（一）水资源短缺，工农业用水矛盾日趋尖锐

黄淮海平原地区人口、耕地约占全国的 33.3% 左右，但水资源只占全国的 5%；东北松辽流域人口占全国的 7.6%，耕地占全国的 16.6%，但水资源只占全国的 3.3%。目前北方地区已经出现了"水危机"。由于缺水已经制约了国民经济的发展。另外，随着工农业用水量的增加，一些综合利用的水库，如北京的官厅、密云，河北的潘家口，辽宁的大伙房、清河等水库相继转为向城市和工业供水，更加重了农业用水的危机。

（二）地下水超采带来的环境问题

1. 由于地下水大量超采引起的环境问题越来越重

首先是地面沉降，其次是水质污染越来越引起人们的关注。据调查河北省 1979 年在沧州、衡水一带发生漏斗 30 余处，漏斗区面积 13 000 km²。沧州 1971 年中心地下水埋深 23 m，到 1980 年下降到 66 m，平均每年下降 5.5 m，最大的一年下降 10 m 多。北京市区和郊区地下水下降漏斗范围达 1000 km²，地下水位以每年 1.0～1.5 m 的速度下降，最大下降深度累计已达 40 m，单井出水量锐减，同时引起地面下沉。北京朝阳门外至大王庄 1963 年沉降 2.2 mm，到 1975 年沉降达 181 mm；东直门到中阿公社

1975 年沉降 63 mm；复兴门外至沙河也有沉降。

2．对地面建筑物安全已构成威胁

天津因地下水漏斗引起地面下沉的范围为 2300 km²，累计最大下沉 1.5 m。上海从 1922 年就发现地面下沉，到 1965 年下沉区地面已下沉 1.5 m，严重地区达 2.37 m。在水质方面：由于地下水超采，在滨海地区已经引起海水向陆地淡水层挤压，使淡水水质恶化，甚至不能使用。

（三）节水技术发展缓慢，水资源浪费严重

北方地区的水资源，一方面严重短缺；另一方面浪费严重，水的利用率很低。自流灌区渠系水有效利用系数仅 0.35 左右，每亩灌溉引水量高达 1000 m³，生产 1 kg 粮食需引水 2000 ～ 3000 kg；井灌区亩次灌水量也达 70 ～ 80 m³。大水漫灌、大畦长垅的灌水方法还普遍存在，用水管理很差。因此，大力推广灌溉节水技术是当务之急，同时也是北方水利建设的一项长远方针。

（四）农田水利工程老化、配套、挖潜任务大

北方地区一大批 20 世纪 50—60 年代修建的灌区，经长年运行，工程已趋老化，效益下降，急需大修或更新。

（五）跨流域调水问题尚未解决

我国南方水多，北方水少，从长远看，南水北调，以缓解北方尖锐的用水矛盾，势在必行。南水北调中线工程、东线工程（一期）已经完工并向北方地区调水；西线工程尚处于规划阶段，没有开工建设。因此，在加快调水工作的同时，还应大力执行开源节流措施，以彻底解决北方地区的水资源短缺问题。

第三节 农田水利的一般性质与基础特征

一、农田水利的一般性质

（一）本质属性

农田水利是开发水资源用于农业生产的工程系统，它属于生产资料的范畴，这是农田水利的本质属性。农田水利的服务对象是农业，虽然一些农田水利工程体系建成后可以带来多重利用价值，如水库养殖、灌区旅游等，但是服务于农业生产是农田水利建设的宗旨。

（二）政治社会属性

农田水利的准公益性（公益性）是其政治社会属性的具体表现。2011 年中央一号文件《中共中央国务院关于加快水利改革发展的决定》即指出："水利是现代农业建设不可或缺的首要条件，是经济社会发展不可替代的基础支撑，是生态环境改善不可分割的保障系统，具有很强的公益性、基础性、战略性。"不过，学术研究和具体的水利发展制度更常采用"准公益性"描述农田水利的性质，准公益性表明了农田水利既有

为私人利益服务的层面，亦有为公共利益服务的层面。

具体来说，农田水利为农业生产提供服务，其最终的受益主体是农民，灌溉服务通过促进农作物生产转化成了农民的经济收益，这是其为私人利益服务的表现。不过，农业生产本身并不是一个纯私人利益的领域，它同时也是一个公共利益的领域，这是因为农业生产直接关涉国家粮食安全，是社会稳定、发展的基础，并且农业生产为农民提供了基本的生活资料和社会保障，是农村稳定、发展的基础，这是农田水利为公共利益服务的表现。

（三）经济属性

农田水利的经济属性主要体现在两个层面：一是农田水利工程常具备开展多种经营的可能，如水库既可以用于养殖，又可用于灌溉，有些还可以开发旅游业，在市场经济下它能够在多个层面转化成为经济要素；二是农田水利工程的供水具有产品水的性质，水资源通过蓄、引、提、输送等工程措施后转化成为产品水，虽然在农业用水领域，资源水与产品水在自然属性上并无二致，但是产品水的性质却为农业用水的市场化（商品化）供给创造了可能。

二、农田水利的基础特征

（一）准公共性

农田水利的准公共性一般参照消费的竞争性与排他性两个指标对事物进行公共物品、私人物品及准公共物品的区分。公共物品是指消费上具有完全的非竞争性和非排他性的产品，也被称为纯公共物品。私人物品是指消费上具有竞争性和排他性的产品。在现实生活中，真正的纯公共物品并不多，大多数公共物品介于纯公共物品与私人物品之间，具有公共物品和私人物品的双重属性，它们被称为准公共物品或混合产品。具体表现在以下 3 个方面。

① 农田水利提供灌排服务的能力是有一定限度的，在该限度以内，农田水利的受益主体对灌排系统的利用具有非竞争性，但是超出这个限度，受益主体之间就要产生竞争性。

② 灌排系统的受益主体根据自身需求获取服务，它们自灌排系统的获益并不一定是均等的。

③ 灌排系统在灌排区以内具有非排他性，对灌排区以外则具有排他性。

（二）系统性

农田水利是由若干水利工程相互关联形成的工程网络，或者说工程系统。农田水利工程构成的系统性表明，只有在工程建设相对完整的状况下灌排功能才可能得到有效发挥。在我国的灌区管理制度中，系统性的农田水利工程又分配给不同的管理主体进行管理与利用，这些管理行为的相互协调是灌排有效实施的前提，而由于工程之间的关联性，部分工程的管理困境容易影响灌区整体的发展。

（三）垄断性

农田水利的系统工程建设完成以后，农田灌排服务的供给主体与需求主体也基本上确定下来了，农民对于农田的灌排服务多数情况下并没有选择权，这是农田水利垄断性的表现。

第四节 农田水利学的研究对象和内容

农田水利学是研究农田灌溉排水和土壤改良的原理、方法与设施的科学。农田水利学涉及水、土壤、作物的相互关系，以及工程设施、自然资源和生态环境的相互关系，是一门综合性的应用技术学科。

一、调节农田水分状况

农田水分状况一般系指农田土壤水、地表水和地下水的状况，以及与其相关的养分、通气和热状况。农田水分的不足或过多，都会影响作物正常发育及产量。调节农田水分状况的目的就是要为作物创造良好的生长环境，采取的主要水利措施是灌溉和排水。在易涝易碱地区调节农田水分状况，还有控制地下水位和排盐作用。调节农田水分状况，需要研究的问题主要有以下 6 个。

（一）农田水分及盐分的运动规律

研究农作物需水、土壤水及其溶质的运动，探求水、土壤、作物之间的相互关系，用以制订合理的灌排制度，控制适宜的土壤水分和地下水位，调节土壤的水、肥、气、热状况，改良土壤，以利作物的高产稳产。

（二）不同类型灌排系统的合理布置

由于地形、水文、土壤、地质和灌溉水源等自然条件不同，农业发展对灌区提出的要求不同，因而各地区不同类型灌区的布置形式也不同。研究各类型灌排系统的合理布置对农田水分状况的调节起关键性作用。

（三）灌溉排水技术及其设备

包括地面灌溉（沟灌、畦灌、格田灌）、喷灌、滴灌和地下灌溉，以及明沟排水和地下排水等。

（四）农田水利工程

包括灌溉、排水、灌区防洪及水土保持等的水利工程措施，而以灌溉和排水工程为其主要部分。

（五）灌排系统的运行管理与维修养护

对水源工程、渠道工程、渠系建筑物等灌溉排水工程进行的调度、运行、检查、观测、养护维修的管理工作的研究。

（六）灌溉排水工程项目的经济分析与评价

研究的目的是要以经济效益为指标，对灌排工程规划设计和运行管理等方面的各种方案进行比较和优选。它是研究工程是否可行的前提，也是从经济上选取最优方案的依据。

二、改善和调节地区水情的措施

地区水情主要是指地区水资源的数量、分布情况及其动态。我国水资源在地区上的分布很不均匀，即便在同一地区，不同年份、不同季节水资源量也相差很多，致使供水和农业需水之间在时间和空间上很不协调。为了解决这一矛盾就需要通过工程措施对水资源进行再分配，以改善和调节地区水情。

（一）蓄水保水措施

主要通过修建水库、塘坝、坑塘等蓄水工程和利用原有的湖泊、洼淀、河道、排水干沟、河网，增设一些挡水、提水、引水工程，以及大面积的水土保持和田间蓄水措施等，用以拦蓄调节当地径流和河流来水，改变水量在时间上和地区上的分布状况。通过蓄水保水措施可以防止水土流失，减少洪涝灾害，增加地表水入渗补给地下水，避免或延缓暴雨径流向低地汇集，以增加河流枯水期水量及干旱年份（季节）地区水量的储备。

（二）引水调水措施

调水措施是通过修建引水河、渠道使地区之间或流域之间的水量互相调剂，以改变水量在地区间的分布状况。水资源缺乏地区，可自水资源较多地区引取水量。我国已建成的引黄入青、引滦入津、引滦入唐，正在修建中的引长江水北调及引大（青海省大通河）入秦（甘肃省秦王川）工程，都属于这种类型。在汛期，当某地区水量过剩时，可通过排水河渠将多余的水量调配到其他缺水地区或调送到地区内部的蓄水设施存蓄。

概言之，随着水利技术的发展，我国的农田水利建设今后要树立系统全面开发的指导思想，建立按流域综合开发利用水资源和科学管理的完善体系。进入 20 世纪 80 年代以后，我国在这方面已经做了大量的科学研究工作，并取得相当多的成果，在推广应用这些成果时又有新的发展。今后仍需加强水文分区、水旱灾害发生规律及对水土资源综合评价和利用等方面的研究工作，进一步提高我国灌溉排水科技水平。对水、土、作物、大气系统之间的内在联系，以及地下水和土壤水运动等基础理论研究仍需加强，同时注意新技术、新设备、新材料的开发引用工作。

第五节　国外先进经验借鉴及启示

世界各国政府普遍重视小型农田水利发展，许多国家都建立了一套适应本国国情的小型农田水利建设和管理体系，包括投融资制度、运行体制、水权交易、水利工程产权流转、用水户参与机制等，就该领域一些国家的做法、经验及启示，本节进行如下简要的梳理和总结。

一、不同的农田水利投融资模式

（一）美国

多元化、多层次、多渠道。美国政府财政性资金虽然在水利资金中居于主要地位，但只有少部分财政性资金具有无偿性，大部分财政性资金通过市场化贷给非公益性水利项目有偿使用。从水利资金使用结构来看，它随不同的建设时期和不同性质的工程项目有所不同，防洪工程较多的依靠政府拨款，而水利和城镇供水项目较多的依靠发行债券。除各级政府财政拨款以外，联邦政府提供的优惠贷款由美国农业部负责向农村提供，用于农村供水、电力、通信等基础设施建设。这些贷款建设期内政府贴息，贷款还清后，水利设施的产权归社区所有。此外，美国水利项目建设单位可以由政府授权向社会发行免税债券，债券利率一般高于银行利率，还款期限为 20 ～ 30 年。

（二）法国

以财政投资带动多样化的农村投资。法国农村投融资体制由财政资金、政策性贷款以及农场主自有资金三方资金投入为主。农田水利建设是政府对农业财政投入的主要内容，虽然法国农场主自有资金充足，投资额也逐年增加，但是其相对政府投资的比重却逐年下降，可见政府投入的增长幅度很快。法国还大力发展农村信贷，与财政资金一起诱导其起到对农村的投资。目前执行的对农村工程补贴额度为 25% 以上，灌溉项目高达 60%，土地整治为 80%，对农村合作组织开展的小型水库、灌溉设施等农村水利建设，国家补助投资额为 20 ～ 40%，较大项目国家补助 60% ～ 80%。此外，法国对符合政府政策要求的国家发展规划贷款项目，都实行低息优惠政策。非农贷款的年利率为 12% ～ 14%，而农业贷款年利率仅为 6% ～ 8%。

二、推进产权改革、吸收农民参与

（一）印度、印度尼西亚

以小型灌区作为试点，逐步推行参与式灌溉管理。印度所有的地面灌溉工程，从水源、渠道及水量的控制和分配都由政府机构管理，深井由国有公司所有。由于政府和国有公司长期依靠政府补助，无法通过税费征收和投资回收偿还投资成本，反而加重了政府的财政负担。印度政府逐步将深井转让给农民集体管理，由于这种管理方式运行良好，印度用水户协会在小型灌区发展很快。印度尼西亚则从 1989 年开始，先以 150 公顷以下的灌溉系统作为试点，逐步将 500 公顷以下的灌溉系统转让给用水户协会维护管理。

（二）澳大利亚

公司与政府合作经营管理。澳大利亚于 1995 年开始实施水务管理体制改革，采用私有化的形式将国家管理的灌溉系统或水务局的管理业务转让给农民或私人公司负责经营和维护。私有化不是将灌区的固定资产按估价全部出售给公司或折算成股份作为国家入股，而是全部转成农民的股份。公司只是一个管理运行的组织，虽然性质为私营，却是一个非营利组织，在经营中获得的利润也不分给股东，公司也不能将利润作股息瓜分，而是转入各类储备基金或是用于降低第二年的水费标准。

不仅如此，公司与政府保持联合经营的合作关系，公司董事会成员为灌区内的农民或农场主，设有分别负责财务、环境、水土管理计划、工程改建和新建、预制件生产和销售、水量分配服务、灌排管道维修和养护及行政管理的部门和人员。

同时，政府通过行政许可的形式监督公司的合理运行和工作绩效。此外，公司还与地方政府合作执行有关水土管理、农业开发、植被保护等项目，以此达到吸引农民投资农田基本建设和灌区自主管理的目的。政府这种看似私有化公司的运营方式，借公司的组织结构将分散的农户组织起来，对灌区实行透明的企业化管理，同时又兼顾了水土保持、环境保护等灌区和农业可持续发展需要解决的外部性问题，达到了双赢的效果。

三、水权市场交易机制

（一）澳大利亚

实行完全包含各类成本的灌溉水定价政策。与美国区别定价和以色列统一定价不同，澳大利亚的供水分为政府控股、政府参股经营和政府转让管理权完全私营等 3 种，虽然管理模式不同，但对所有用水户都按全部成本核算水价，包括年运行管理费、财务费用、资产成本、投资回报、税收、资产机会成本等项构成。其中，农业灌溉水价还要根据用户的用水量、作物种类及水质等因素确定，一般实行基本费用加计量费用的两费制。2001 年，澳大利亚已基本实现了农业用水的水价完全包含各类成本。

（二）以色列

制定统一水价，实施区别补贴。以色列执行的农业水价略有不同，主要有以下几个特点：实行全国统一水价、定价相对较高、政府通过建立补偿基金（通过对用户用水配额实行征税筹措）对不同地区进行水费补贴。这种统一的较高定价方法，促进了农业节水灌溉的发展，同时又达到了保障农业用水，兼顾了地区经济发展不平衡的情况，使其成为国际上农业节水技术最先进的国家之一。

为鼓励农业节水，用水单位所交纳的用水费用是按照其实际用水配额的百分比计算的，超额用水部分要加倍付款，利用经济法则，强化农业用水管理。此外，为了节约用水，鼓励农民使用经处理后的城市废水进行灌溉，其收费标准比国家供水管网提供的优质水价低 20% 左右，如发生亏损由政府补贴。

第二章 农田水利工程管理

"水利是农业的命脉"，农田水利工程对改善农业生产条件和保障粮食生产安全具有重要作用。《中共中央国务院关于加快水利改革发展的决定》规定，到2020年，基本完成大型灌区、重点中型灌区续建配套和节水改造任务。贯彻落实中央指示，借鉴大型水利工程先进管理经验，探索农田水利工程建设和管理新模式，有利于从根本上扭转农田水利建设明显滞后的局面，促进经济长期较快发展和社会和谐稳定。

第一节 农田水利工程建设概述

一、概念和性质

（一）概念

农村水利工程要兼顾农业生产、农民生活、农村经济和农村生态环境，范围较大；而农田水利工程是农村水利工程的重要组成部分，它为农业生产服务，基本任务是灌溉、排水、灌区防洪及水土保持等，而以灌溉排水为主。

农田水利工程大多分布在田间，与大中型水利设施对接，主要有水库、塘坝、水池、水窖等蓄水设施，渠道、水闸等输配水设施，渡槽、倒虹吸、桥涵等渠系建筑物，泵站、机井等提水设施。

根据地形条件、控制面积和渠道流量设计大小，我国对灌溉渠道系统进行了细致的划分：一般分为干、支、斗、农、毛5级，一些大型灌区根据实际情况，可增设总干渠、分干渠、分支渠等，在地形平坦的小型灌区，渠系少于5级。干渠、支渠称为输水工程，斗渠、农渠称为配水工程，农渠以下的毛渠、灌水沟、灌水畦等临时性灌水系统、放水建筑物、量水设施、田间道路及田间平整等称为田间工程。

（二）自然属性

因不同地区的地理特征和水资源条件差异，其结构和规模不同而形态各异，具有分散性和敞开性，面广量大，小如水泵、电机双手就能将其自由移动；由于气候、时空的变化，以及其他用水的不确定性，难以预测农业用水的供水量和水质，导致工程设计与使用冲突；按照渠道划分灌溉系统，不同渠系的责任主体和管理方式不同。

（三）经济属性

1. 公益性

农田水利工程以公益性为主，准公益性为辅。对其而言社会效益是首位，它具有公共产品的一般特性，即消费上的非竞争性和非排他性，但它又不是纯公共产品，还具有一定的拥挤性，由于排他性成本较高，当其使用数量达到某个临界点时，搭便车现象将无法避免，其成本和收益无法在相互独立的个体之间明确界定。

2. 产权所属和受益人分离

我国小型农田水利工程产权由私人、宗族、自然村等拥有到新中国成立后全部集中于政府和集体，由20世纪80年代所有权和经营权逐步放开到目前所有权、建设权和经营权等权利的更大分离。产权制度的不断变迁使工程管理效率得到很大提高，然而，现实中还存在因产权不清导致责任无法落实的现象：政府和集体拥有产权却无法管好数量众多的农田水利工程，农民能管好却不拥有产权，产权的错位导致工程管理效率低下。

3. 外部性

农田水利的目的是为农业生产提供基础生产资料，保障国家粮食安全，满足农村社会生存与发展的公共需求，又改善了农村生态环境，具有较强的社会效益、经济效益和生态效益。农业的私人边际成本小于社会边际成本，追求利润最大化的农业生产者在面对农田水利工程做出投入决策的时候一般只会选择和自身利益相关的部分。外部性决定了农田水利工程需要集体行动解决工程建设和管理的问题，如果缺乏有效的集体行动和产权激励制度，无人愿意提供工程的供给和服务，将导致工程失效，社会利益和个人利益俱损。因此，应坚持政府主导的思路，使基层水利部门重回事业单位，而不能走向市场和社会。

4. 天然的垄断性

一方面，农田水利工程受地形、地质、水资源来源等条件的限制；另一方面，农用水资源是公共资源，其使用不仅关系到供需双方的利益，更重要的是关系到社会公共利益和国家整体利益，需要权力机关进行必要的垄断。这与市场经济本身就存在一定的矛盾，是农田水利改革的难点所在。

5. 资产专用性较强

工程资产可用于不同用途和由不同使用者利用的程度小，经济回报性差。农田水利工程基本地处农田荒野，使用年限一般较长，工程季节性使用，雨水充足时工程利用率低或根本不用，干旱时可能会因抢水而发生水事纠纷。

二、利益相关者分析

农田水利工程建设和管理利益相关者间的利益交换、冲突和协整推动了管理体制的发展，因此，利益相关者分析有助于推进农田水利工程建设管理模式创新研究。

直接利益相关者是指与工程的决策、规划、建设和运行等直接联系的部门或群众，包括用水者、地方政府、村民委员会、水管部门、乡镇水利站、群众性管水组织；间接利益相关者是指与工程有间接利害关系的部门或群众，包括县级以上政府部门、国际相关机构、学者、社会工作者、学生等相关利益群体。选择主要的利益相关者加以分析。

（一）县级以上政府

① 描述：制度的制定者，提供农田灌排骨干工程的建设和运行管理，不直接参与小型农田水利工程的管理。

② 目标：希望找到一种适合我国的、可以分摊成本的、充分利用信息对等与管理对等的途径，来改变小型农田水利工程，建设管理模式。

③ 现状：国内农田水利工程数量多且分散、难管好、数量和效益达不到灌溉所需、政府投入资金多、承担压力大、水资源形势严峻而农业用水浪费；国际上农田水利工程具有自主管理趋势。

小型农田水利工程的管理绩效直接影响着粮食产量和水资源利用等，政府可选择从产权方面入手，试图从根本上改变农民的用水方式和行为。

（二）水管单位

① 描述：水利工程管理单位，负责泵站、水库等灌溉系统源头的管理，是农田水利的一个重要环节。

② 目标：必须确保大中型水利设施的基本运转，灌区有较大的灌溉面积，获得较多的灌溉收益，以保证灌区设施维护经费和管理人员薪酬，保障粮食安全。

③ 现状：很多水管单位都面临着经费不足和专业技术人员缺乏的局面，农户分散难组织导致卖水难、没有收入来源、缺乏运转的必要条件。

由于农户难以组织集体用水和渠道破损严重无法与农田对接是导致大中型水利设施需求减少的主要原因，因此，地方可加大提供配套资金，以实现更新改造项目的目标。

（三）乡镇基层政府

① 描述：乡镇水利站作为县级水利部门的派出机构负责乡镇水利工作，行政上由乡镇政府领导，业务上由县水利局领导，它是乡镇政府和县水利局处理水利工作的具体执行者。

② 目标：希望寻求民间资本和民间力量，达到工程建管用良性循环机制，并将自身定位于宣传、发动、资助和后续调控管理中，将工程管理权限放给掌握充分信息的农民。

③ 现状：税费改革后，乡镇基层政府的工作重心不在农村了，转向招商引资，发展经济；随着水利工程管理单位的进一步下放及转制为企业化经营，水利站农田水资源统一调配能力逐渐减弱，与其他涉农服务机构一样，成为乡镇政府中的一个边缘机构。

而乡镇政府以农村经济为工作重点，很难有过多精力管好面广量大的工程，从某种意义上，乡镇政府的利益与村级组织利益逐渐脱钩，主要官员任期较短，缺乏权威，农村问题的复杂程度已超出了其能力范围。

（四）村级集体组织

① 描述：家庭联产承包制后，村级集体组织由原来的类行政组织转变为基层民间组织；随着村民组长被取消，村民小组逐步瓦解，村委会成为距农民最近的集体组织，工程的主要管理者。

② 目标：村级集体组织迫切需要的是改善农田水利毁损现状，利用更多的水利工程改善目前的灌溉水平，减少用水纠纷。

③ 现状：农田水利工程主要由村集体为主建设，所有权和管理责任属于集体。随着组织能力不断退化，村委会处理农田水利的种种问题能力弱化，缺乏资金与权力，有心无力。

国家试图通过成立农民用水者协会和农村公共事业"一事一议"财政奖补的办法，解决农业生产问题。该办法是一种村级筹资筹劳制度，充分尊重农民自己的意愿，在农村水利建设上合理地让农民出资出力，受个别干扰较大，因缺少强制性而难以持续，村级组织压力很大。

（五）农户

① 描述：相对独立的经营单位，与农田水利关系最为密切，是工程的最终使用者，分化，难合作。对于农民来说，面对一项不涉及自身利益的集体行动时，通常选择不行动；他们利益比较的参照物是整个集体的个体，只要有一个人不行动，则整个集体都不采取行动。

② 目标：低成本、高效益和可持续的农田水利是中国小农极为期盼的目标。

③ 现状：基本放弃了对大水利的利用，而发展自己的小水利，如购置潜水泵、打井和挖堰等。

分散的农户强烈地希望通过政府干预，消除搭便车和逃避责任的行为，组织起来对接大中型水利设施。在村庄范围内，需要成本分摊与利益分配明晰化，通过协商促进合作；超越了村庄的范围，要依靠组织的力量，在满足个体理性的前提下达到集体理性；在理想的制度层面上，产权等制度创新是解决农田水利困境的重要出路。

（六）私人和第三方部门

① 描述：私人包括个人、企业或集团，第三方部门包括社团、民间组织等非政府组织。

② 目标：他们对农田水利基础设施的供给最直接的动力是有获得高额利润、得到尊重和认可、支援国家建设、回报社会等，其中前两者占主要。

③ 现状：改革开放以来，农民的收入逐步增加，使集资兴建小型农田水利工程成为可能。

吸引更多的民间资金可减轻我国各级政府的财政压力，小型农田水利工程规模小，技术要求不高，民间有能力提供此类产品，农户自主建设管理，可创造利润，增加农民收入。

三、农田水利工程建设面临的主要问题

（一）资金

1. 资金不足，来源单一

农田水利工程所需资金多，短期回报率低，贷款风险补偿机制缺失，地方配套资金难以落实到位。大中型节水改造工程，由于资金不足，不能顺利进行；小型农田水利以灌溉所收取的水费为主，而灌溉水费的收取标准较工业和城市用水低，投资与需求差距较大，管理经费得不到保障，农民投劳较过去下降，多数无报酬不出工，工程只能放低标准。

2. 资金统筹难度大

东西部地区的土地出让金收益不平衡，且与需求不匹配；资金投入分散，目前尚未出台资金全国统筹办法。

（二）建设

1. 项目规划不科学

由于历史原因，很多已建工程建设时勘测、规划仓促，没有科学的论证、合理的布局，整体效益评估不到位；搭便车行为损害农户利益，增加的私人行为，造成小范围重复建设，给系统性的农田水利带来不利影响。

2. 设计、施工的问题

设计、施工人员责任感不强，不能保证工作质量，现有工程大多建于20世纪，施工条件简陋，相关的建设标准落实不到位；农田水利工程缺乏必要的施工组织，乡村地区的施工和验收标准较城市地区有明显差异；山区和丘陵地区工程建设难度较大，设施排灌能力弱，灌溉渠系的配套不完善，多是土渠，输水效率低，无法充分发挥工程效益。

3. 监督管理体制不完善

监督反馈过程不规范，管理控制力度不够，致使工程延期，竣工决算流于形式。

（三）运行维护

1. 重建设、轻管理

政府部门对工程的后期维护不够重视，村社集体对管理的重要性缺乏认识，宣传教育不到位，农民管护意识不够。

2. 产权不明确

项目归属不明确，基层水利部门逐步解体，而应当作为管理主体的个体农户集体观念淡薄，只追求当前利益，且不具备专业知识与技能，导致农田水利工程经常无人管理，过早失去使用价值。

3. 管理模式不适应农田水利发展

工程运营管理任务重，粗放式管理的人员职责分配不清，不能维持良好秩序，管

理机制不具有长效性。

第二节　农田水利工程建设管理模式

一、概述

为了顺利完成工程项目的建设，通常工程项目建设周期划分为 4 个阶段：决策阶段、准备阶段、实施阶段、竣工验收和总结评价阶段，工程基本建设程序如图 2-2-1 所示。

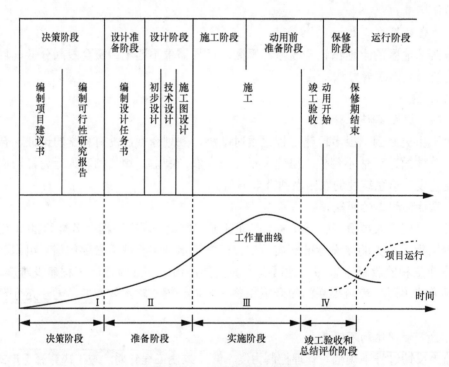

图 2-2-1　工程基本建设程序

工程建设的管理模式是指一个工程建设的基本组织模式及在完成项目过程中各参与方的关系，在某些情况下，还规定项目完成后的运营方式。

根据工程各方的合同关系与组织管理关系的不同，考虑工程融资、设计、采购、施工、运营的一体化程度，工程建设的管理模式及服务范围如图 2-2-2 所示。

因不同地区的地理特性和水资源条件差异，农田水利工程具有不同的结构和规模，结合工程实际按照基本建设程序，构建因地制宜的集成式管理模式。

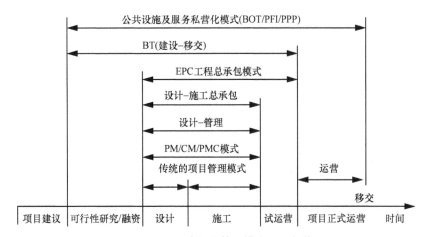

图 2-2-2 工程建设的管理模式及服务范围

二、工程项目融资模式

（一）灌溉排水工程

政府坚持农田水利设施供给的基础地位，鼓励、引导地方建立多元化投入体系。

① 根据自身经济状况，县、乡（镇）政府提取一定比例的财政收入和土地出让收益自筹，土地出让收益争取落实到 10%；

② 认真研究中央、省委相关文件和水利工作会议精神，科学编制项目计划，争取上级财政支持；

③ 由省级政府牵头整合各类涉农资金，建立农资综合补贴基金和农业节水发展专项资金，专门用于小型农田水利建设，形成稳定的融资渠道，加大对山丘区、草原牧区等贫困地区的资金扶持力度，使"民办公助"等政策惠及更多的人；

④ 向支持水利建设的人士，募集社会捐款，出台包括税收、金融、就业等方面的优惠政策和法律规范的保障，鼓励社会各界投资；

⑤ 实行市直单位包乡镇、包项目、包渠段的对口帮扶援建责任制；

⑥ 建立水利建设投融资平台，积极争取金融部门信贷和农村小额信贷支持。

（二）节水灌溉工程——BOT模式

节水灌溉工程是农田水利建设与节水工程技术相结合的产物，一般以地埋管道、U形渠道为主，喷灌、微灌为辅；经济作物，如蔬菜、果品、花卉、药材等，以喷灌、微灌为主。结合目前财政投入不足与节水灌溉工程资金需求大的矛盾，以及节水灌溉技术要求高和工程本身的系统性和长效性的特点，引进技术成熟的BOT模式，用规范化、科学化的管理保证工程的有效推进，对促进农业现代化建设具有重要意义。

1. 概念

BOT（Build Operate Transfer），是指政府部门就一个基础设施项目与私营项目公司签订特许权协议，由公司承担项目的融资和建设，在特许期内通过向使用者收取适当费用（如水费），回收成本并获得收益，在特许期满时将工程项目移交给政府的一种项目融资模式，各方关系如图 2-2-3 所示。

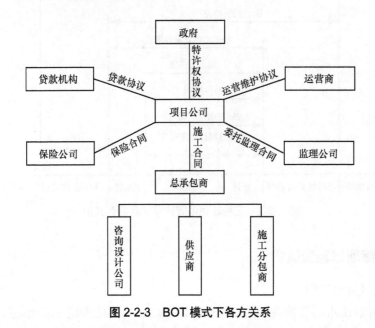

图 2-2-3 BOT 模式下各方关系

2. 特点

BOT 模式具有市场机制和政府宏观调控相结合的混合经济特色，能使多方获利。

① 给大型承包公司提供发展机会，缓和政府财政负担，降低政府投资风险；项目公司为了降低风险、增加收益，通过合理安排融资、加强管理成为可靠的市场主体，有利于经济社会发展和技术进步。

② 为政府干预提供了有效途径，立项、招标、谈判由政府相关部门负责，尽管工程项目的执行由项目公司负责，但政府始终有监督、控制的权力，项目经营中的收费也受到政府的约束。

3. 工作程序

① 政府主管部门根据水利发展规划提出可采用 BOT 模式融资的节水灌溉工程项目建议，并报经济部门评审。选择灌区水源有保证的地方，组织相关技术人员编制规划，在业务部门的指导下，带领群众进行作物种植结构调整，以充分发挥工程效益。

② 项目招标，成立项目公司，签订特许权协议，主要包括授予项目的建设经营许可、融资方案、收费标准及调整办法、政府与项目公司的权责利、奖惩措施、风险分担原则、终止特许权的条件和程序、争议的解决办法等。

③ 融资一般采用政府的补贴资金与金融机构贷款相结合的办法，并签订买方信贷协议。按特许权协议规定与承包商签订施工合同，并得到承包商和供应商的来自保险公司的担保。

④ 项目建成投产，项目公司根据自身能力可自主经营，也可委托运营公司代为经营。特许期满后，项目公司必须按协议规定的质量标准将工程项目移交给政府。

4. 措施

① 成立由县长任组长，水利等相关部门及相关乡（镇）主要领导任成员的建设领导小组，全面负责工程建设的沟通和协调工作；由专家组成水利咨询研究项目组，对各项目区进行考察和指导，对建设内容、完成时间等提出明确的意见。

② 提供宽松的融资环境。政府联合银行出台贷款贴息补助、贷款担保优惠等政策，必要时可支持具备条件的公司通过发行债券和上市的方法融资。

③ 保证最低投资回报。水利投资项目投资方的投入要素基本上以市场价格为主，而水资源属基础性资源，供水价格受政府控制。投入价格的市场性和产出价格的非市场性的矛盾要求政府保证最低的投资回报，并承诺在特许期内不在项目附近兴建任何竞争性水利设施并保证供水价格不致太低，项目收益少于合理收益的部分由政府每年进行补贴等。

④ 培养专业的技术人才和管理机构，完善我国的相关政策法规。针对BOT模式的操作复杂、专业性强的特点，水利和农业部门加强对基层水利工作者和广大农民群众的节水技术培训，培养出兼具节水和BOT技术的管理人员，使其在项目全过程发挥作用；制定项目公司资质评定办法、管理办法，完善项目公司激励与约束机制，明确建设各方的法律责任。

⑤ 创造条件，实现水利信息化。实行划片管理，在每个灌溉单元铺设通信光纤和电缆，并分配一名管理员，根据监控到的土壤墒情和空气湿度数据指导农民掌握科学的灌溉方法；在主要部位安装视频监控系统，保证设备安全；在田间管网支管道首部安装IC卡水量控制设备，实行刷卡计费，缓解管护经费压力。

三、施工承发包模式

（一）背景

支渠以上的灌溉排水工程包括水源、输水、排水工程及渠系建筑物，属非营利性政府项目。产权明确归政府所有，政府是投资的主体，根据实际受益范围和对象，确定各级政府的供给职责，由流域（水库）管理机构（简称专管机构）负责管理。目前，这类工程一般采用施工平行承发包模式，业主通常根据施工图设计进行招标。

（二）方案比选

1. EPC工程总承包模式

EPC（Engineering Procurement Construction）工程总承包模式是通过投标或议标的形式确定的总承包商接受业主委托，按照合同的规定，对项目的设计、采购、施工、试运行全过程实施承包，并对工程的质量、安全、工期与费用全面负责的一种工程建设的组织模式，各方关系示意如图2-2-4所示。其可以通过设计与施工过程的组织集成，促进设计与施工的紧密结合，以克服由于设计与施工的分离致使投资增加，以及由于设计与施工的不协调而影响工程进度等弊病。

其优点：一般采用总价合同，有助于业主提前掌握相对确定的工程总造价；总承包商提前介入工程前期工作，组织集成化缩短工期；"单一责任制"使得工程质量责任明确；承担工程项目实施期的管理工作，减轻业主的负担。

其缺点：由于没有完成设计就进行招标，业主准确定义项目工作范围的难度加大，容易产生纠纷；业主对项目控制力降低；总承包商与监理职责需明确划分；总承包商前期的投标或议标费用较大，合同责任较大；工程建设一体化及交叉作业对总承包商的管理水平要求较高。

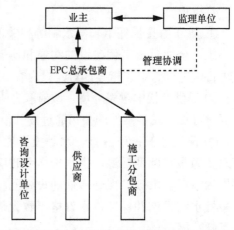

图 2-2-4 EPC 总承包模式下各方关系示意

2. CM 模式

快速路径施工管理 CM（Construction Management）模式，又称阶段发包模式，业主方选择具有施工经验的 CM 单位（或 CM 经理），如建设咨询公司、工程总承包公司等，参与到工程实施中，为设计单位提供施工方面的建议，并且负责随后的施工管理。CM 模式在水利工程设计阶段，当某部分的施工图设计已经完成，即进行该部分施工招标，将工程的设计、招标和施工搭接起来，工作开展顺序如图 2-2-5 所示。

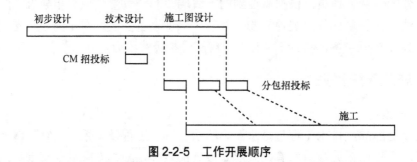

图 2-2-5 工作开展顺序

在国外，成功的 CM 单位拥有一套先进的计算机费用控制系统，在项目进展过程中编制和调整预算，进行费用的动态控制，当发现实际值超过计划值时，及时采取措施。

3. 方案可行性分析

CM 模式与 EPC 模式比较，如表 2-2-1 所示。

表2-2-1 CM模式与EPC模式对比

参数	CM模式	EPC模式
计价方式	保证最大费用加酬金	固定总价或变动总价
分包、供货商招标过程	必须向业主公开	可不向业主公开
与设计关系	设计与施工界面合理搭接	设计与施工组织集成
总承包商风险	较大	大（固定总价）、较小（变动总价）
各方协调	依靠团队精神组成项目组	依靠合同

CM模式代表了工程项目管理的一种新观念，在我国农田水利工程中应用CM模式是一种新的尝试，现阶段尚不具备依靠团队精神实现各方协调的现实条件，合同约束仍是有效手段。

EPC模式采用总价合同，由于业主所做的前期工作很少，在既没有足够的资料，也没有足够的时间理解和调查项目的情况下，尚不具备让总承包商短时间内报出合同总价的现实条件。实践中，若希望总承包商尽快启动项目，总价与单价或成本加酬金混合型合同价格策略是可行的。

四、模式设计

（一）合同结构

采用EPC模式的合同结构，总承包商向业主完全公开合同谈判过程并经业主认可；利用总承包商丰富的施工经验和工程设计优化能力，促进设计与施工过程的组织集成。明确由工程监理主要负责施工阶段的质量控制，总承包商从全局角度协调进度和投资控制。我国农田水利工程环境复杂、合同管理工作量大，总承包商早期介入，可减轻业主负担，减少合同纠纷。

（二）项目团队

EPC模式和CM模式有一个共同的前提条件：高水平的项目团队。

总承包商在整个项目的组织关系中处于核心地位，随着水利工程的发展，形成了一大批具备设计施工能力和管理经验的专业团队。建立人才档案库，组织专业知识、设计施工能力、合同管理能力和信息技术的培训，培养更多合格的总承包商，提高我国水利行业的国际竞争力。

（三）合同价格策略

采用CM模式保证最大费用加酬金的方式计价，总承包商应充分了解工程情况，综合分析风险，就此与业主协商，确定保证最大费用，不赚总包与分包之间的差价。水利行业应制定相关试行条例、标准合同条件，并明确规定总承包商的取费标准和工程量计算方法；为了避免总承包商不必要的费用和工期损失，应在合同中明确水利工程初步设计概算中包括项目的具体范围。

五、建设方式

我国农田水利工程多数采用"边设计、边施工"方式建设，是指业主为了早日开工，在未完成施工图设计的情况下就进行招标，不仅对业主的合同管理和投资控制不利，还为工程质量埋下隐患。CM模式在国际建筑市场已有近40年历史，实践经验证明这种模式可以明显缩短建设周期，使设计与施工合理衔接，后期施工可根据前期情况及时调整设计，有利于工程质量控制，更有助于"政府业主"对工程投资的控制。

因此，采用CM模式的工作开展程序：对总承包商的招标不依赖完整的施工图，可提前到项目尚处于设计阶段进行；另外，每完成一部分工程的施工图设计，就进行该部分分包招标，从而使施工提前到项目设计阶段结束之前进行，用科学的程序满足业主需要，从而规范业主行为。

六、运行管理模式

（一）灌溉排水工程

采用用水户参与式管理模式，参与式管理是用水户全面参与灌区各类管理，包括支渠以下配水、排水、田间工程及渠系建筑物的规划、融资、设计、监理、施工、运行维护、监测评价等，不仅决定工程建设方式，还决定组织结构和功能等。

1.三结合管理模式

应用于平原区的支渠以下工程，所有权归集体所有（若由农户出资归投资的农户共有）。由群管组织、专管机构和农民用水者协会三方组成管理委员会作为管理主体，其中群管组织是指乡（镇）政府、水行政主管单位和村集体，根据实际受益范围和对象，明确责任主体。

2.受益户共有制

应用于山丘区的支渠以下工程。在一些山区不适合大兴水利，成本也不划算，因此，建设管理的对象主要是小水窖、小水池、小泵站、小塘坝、小水渠五小水利工程，属于所有权归集体、农户自用为主的小型水利工程。

采用受益户共有制，将一定期限使用权划归受益农户，受益群体以受益面积（人数或受益程度）为基础确定每个成员的共有份额，工程建设管理由受益群体自主协商决定，并用合同方式确定权利义务。

受益户共有制适宜于受益范围易于界定，受益对象易于确定的点多面广的山丘区小型水利工程；规模较大如跨村跨乡的渠道工程，因受益对象不明确，不宜采用这种形式。

3.激励机制

① 实行"两议制"，包括县、乡"人大议定制"与村级"一事一议"。其中，"人大议定制"是指县、乡政府职责范围内的工程，先由本级水利部门制定施工方案，政府会议讨论通过后，提请本级人大审议通过后组织实施。"一事一议"讨论的内容包括投工、投资、占地、原材料、工程负责人人选和建设管理等基本建设项目所涉及的事项，必须考虑地方财政、村级集体经济组织和农民的承受能力。

② 财政奖补。政府给予奖励补助，使政府投入和农民出资出劳相结合，工作程序是自下而上、先建后补，即由开展"一事一议"的村申请，乡（镇）人民政府对申报项目的合规性、可行性和有效性进行初审，县级财政、农业部门复审并汇总上报省级农村综合改革领导小组审核确定。

4.建议

各级政府成立巡视组不定期地对职责范围内工程质量实施政府监督，并层层签订目标管理责任书，将工程建设管理纳入年度目标考核，严格执行基建程序和"四项制度"；完善农田水利工程投资补偿机制，包括完善建设贷款的政策法规，加大财政性补贴力度，中央财政应向西部地区倾斜，因地制宜地给予补贴。

（二）BOT项目

BOT项目是指采用BOT模式融资的节水灌溉工程。节水灌溉技术作为先进的农业技术，必须要求农业生产实施规模经营，节水灌溉工程要发挥效益，必须面向市场，实施集约化经营，这与我国以农户经营为主体的农业生产方式相矛盾。需要根据工程特点，研究和建立适合我国国情的工程管理模式。

第三节 农田水利工程管理技术

一、概述

工程建设的管理模式确定了工程项目管理的总体框架，还需综合运用各种知识、技能、手段和方法，通过计划、组织、协调和控制等活动，以达到工程建设的目标。工程项目管理的任务是在项目决策阶段确定项目的定义，项目实施阶段通过项目策划和项目控制，使项目的费用、进度和质量目标得以实现。在全寿命周期内，各项任务由不同的主体完成，由于项目各参与单位的工作性质、组织特征和利益不同，项目管理有5种类型：业主方项目管理、设计方项目管理、施工方项目管理、供货方项目管理、建设项目总承包方项目管理。

由于业主是工程项目生产过程的人力资源、物质资源和知识的总集成者、总组织者，因此业主方项目管理是管理的核心。

工程项目管理包括综合、范围、组织、人力资源、招标投标、合同、进度、费用、质量、风险管理和健康、安全、环保管理。项目管理的核心任务是项目的目标控制，组织是目标能否实现的决定性因素，本节以组织管理、风险管理、费用进度管理为重点，研究农田水利工程技术。

二、组织管理

（一）组织结构

反映一个组织系统中各组成部分之间的指令关系，可用组织结构图来描述。

1. 职能组织结构

每个职能部门可根据它的管理职能对其直接和非直接的下属下达工作指令，从而每个工作部门可能得到其直接和非直接的上级下达的工作指令，这样就会有多个矛盾的指令源影响系统的运行。目前，我国多数的企业、学校、事业单位还沿用这种传统的组织结构模式。

2. 线性组织结构

每个工作部门只能对其直接的下属下达工作指令，可确保指令的唯一性，但在一个特大的组织系统中，由于指令路径过长，可能会造成系统在一定程度上运行困难。这种模式来自于军事组织系统，是国际上建设项目管理组织系统的一种常用模式。

3. 矩阵组织结构

组织系统最高指挥者（部门）下设纵向职能管理部门（如技术管理、财务管理和人事管理等部门）和横向工作部门（如项目部），为避免纵向和横向工作部门的指令发生矛盾，可采用以纵向或横向工作部门指令为主的模式，这样可减轻最高指挥者的协调工作量。这是一种较新型的组织结构模式，适用于大的组织系统。

（二）组织分工

业主和项目各参与方都有各自的项目管理任务和其管理职能分工，都应该编制各自的项目工作任务和管理职能分工表。

1. 工作任务分工

① 结合项目特点，对项目实施阶段的费用、进度、质量控制，职业健康安全与环境管理，合同、信息管理和组织协调等任务进行详细分解；

② 明确主管工作部门或主管人员的工作任务；

③ 编制工作任务分工表，每个任务至少要有一个主办工作部门，另明确协办部门和配合部门。

2. 管理职能分工

管理是由多个工作环节组成的有限循环过程，组成管理的环节就是管理的职能，结合实例通过图 2-3-1 解释管理职能的含义，不同的管理职能可由不同的职能部门承担。

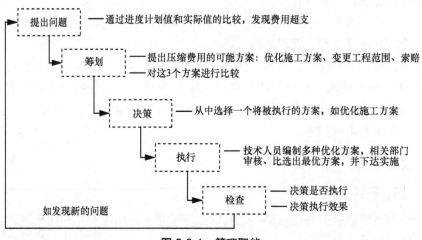

图 2-3-1 管理职能

（三）工作流程组织

组织结构模式和组织分工都是一种相对静态的组织关系，工作流程组织则可反映一个组织系统中各项工作之间的逻辑关系，是一种动态关系。工作流程组织的任务是定义工作的流程，包括管理工作流程组织、信息处理工作流程组织、物质流程组织。

三、风险管理

（一）风险识别

① 依据：收集信息，主要包括与工程项目相关的自然和社会环境方面的数据、经历过的或类似的工程项目数据（类似的建设环境、类似的工程结构或者两方面均类似）、工程项目的设计施工文件（设计、施工方案优化选择时需要）。

② 实施：分析风险因素，并将其归纳、分类，对这种分类，可按工程项目内、外部分，可按技术和非技术分，或按工程项目目标分。

③ 成果：编制工程项目风险识别报告，包括工程项目风险清单，潜在的工程项目风险，工程项目风险的征兆。

（二）风险评估

① 确定工程风险评价标准，即工程主体针对不同的项目风险，确定的可以接受的风险率。

② 确定评价时的工程项目风险水平。

③ 将工程风险水平和风险评价标准进行比较，进而确定其是否在可接受范围内，或者考虑采取什么样的风险应对措施。这要求风险水平的确定方法要和评价标准确定的原则和方法相适应，否则两者就缺乏可比性。具体有 4 种方法：进度风险评估、费用风险评估、风险响应、风险控制。

四、质量管理

PDCA 循环又叫戴明环，是能使活动有效进行的一种合乎逻辑的工作程序，具体内容是计划（Plan）、实施（Do）、检查（Check）、处理（Action）。运用 PDCA 循环具体化的科学程序进行全面的质量管理，每运转一次，工程质量就提高　步，具体步骤如下。

（一）事前质量控制

建立质量管理体系，如图 2-3-2 所示。

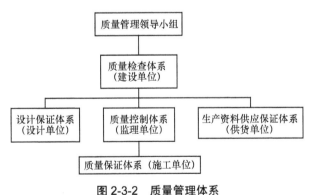

图 2-3-2　质量管理体系

（二）事中质量控制

建设单位应组织设计和施工单位进行设计交底，施工单位按计划规定的方法和要求展开施工作业活动，并对活动过程和结果监督控制，关键是坚持质量标准，重点是工序质量、工作质量和质量控制点的控制。

（三）事后质量控制

整改并填写质量评定表。农田水利工程依据《水利水电工程施工质量检验与评定规程》（SL 176—2007），施工质量等级分为"合格""优良"。

五、费用进度管理

用赢得值法（Earned Value Management，EVM）进行工程项目的费用进度综合分析、动态控制，这种方法以资金已经转化为工程成果的量来衡量工程的进度。

（一）基本参数

① 已完工作预算费用BCWP（Budgeted Cost for Work Performed）：在某一时刻，已经完成的工作，以预算为标准所需的金额。由于这正是与业主计量支付相应的费用，故称赢得值。

② 计划工作预算费用BCWS（Budgeted Cost for Work Scheduled）：按进度计划，在某一时刻应当完成的工作，以预算为标准所需的金额。一般来说，除非工程变更，这一参数在工程项目实施过程中应保持不变。

③ 已完工作实际费用ACWP（Actual Cost for Work Performed）：在某一时刻，已经完成的工作，所实际花费的金额。

（二）评价指标

① 费用偏差：$CV=BCWP-ACWP$；进度偏差：$SV=BCWP-BCWS$。

② 费用绩效指数：$CPI=BCWP/ACWP$；进度绩效指数：$SPI=BCWP/BCWS$。

③ 若$CV<0$，$CPI<1$，则表示项目超支，反之项目节支；若$SV<0$，$SPI<1$，则项目进度延误，反之项目进度提前。

④ 偏差变动趋势：$\alpha=|CV|/BCWP\times100\%$，$\beta=|SV|/BCWS\times100\%$。

（三）工作程序

按照PDCA循环的原理展开费用、进度的动态控制。

① 计划（Plan）：编制施工图预算和不同计划深度、周期的工程项目进度计划。首先，把预算表中的人工、材料、设备和管理项目用工时、台班等表示的转化为金额；其次，把预算表中同属进度计划的分解项合并，并按资源均衡的思想，把各项工作的预算费用分摊在相应的施工时段内；最后，按计划周期统计得到检测时刻的BCWS。

② 实施（Do）：按照计划要求实施工程项目，统计工程进度，依据计量支付报表，计算得到检测时刻的BCWP和ACWP。

③ 检查（Check）：检查是否严格执行了计划方案，总结成功经验，查明未按计划执行的原因；检查计划执行的结果，在基本参数的基础上计算评价指标值，及时发现执行过程中的偏差和问题。

④ 处理（Action）：结合具体情况确定偏差允许范围，根据偏差变动趋势决定是否采取措施以及采取什么样的措施，这是循环的关键。

处置完毕，总结经验后进入下一轮循环。

第三章 农田土壤水分与灌水技术

农田水分状况系指农田地面水、土壤水和地下水的数量和在时间上的变化。作物生长发育要求有适宜的外界环境；同 种作物在不同的生长期，需要不同的外界环境条件。农作物在良好的生活环境下才能发育良好，否则会导致减产甚至绝产。研究农田水分状况对农田水利的规划、设计与管理工作都具有重要意义。

第一节 农田水分状况

一、农田水分存在的形式

农田水分的存在有 3 种基本形式，即地面水、土壤水和地下水。与作物生长最密切的是土壤水。土壤水可分为固态水、气态水和液态水 3 种。固态水是土壤水冻结时形成的冰晶；气态水存在于土壤未被水分占据的孔隙中，含量很少，一般不超过土重的 0.001%；液态水是存在土壤中的液态水分，是土壤水分存在的主要形态，对农业生产意义最大。在一定条件下，土壤水可由一种形态变为另一种形态。我国目前常把土壤水分为 4 种类型。

（一）吸湿水

由土粒的吸附力吸附空气中的水汽保持在土粒表面，不能呈液态流动，也不能被植物吸收利用，是土壤中的无效含水量。当室温（25 ℃）和大气相对湿度接近饱和值时，土壤吸湿水达最高值时相应的土壤含水量称为吸湿系数。

（二）膜状水

亦称薄膜水，由土粒的吸附力吸附周围的液态水，在土粒周围形成一层膜状的液态水，即膜状水。膜状水的内层紧靠吸湿水，受吸附力强，随着水膜加厚逐渐减弱。膜状水能以缓慢的速度呈液态转移，只有少部分能被植物吸收利用。通常在膜状水没有完全被消耗之前，植物已呈凋萎状态。当植物产生永久性凋萎时的土壤含水量叫作凋萎系数。

（三）毛管水

由土粒间孔隙所表现的毛管力保持在土壤孔隙中的水叫作毛管水。毛管水能溶解养分和各种溶质，较易移动，是植物吸收利用的主要水源。依其补给条件不同，可分为悬着毛管水和上升毛管水。

毛管水的上升高度和速度，与土壤的质地、结构和排列层次有关。土壤黏重，毛管水上升高，但速度慢；质地轻的土壤，毛管水上升较低，但速度快。

（四）重力水

当土层的下部不受地下水顶托，土壤含水量超过田间持水量的那部分水量在重力作用下从土壤中垂直向下移动，这部分水叫作重力水。重力水在土壤中通过时能被植物吸收利用，只是不能为土壤所保持。

重力水渗入下层较干燥土壤时，一部分转化为其他形态的水，如毛管水，另一部分继续下渗，但水量逐渐减少，最后完全停止下渗。重力水下渗到地下水面时就转化为地下水，并抬高地下水位。

二、旱作区农田水分状况

（一）地下水位分布

旱作区的地面水和地下水必须转化成作物根系吸水层中的土壤水，才能被作物吸收利用。一般情况下，地面不允许积水，即地下水位上升到根系层以上，以免造成淹涝或渍害。因此，田面积水必须及时排除，地下水只允许由毛细管作用上升到根系吸水层以供作物利用，故地下水位就必须控制在根系吸水层以下一定距离处。

1.干燥情况下的降雨或灌水

当地下水位距地面较深和土壤上层干燥的情况下，降雨（或灌水）后，地面水向土层入渗过程中，土壤水分的动态湿润过程示意如图 3-1-1 所示。

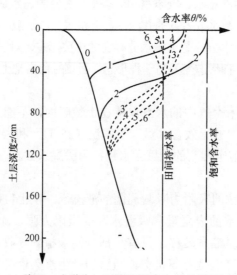

图 3-1-1 降雨（或灌水）后不同深度土层的湿润过程示意

图 3-1-1 中，共用 6 条曲线说明地表水入渗以后，土壤含水率的变化情况。曲线 0 是地表水补给前的土壤含水率分布曲线；曲线 1 是降雨或灌水开始时土壤含水率分布曲线；曲线 2 是降雨或灌水停止时的土壤含水率分布曲线；曲线 3 是降雨或灌水停止后，超过土层田间持水率后的多余水量，主要由于重力的作用逐渐向下移动，过一段时间后的土壤含水率分布曲线；曲线 4 为再过一段时间后，土层中水分向下移动趋于缓慢时的水分分布情况；土壤水分重新分布时，因植物根系吸水和土壤蒸发，各层土壤水变化情况，见曲线 5 和 6。

2.有地面水补给

当作物根系吸水层上面有地面水补给，下面又受上升毛管水影响时，土层中含水率的分布及随时间变化的情况如图 3-1-2 所示。

图 3-1-2a 中的曲线 0 是地表水补给前的情况。有地表水补给时，首先在土壤上层出现悬着毛管水，见曲线 1、2、3。地表水补给量不断加大，悬着毛管水所达深度也随之增加，直到和地下水面以上的上升毛管水相接，如曲线 4（虚线）所示。

当地表水补给土壤的水量超过地下水面以上的土层的田间持水能力时，地下水位就开始上升，如图 3-1-2b 所示。

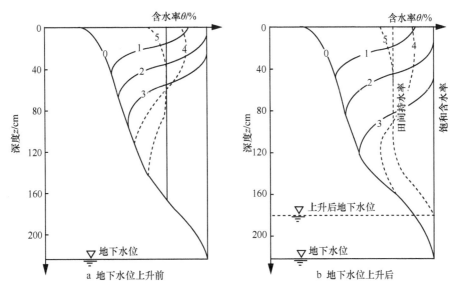

图 3-1-2 降雨（灌水）后土壤含水率的分布及随时间变化情况

3. 上升毛管水能够进入作物根系

地下水位较高，上升毛管水能够进入作物根系吸水层的情况下，地下水位的高低便直接影响根系吸水层中的含水率。图 3-1-3a 至图 3-1-3d 分别给出了地下水位对作物根系吸水层内土壤含水率分布的影响示意。

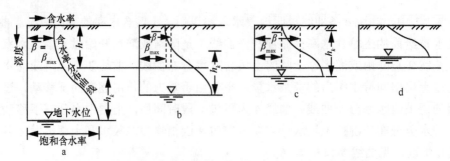

β_{max}—根系吸水层的最大含水率；$\bar{\beta}$—根系吸水层中的平均含水率；
h_k—毛管水上升高度；h—根系吸水层的深度

图 3-1-3　地下水位对作物根系吸水层内土壤含水率分布的影响示意

由图 3-1-3 可看出，地下水位越高，根系吸水层中土壤平均含水率越大。当根系吸水层受地下水影响并有上升毛管水补给时，根系吸水层中的土壤含水率常大于悬着毛管水的最大含水率 β_{max}。因此，在实践中应用时必须判明有无地下水影响。

4.结论

综上所述，作物根系吸水层中的土壤水，以毛管水最易被旱作物吸收，超过毛管水最大含水率的重力水很少能被旱作物利用，即使重力水能长时间保存在土壤中，但也会使土壤通气状况变坏，对作物生长不利。因此，旱作物根系吸水层中允许的土壤平均最大含水率，一般应控制在田间持水率以下。所以农田灌溉常以田间持水率作为土壤允许最大含水率。需要指出，目前在实践中，田间持水率、饱和含水率与田间持水量、饱和含水量，同属于常用名词，但应注意，田间持水率、饱和含水率应与土壤含水率结合使用，而田间持水量、饱和含水量应与土壤含水量结合使用。

（二）干旱

当植物根部从土壤中吸取的水分来不及补给叶面蒸发时，植物体内含水量随之不断减少，特别是叶子的含水量迅速降低。这种由于植物耗水大于吸水，植物体内水分不足，甚至过度亏缺而受害的现象，叫作干旱。由于产生干旱的原因不同，可分为大气干旱、土壤干旱和生理干旱 3 种。

1. 大气干旱

大气干旱是由于气温过高，大气相对湿度过低（一般在 10% ～ 20%），或由干热风所引起。这时即使农田土壤中尚有可供利用的水分，但因植物蒸腾耗水过大，根系吸水速度满足不了蒸发需要，而引起大气干旱。我国华北、西北均有大气干旱。一般大气干旱还不致引起植株死亡，但会抑制作物生长发育，降低产量。

2. 土壤干旱

土壤干旱是由于久旱不雨，又缺乏灌溉条件，土壤中可供植物根系吸收的水分很少，不能满足作物蒸腾和正常发育的需要而造成的。短期土壤干旱，会使作物产量明显降低，干旱时间过长会造成植株叶黄、萎蔫，直至枯死。

3.生理干旱

生理干旱是由于植株本身生理原因，不能吸收土壤水分而出现的干旱。例如，在盐渍土地区或一次施用肥料过多，使土壤溶液浓度过大，渗透压力大于根细胞吸水力，致使根系不但吸不到水分，反而使植株体内水分外渗，形成倒流，造成作物的生理干旱。在盐渍土地区，土壤水允许的含盐溶液浓度的最高值视盐分种类及作物种类而定。

三、水稻区农田水分状况

我国水稻灌溉，传统采用淹灌法，田面除烤田期外经常有水层存在，并不断向根系吸水层中入渗。由于地下水埋深、不透水层位置、地下水出流等情况不同，地面水层、土壤水分与地下水之间的关系也不同。当地下水位埋深较浅，出流条件较差时，因地面水不断下渗，促使地下水位上升至地表并与地面水连成一体。此时原地下水位至地面间土层的土壤含水量达到饱和。当地下水位埋藏较深，出流条件较好时，地面水虽然不断入渗补给地下水，但地下水位仍能保持在地面下一定深度。此时地下水位至地面间土层的土壤含水量，就不一定达到饱和。

水稻采用淹水灌溉法时，在不同自然环境及不同生长阶段，保持适宜的淹灌水层，不仅能满足水稻的水分需要，而且能影响土壤的一系列理化过程，并能起到调节温、热及气候状况的作用。但长期的淹灌及过深的水层，会引起水稻减产，甚至死亡。因此，根据作物品种、发育阶段、自然环境来确定淹灌水层的上下限，并根据当地条件结合适当排水晒田或保持田间一定的湿润状况，才能高产。

四、农田水分状况的调节

在天然条件下，农田水分状况和作物需水要求通常是不相适应的。在某些年份或一年中某些时间，农田常会出现长期、短暂或前后交替的水分过多或水分不足现象。

当农田水分不足时，一般应采取增加来水或减少去水的措施，增加农田水分的最主要措施就是灌溉。这种灌溉按时间不同，可分为播前灌溉、生育期灌溉和为了充分利用水资源提前在农田进行储水的储水灌溉。

当农田水分过多时，应针对其不同的原因，采取相应的调节措施。排水（排除多余的地面水和地下水）是解决农田水分过多的主要措施之一，但是在低洼易涝地区，必须与滞洪、滞涝等措施统筹安排，此外还应注意与其他农业技术措施相结合，共同解决农田水分过多的问题。

第二节　土壤水分运动

一、概述

作物与水分的关系是十分密切的，而水分主要是来自大气降水。研究土壤水分主要是要解决降水后的入渗、蒸发、扩散，以及水分在土壤中滞留的时间、质量和数量的关系，即水分在土壤孔隙中运动的全过程，以满足作物的水分需求。

田间土壤水受大气降水补给。在降水初始阶段，一般土壤含水量较小，水分很快渗入土壤。随着降水时间的延长，土壤含水量逐渐增加，入渗速度逐渐减慢，最后土壤空隙全部被水充满便出现土壤水分饱和状态，也即土壤含水量最大的状态。

土壤出现饱和含水量后，如果降水未停，地表便会产生径流，与此同时，入渗到土壤中的水分会向下转移补给地下水，地下水经补给后水位会上升，一部分水分还可转化成地下径流或通过土壤向附近低洼部分流去形成壤中流。降水停止后，表层中土壤水分将通过蒸发回到大气中去，土壤很快（一般为 1～2 日）由饱和含水量变为非饱和含水量。土壤蒸发继续进行，土壤含水量随之继续减少。如果地下水位在极限埋深以上，此时地下水可以通过潜水蒸发补给土壤失掉的水分，潜水蒸发后将使地下水位下降，随着地下水位的下降，潜水蒸发量逐渐减小，直到为零。这时土壤不再接受地下水的补给。以上便是土壤水分的简要循环过程。

二、土壤水能量观念和土壤水势

（一）土壤水能量观念

土壤中许多重要的物理性质都和水分密切相关，如土壤温度、强度、抗压力、可塑性、最大密度及工程上常见的土壤坡面的稳定性等都因土壤中水分含量的变化而变化。土壤中的气体、水分和热量连续不断地和近地层的大气进行着物质和能量的交换，从而构成植物生长近地层所需要的物理生态环境，这些生态环境又直接或间接地影响植物的发育和生长，因此，研究土壤中水分的变化已经成为植物发育成长中一项十分重要的内容。

最早研究土壤水分的变化多集中在土壤水分分类方面，即通过实验将土壤中的水分划分为吸附水、毛管水和重力水，直到 1940 年左右才将流体力学观念引入到土壤中，进而研究水分在土壤中的流动状况。

最早采用能量观念研究土壤水分运动的是白金汉姆（Buckingham），他在 1907 年首先提出土壤水运动的能量观念，"将单位质量的水移出土壤所做的功"称为毛管位能（Capillary Potential），并解释说，毛管位能随土壤水分含量之减少而增加，也就是说，较干土壤中的水分所受到的吸附力较强，需要较大的功才能将其移出，根据这种观念，水分在土壤中移动的现象可用热量在导体中传导的公式来加以解释。为了说明能量观念，白金汉姆做了以下试验。将一干土的土柱，下端浸入水中，上端用油纸盖住以防蒸发，水分借毛管作用从土柱中上升到一定高度，在达到平衡状态时，土柱中的水分含量随高度而递减。

（二）土壤水势

土壤水移动时具有做功的能力用能量观念表示时可称为势能，或称为土壤水势。由于土壤水移动同时受到多种力的共同影响，这些力的大小和方向往往均不一致。影响土壤水分移动的力主要有地心引力、水头压力，由吸附力和毛管力共同作用形成的基质力，土中盐类溶解产生的渗透压力及因温度变化而产力的温度压力等，一般温度变化影响较小，所以影响土壤水移动的主要分势包括重力势、压力势、基质势、溶质势。

三、田间水分的蒸发过程

田间水分蒸发是土壤水分转化的一项重要内容，了解蒸发过程，减少与控制蒸发水量对灌溉农业、作物需水及水资源调节都十分重要。

田间水分蒸发有 3 个基本条件：一是必须有不断的热能补给，来满足汽化热的需要（每克水在 15 ℃温度时，可产生 590 cal[①]汽化热），一般情况下热能来自外界辐射或平流；二是蒸发面以上的大气水汽压必须低于受蒸发物体表面的水汽压，即必须存在水汽压梯度；三是蒸发体内部的水分必须不断地补给蒸发面。至于蒸发量的大小，则决定于周围的土壤、水分、气象及植被等多种因素。

蒸发的一般规律是：当土壤湿润时，水分通量不受限制，蒸发量大小决定于土壤表面以上大气的蒸发力；当土壤干燥时，土壤导水率较低，水分供应满足不了大气的蒸发强度，这种情况下蒸发量取决于土壤的供水能力。

第三节　作物需水量

一、作物对水分的需求

作物生长的环境要素是水、肥、气、热，其中水是最活跃的要素，对作物环境起着调节与控制的作用，作物供水不足或长期缺水，不仅会造成籽粒减少，严重时将导致植株枯萎，甚至死亡。作物对水分的需求主要表现在以下几个方面。

（一）水是构成作物原生质的重要组成部分

作物是由原生质组成的。原生质中的含水量为 70% ～ 90%。原生质主要是由蛋白质组成的，在蛋白质的外围吸附着大量亲水基因使原生质处于溶胶状态，以维持作物的代谢作用。如果原生质缺水，蛋白质结构遭到破坏会引起原生质死亡，进而使作物死亡。少量缺水时，会产生细胞扩展，导致膨压减少生长受到抑制，还会影响叶面积使之减少，随着光合作用有效面积减少，造成生长缓慢、产量降低。

（二）水是生化反应的介质和重要原料

作物正常生长需要由光合作用、呼吸作用来制造蛋白质、脂肪、核酸、叶绿素等所必需的物质，在光合作用中水是重要原料。绿色植物是通过光合作用把无机碳转化成有机碳（即碳水化合物），再通过呼吸作用分解成物质合成原料，并释放出可以利用的能量（ATP 和 NADPH），利用这些合成原料和能量再进一步合成作物各种组成成分

---

① 1 cal=4.18 J。

淀粉、蛋白质、脂肪、核酸、叶绿素等。从以上作物非常复杂的分解与合成关系看，时刻都离不开水。

（三）水是矿物质和有机物运输的媒介

作物不能直接吸收固态的无机物质和有机物质，这些物质都必须先溶解在水中形成一定浓度的溶质才能被作物吸收，因此，水承担着运送大量无机盐和有机物的任务。与此同时，在作物体内各项生化反应也都是在液态条件下进行的，水从根系进入作物体内后通过蒸腾作用维持着全部代谢作用和生命循环，如果缺水便会影响到脯氨酸、甜菜酸和脱落酸3个适应性的代谢过程，从而直接威胁作物的生存。

（四）水是维持作物形态的必要条件

作物细胞只有充满大量的水才能具有一定的外形，植株才能挺立和旺盛生长，如果缺水首先减少了细胞的膨压导致生长萎缩，进而使形体发生变化和影响活性酶与酶系统的变化等。

二、作物蒸腾与水分输送机制

作物叶面蒸发水分的作用称为蒸腾作用。蒸腾是水分吸收和运输的主要动力。蒸腾作用成为吸水的动力是通过叶肉细胞的渗透作用和叶脉与导管完成的。叶肉细胞具有液胞，液胞内溶解有很多大分子有机物，包围液胞的液胞膜、细胞质和细胞膜共同组成一个半透膜（即只允许水分子通过限制液胞内某些大分子通过），蒸腾作用通过半透膜的渗透作用使叶肉细胞内的水分丢失，从而提高了液胞内的溶质浓度，这样被吸收了水分的细胞又能从另外的细胞吸收水分，如此传递下去一直传到从叶脉中吸收水分。

另外，叶面有一层角质膜和许多小气孔，角质膜隔绝水分，蒸腾作用主要通过叶面上小气孔进行。小气孔总面积不到叶面积的1%，但蒸腾的水分却占50%以上。小气孔向周围散失水分比自由水面散失水分快得多，这是蒸腾作用极强的原因。但是小气孔却直接受水分和阳光的影响而开闭，即叶脉水分充足时气孔开张，反之关闭。气孔的开闭由细胞中的保卫细胞控制，一般高等植物白天开张，夜间关闭。所以外界因素对蒸腾作用也有很大影响。

三、根的功能与根压渗透原理

根的功能主要是从土壤吸收水分和大量无机盐类来满足作物合成有机物。根部吸收水分和无机盐类是两个相对的独立过程。根区的根毛是吸收水分的主要部位，根毛通过根压的渗透作用吸取水分，即根毛细胞内细胞液的浓度总是高于土壤水溶液的浓度，形成溶液浓度差，这样便产生渗透作用将水分传入皮层细胞，再进入导管，最后导管传送到叶和花果。

实验表明，根压与根的生命活动密切相关，如降低土壤温度、减少土壤含氧量和抑制根的呼吸都会降低根压，相反则会提高根压。根压还与土壤溶液的浓度有关，土壤溶液浓度越低，根压越大，根毛吸水越多，反之，根毛吸水越加困难。

四、田间耗水量与作物需水

农田水分消耗的途径有作物蒸腾、棵间蒸发、土壤深层渗漏和地表流失。此外，还有杂草对水分的消耗。

作物需水包括作物生理需水和生态需水两部分。生理需水是指作物生长发育过程中，进行生理活动所需的水分，即为作物蒸腾。生态需水是指用以调节和改善作物生长环境条件所需的水分，即为棵间蒸发。

旱作物在正常灌溉情况下、不允许发生深层渗漏，因此，旱作物需水量包括组成作物体的水量、作物蒸腾及棵间蒸发称为腾发量。因作物体的水量仅为后两者之和的百分之一，可忽略不计，所以腾发量就是旱作物的需水量。在水稻地区除腾发量外，为了促进水稻田通气，以改善土壤氧化还原状况，消除硫化氢、氧化亚铁等有害物质，促进根系生长发育，应保持稻田有适当的渗漏量。所以水稻需水量除腾发量外，还应包括稻田渗漏量（亦称水稻田间耗水量）。

五、作物需水规律

作物需水规律是指作物生长过程中，日需水量及阶段需水量的变化；研究作物需水规律和各阶段的农田水分状况，是进行合理灌溉排水的重要依据。作物需水变化规律是：苗期需水小，然后逐渐增多，到生育盛期达到高峰，后期又有所减少，其间对缺水最敏感，影响产量最大的时期称需水关键期，或称灌水临界期。不同作物的需水关键期不同。

六、田间水分失调对作物的危害

（一）土壤干旱危害

① 作物体内酶活动减弱，合成过程受到抑制，水解作用加强，呼吸基质增多，有机物质大量消耗。

② 叶面气孔关闭，蒸腾作用降低，体内热量增加，温度上升，蛋白质凝固，原生质遭到破坏。

③ 细胞脱水，原生质和细胞壁紧贴在一起，细胞体变形等，这些生理上的变化导致作物生长发育不良，或不同程度地影响作物的产量。

（二）土壤渍涝危害

① 作物根系缺氧，呼吸困难，有机质不能有效分解，因养分供应不足而使叶面枯黄、花果脱落或茎块破裂。

② 因呼吸作用减弱，体内产生的酒精含量增多，生长受到抑制或引起中毒。

③ 通气作用和还原过程占优势，使有机酸、二氧化碳和硫化氢等有害物质大量增加等。

第四节 农作物灌溉用水

灌溉用水量（或流量）是指灌溉土地需要从灌溉水源取用的水量（或流量），在进行灌溉工程规划、设计、管理时，要计算灌溉用水总量及其用水过程，并根据当地水资源开发利用条件，定出可能开发的灌溉面积及相应的工程规模；同时，水利工程管理部门提出不同时期的用水要求，以便对水资源实行统一合理调度。

一、设计代表年的选择

灌溉用水量主要受降水量的制约，不同水文年度降雨量不同。为此，在灌溉工程规划设计时选择一个接近用灌溉设计保证率确定的来水量和用水量（包括总量及用水过程）的年份，作为确定灌溉用水量（或流量）的设计依据，这个水文年份通常称为设计代表年，以设计代表年的降雨量确定的灌溉制度即为设计年灌溉制度，其相应的灌溉用水量称为设计年灌溉用水量。因此，设计代表年选择就直接影响灌溉工程的规模和投资。

二、灌水率

灌水率是指灌区单位面积所需的灌水流量，又称灌水模数。如不考虑渠道输水配水和田间的各项损失，只考虑灌入田间的有效水量时的灌水率为净灌水率。利用它可以计算灌溉渠道设计流量和渠首引水流量。

对灌水延续时间的确定要从以下几个方面慎重考虑。

① 灌溉及时，否则不能及时供作物用水，影响产量；但也不应将灌水延续时间定得过短，这样虽然作物能得到及时灌溉，但灌水率增大，设计流量加大，造成工程造价增加和灌水时劳动力紧张。

② 考虑灌区面积大小，对面积大的灌区，由于灌区范围内土壤、地下水埋深、气象条件等的差异，同一作物要求灌水的时间不尽相同，这种情况灌水延续时间可以适当长一些；相反小型灌区，灌水延续时间应短一些。

③ 根据作物种类及不同生育阶段对缺水的敏感度的大小确定灌水时间，对主要作物的关键期灌水，灌水延续时间应短一些，反之可以适当长一些。

第五节 农田灌水方法与灌水技术

灌水方法是指将可用于灌溉的水资源，通过各种工程措施将水输送到田间并使之转化为土壤水，以满足作物需水要求的方法。灌水方法可以根据自然条件不同、作物不同进行选择。目前，灌水方法有地面灌溉、喷灌、微灌和地下灌溉4种。

一、地面灌溉

地面灌溉是一种应用最广泛，也是最古老的灌水方法。随着生产的发展，地面灌水技术也不断改进，目前地面灌水方法主要有畦灌、沟灌和格田灌溉。

（一）畦灌

1. 畦灌水的流动与入渗

畦灌是用土埂把灌溉土地分隔成一系列狭长的地块——畦田，灌水时将灌溉水从输水沟或毛渠引入畦田后，在地面形成薄水层，沿畦田纵坡方向流动，在流动过程中逐渐入渗，达到湿润土壤的目的。

2. 畦灌技术要素的选择

畦田灌水的水流流动、入渗和灌水时间均有密切关联，因此，在进行畦灌时必须根据畦田规格、土质状况、水流大小（即单宽流量）和灌水时间等多种因素加以控制，才能满足灌水定额达到适时、适量的要求。

3. 畦灌优缺点

畦灌的主要优点是灌水技术简单，容易掌握；畦埂较小，投资与用工较少；灌水比较均匀；适用于密植作物，如小麦、牧草、蔬菜和机耕机播等。主要缺点是灌溉水靠重力作用入渗，灌后土壤易板结；地面坡度较大时，易产生表土冲刷现象；灌水初期，土壤表层蒸发强烈，灌后一个阶段土壤过湿，通气状况不良和使一部分微生物活动受到抑制；土地不平时，水流速度慢、灌水时间长、水层深浅不一、浪费水量等。

为了改善畦灌的灌水条件，近年来，北方井灌区大量推广了低压管道输水灌溉，将输水沟改变为管道输水，缩短了灌水时间，提高了田间水利用系数。但田面存在的缺陷仍未改变，因此，平整土地、改良土壤和缩小畦田规格仍然是提高畦灌效果的主要措施。

（二）沟灌

1. 沟灌水的流动与入渗

沟灌是在作物行间开挖灌水沟，水从输水沟进入灌水沟后，在流动过程中借毛细管的作用湿润土壤。沟灌适用于宽行距中耕作物，如棉花、玉米、高粱、向日葵等。

沟灌与土壤质地关系十分密切，不同土壤入渗后湿润范围不同。黏性土壤透水性能弱，毛细管作用强，湿润范围宽而浅。砂性土壤透水性能强，但毛细管作用差，故湿润范围窄而深。

2. 沟灌技术要素的选择

① 灌水沟规格：灌水沟的间距取决于土壤透水性和作物行距；灌水沟的长度应根据地形坡度大小、土壤透水性强弱及土地平整程度而选择，同时还要考虑入沟流量大小及放水时间长短；灌水沟的坡度主要由当地地形所决定，一般适宜的坡度为 $0.003 \sim 0.008$。

② 入沟流量：入沟流量与地面坡度、土壤性质及土地平整程度有关。一般坡度小、渗透强、平整程度差时，入沟流量宜大，反之宜小。

3. 沟灌的优缺点

沟灌与畦灌相比较主要优点在于沟灌是借助毛细管作用湿润土壤，有利于调节土壤中水、肥、气、热状况；沟灌后地面蒸发比畦灌小，未饱和的土壤表面仍保持疏松状态，因此，可以节省水量；在雨季可以利用灌水沟兼作排水小沟，较快地排除地面积水。

沟灌的缺点主要是必须在作物行间开挖灌水沟，比畦灌费工，田间管理不够方便，另外，只适用于宽行中耕作物等。

（三）格田灌溉

格田灌溉是用田埂将灌溉土地划分成许多格田，灌水时，使格田内保持一定的水层深度，借重力作用湿润土壤，主要适用于水稻。为了能及时灌溉和及时排水，满足水稻各个生育期的要求，每个格田必须有独立的进水口和排水口，防止水流"串灌""串排"。格田地面必须平整均匀，地面坡度应小于 0.001。格田面积的大小可视地形、土壤性质而定，一般为 2～5 亩。

为适应机械化的要求，在平原地区，格田面积可适当加大。格田布置应尽量整齐，一般为长方形，长边大致平行于地形等高线，短边顺着地面坡度布置。淹灌水量除考虑作物蒸腾和田面水层蒸发外，还要考虑渗漏损失量。北方地区由于水资源短缺，淹灌作物需水量大，不提倡种植和发展淹灌作物，对于个别有条件的地区，如果种植水稻，也需要改变全生育长期淹灌的方法，采取水稻湿润节水灌溉方法，以节省水资源。

二、喷灌

喷灌是用压力管道输水，再由喷头将水喷射到空中，形成细小的雨滴，均匀地洒落在地面，湿润土壤并满足作物需水的要求。喷灌需要的压力可以由水泵加压或是利用地形自然落差。

对移动式或半固定式喷灌，由于必须移动管道或喷头，所以操作较为麻烦，还容易踩踏伤苗和破坏土壤。在有风的天气下，水的飘移损失较大，灌水均匀度和水的利用程度都有很大的降低等。

（一）我国喷灌区划

喷灌是一种较先进的灌水方法，近年来世界各国喷灌面积发展很快。我国是从20 世纪 70 年代开始系统地研制喷灌技术，并于 1977 年底列为全国重点推广新技术项目，1978 年正式纳入国家农田基本建设计划，到目前为止，全国已发展喷灌面积 600余万亩，并在机具研制、灌区规划设计和技术标准及运行管理等方面取得了许多成果和宝贵经验，获得了显著的经济效益和社会效益。

喷灌区划按照归纳相似性，区别差异性，基本保持行政区界完整的原则将全国分成 10 个一级区和 34 个二级区。喷灌区划客观地反映了各地的地域差异，科学地揭示了区内发展的一致性，高度概括了喷灌的发展方向，从而形成一个由普遍到特殊、由大同到小异的不同等级的喷灌系统。

（二）喷灌系统的组成和类型

1. 组成

① 水源。一般河流、渠道、湖泊、塘库、井泉等都可作喷灌水源，但其水质必须满足喷灌的要求。

② 水泵。喷灌常用的水泵有离心泵、自吸离心泵、长轴深井泵及各类潜水泵等。

③ 动力。有电的地区，一般采用电动机带动水泵，缺少电源时也可使柴油机或汽油机带动或用拖拉机、手扶拖拉机上的动力机带动水泵。

④ 管道系统。喷灌管道系统一般包括干管和支管两级管道及其连接、控制部件，如弯头、接头、三通、闸阀等。

⑤ 喷头。喷头是喷灌系统的专用部件，一般用竖管支撑，竖管与支管连接。

⑥ 田间工程系统。田间渠道和相应的建筑物是保证某些喷灌系统所需要的灌溉水从水源处引到田间。

2. 分类

喷灌系统可按获得压力、系统设备组成、喷洒特征、系统中主要组成部分是否移动和移动程度等方法分类。在我国，通常按系统中主要组成部分是否移动和移动程度将喷灌系统分为固定式喷灌系统、移动式喷灌系统和半固定式喷灌系统3类。

① 固定式喷灌系统。该系统的各组成部分在整个灌溉季节，甚至常年都是固定不动的。适用于灌水频繁、经济价值高的蔬菜和经济作物，在经济条件较好或劳动力紧缺的地区也可采用这种系统。

② 移动式喷灌系统。在田间仅有固定的水源（井、塘或渠道），其余管道、动力和喷头都是移动的，称为移动式喷灌系统。移动系统的优点是设备利用率高，可降低单位面积设备投资，操作也比较灵活，但缺点是田间所需渠、路多，占地多，管理劳动强度大。

③ 半固定式喷灌系统。半固定式的干管、动力和水泵是固定的。在一个固定的给水栓连接后即可进行喷灌，喷洒完毕后即可移至另一个给水栓连续喷灌，直至全部喷灌完毕为止。干、支两级管道固定，在干管上不设给水栓，而在支管上设连接喷头的装置，喷灌时移动喷头灌溉。这种喷灌系统比固定式系统设备利用率稍高，投资也稍低；比移动式系统劳动强度也低，因此，许多国家均采用该系统。

（三）喷灌设备

喷灌设备包括喷头、管道及其附件、动力设备、水泵、组装的喷灌机等。这里简要介绍喷头与管道。

1. 喷头

喷头是喷灌系统的主要组成部分，其作用是把压力水流喷射到空中，散成细小的水滴并均匀地散落在地面上。因此，喷头的结构形式及其制造质量的好坏，直接影响到喷灌质量。喷头的种类很多，按其工作压力及控制范围的大小，可分为低压喷头（或称近射程喷头）、中压喷头（或称中射程喷头）和高压喷头（或称远射程喷头）。喷头按结构形式与水流形状划分，主要有旋转式喷头和固定式喷头两种。

① 旋转式喷头。一般由喷嘴、喷管、粉碎机构、转动机构、扇形机构、弯头、空心轴和轴套等部分组成。压力水流通过喷管及喷嘴形成一股集中的水舌射出，由于水舌内存在涡流，又在空气及粉碎机构（粉碎螺钉、粉碎针或叶片）的作用下，水舌被粉碎成细小的水滴，并且通过转动机构使喷灌和喷嘴围绕竖轴缓慢旋转，使水滴均匀地喷洒在喷头的四周，形成一个半径等于喷头射程的圆形或扇形湿润面积。旋转式喷头由于水流集中，所以射程较远，中、远射程喷头基本上都是这种结构。其优点是结构简单、易于推广，缺点是当安装不平或有风时旋转速度不均匀。

② 固定式喷头。固定式喷头又称漫射式喷头，特点是在整个喷灌过程中所有部件都固定不动。喷洒水流呈圆形或扇形散开。优点是结构简单、工作可靠、造价便宜。缺点是射程小、喷灌强度大、水量分布不均、喷孔易被堵塞等，因此使用受到限制。一般多用于公园、苗圃、菜地和温室等地。

2. 喷头的主要水力参数

① 工作压力。喷头的工作压力是指喷头进水口前的内水压力。

② 喷水量。单位时间内喷头喷出水的体积称为喷水量。

③ 射程。射程是指在无风条件下，喷射水流所能达到的最大距离，也就是喷洒湿润半径。

3. 管道

管道是喷灌系统的基本组成部分，管道投资一般占喷灌建设投资的 70% 左右，因此，选好管道材料十分重要。喷灌用的管道按其使用条件分为固定管道和移动管道两种。对管道的要求是能承受设计要求的工作压力，在通过设计流量时不造成过大的水头损失，经济耐用，结构合理，抗腐蚀；便于运输和施工安装等。对于移动管道还要求轻便耐磨、耐撞击、耐风蚀日晒等。

① 固定管道。常用的固定管道有铸铁管、钢管、预应力和自应力钢筋混凝土管、塑料管和石棉水泥管等。管径一般为 50～300 mm。

② 移动管道。移动管道有软管、半软管和硬管 3 种。

③ 管道系统的布置。固定式、半固定式喷灌系统，视灌溉面积大小进行分级。面积大时管道可布置成总干管、干管、分干管和支管 4 级，或布置成干管、分干管、支管 3 级；对面积较小时一般布置成干管和支管 2 级。支管是田间末级管道，支管上安装喷头。

三、微灌

为寻求节水、节能和高效率的灌水方法、在喷灌和地下灌溉的基础上，近年来又发展了微灌技术并得到了相应的推广。1982 年，国际灌溉排水委员会（ICID）在印度召开的会议上指出，微灌包括滴灌、微喷灌和涌泉灌溉。据不完全统计，到 1988 年全球微灌面积已达到 1500 余万亩。我国是从 20 世纪 70 年代引进微灌技术并在辽、冀、鲁、晋、京和南方一些省市（赣、闽、湘等）得到了推广，主要灌溉蔬菜、果树、柑橘、花卉等经济作物。

（一）微灌的特点

微灌是根据作物需水要求，通过低压管道系统与安装在末级管道上的特制灌水器，将水输送到作物根部附近的土壤表面或土层中去的灌水方法。这种灌水方法的特点如下。

① 灌水流量小，水的利用率高。一般滴头的流量为 1.5 ~ 12.0 L/h，微喷头的流量为 50 ~ 200 L/h；比一般地面灌溉省水 1/3 ~ 1/2，比喷灌省水 15% ~ 20%。

② 工作压力低，节省能源。微灌的灌水器在低压条件下运行，一般工作压力为 50 ~ 150 kPa，滴头的工作水头为 7 ~ 10 m，从而可减少能耗。

③ 对土壤和地形适应性强。微灌只局部湿润土壤，不受地形、土壤条件的限制，使灌水均匀，能有效地调节土壤中水、肥、气、热状况，为作物生长提供良好的环境条件。

④ 可结合灌水施肥，增产明显。因水肥适时，增产效果较为明显，一般较其他灌水方法可增产 30% 左右。

⑤ 适于咸水地区。实践证明，使用咸水滴灌，灌溉水含盐量在 2 ~ 4 g/L，作物生长正常，这为干旱和半干旱咸水地区提供了一条增产出路。

当前微灌技术存在的主要问题是灌水器易引起堵塞，作物根系发展会受到一定影响，含盐量高的土壤采用微灌需要考虑冲洗，不具备冲洗条件时不宜采用咸水微灌。

（二）微灌的类型

微灌技术可按水流出流方式和管道布置不同形式进行划分。

1. 按灌水时水流出流方式划分

① 滴灌。滴灌是通过安装在毛管上的滴头或滴灌带等灌水器的出水孔使水流呈滴状进入土壤的一种灌水形式。滴灌水的入渗主要借助毛细管力的作用，在作物根部附近形成饱和区，并向周围扩散。湿润土体的大小和几何形状决定于土壤性质、滴头水量和土壤前期含水量等因素。

② 地表下滴灌。地表下滴灌是将全部滴灌管道和灌水器埋入地表下面的灌水形式。这种形式可减缓毛管和灌水器老化、防止损坏和丢失，同时方便田间作业，但灌水器堵塞后不易查找和清洗。

③ 微型喷洒灌溉。将水通过微喷头喷洒在枝叶上或树冠下地面上的灌水方法称为微喷灌。它与喷灌的主要区别在于喷头压力低、流量小，一般把水头 5 ~ 15 m、孔径 0.8 ~ 2.0 mm、水灌流量小于 240 L/h 的微喷划在微灌的范围内。

④ 涌泉灌溉。涌泉灌溉是通过安装在毛管上的涌泉器形成的小股水流，以涌泉的方式进入土壤的一种灌水形式。涌泉的灌水量比滴灌和微灌大，一般均超过土壤渗吸速度。为防止产生地面径流，一般在涌水器附近挖个小坑暂时储水，涌泉灌可避免灌水器的堵塞，适于水源丰富的地区或林、果灌溉。

2. 按毛管在田间布置的方式划分

① 地面固定式微灌系统。毛管布置在地面，在灌水期间毛管和灌水器不移动的系统称为地面固定式系统。适用于条播作物和果园灌溉。一般使用流量 4 ~ 8 L/h 的单出

水口或流量为 2～8 L/h 的多出水口滴头，也可采用微喷头。这种系统安装、清洗、拆卸、检查均较方便，但易损坏、老化和影响农业耕作。

② 地下固定式微灌系统。与地表下滴灌类似，将所有微灌设备与器材埋入地下进行固定式灌溉。优点是不影响耕作，避免了反复的安装、拆卸，延长了设备的使用寿命，缺点是不易检查堵塞状况。

③ 移动式微灌系统。在灌水期间，毛管和灌水器由一个位置灌完后移向另一个位置的灌水系统称为移动式微灌系统。按移动毛管的方式又可分为人工移动和机械移动两种。与固定式系统相比，移动式系统投资较低，但运行管理费用却较高。

④ 间歇式微灌系统。间歇式微灌系统又称脉冲式微灌系统。工作方式是每隔一定时间喷水一次，此系统的灌水器流量比普通滴头流量大 4～10 倍。

因灌水器孔口较大，减少了堵塞，由于间歇灌水，避免了产生地面径流和深层渗漏损失，但灌水器制造工艺要求高，设备成本也高。

（三）微灌系统的组成

微灌系统通常由水源、首部枢纽、输配水管网和灌水器 4 个部分组成。

① 水源。河、湖、渠、塘、井都可作微灌的水源，但含污染物和含沙大的水体均不宜作微灌水源，以免造成灌水器堵塞。不适合微灌要求的水体作水源时，必须经过适当的处理。为保证微灌的水源，常需要修建专门的水源工程，如蓄水池、川水渠等。

② 首部枢纽。微灌工程的首部枢纽由水泵、动力机械、控制阀门、过滤器、施肥装置、测量和保护设备等组成。它是全系统控制调度的重要组成部分，也是系统的中心。

③ 输配水管网。微灌系统的管网一般分为干、支、毛 3 级管道。干、支管两级承担输配水任务，一般均埋入地下；毛管承担田间灌水任务，根据情况可埋入地下也可放在地面，通过比较确定。

④ 灌水器。灌水器安装在毛管上或是通过连接小管与毛管相连接，水流通过灌水器进入土壤湿润作物。灌水器种类较多，下面详细介绍。

（四）微灌的设备

1.灌水器

微灌的灌水器有滴头、微喷头、涌水器和滴灌带等多种形式，按其结构和水流的出流形式不同又可分成滴水式、漫射式、喷水式和涌泉式等，其相应的灌水方法称为滴灌、微喷灌和涌泉灌。灌水器的作用是把末级管道中的压力水流均匀、稳定地分配到田间，满足作物对水分的需要。常见的灌水器有以下 6 类。

① 管间式滴头。这种灌水器串接在两段毛管之间，成为毛管的一部分，又称管式滴头。水流通过较长的流道进行消能，在出水口以水滴的形式流出，从消能方式上又属于长流道式滴头。为了提高消能的效力常把流道制造成迷宫结构，其流道比内螺纹流道宽且短，有利于提高滴头抗堵塞的性能。

② 微管滴头。微管滴头是把一种直径为 0.8～1.5 mm 的塑料管插入毛管，水在微管的流动中消能，并以滴流状态流出，也属于一种长流道式滴头。微管可以缠绕在毛管上，也可以散放。此种滴头的优点是可以根据工作水头的高低调节微管的长度，达

到均匀灌水的目的；缺点是流量易受温度变化的影响，安装质量得不到保证，微管易脱落丢失。

③ 孔口式滴头。当毛管中压力水流经过孔口时，能量被断面突然收缩而消耗一部分，水流离开孔口突然扩散又消耗一部分，水流碰到滴头孔顶时，被折射再消耗一部分，最后变成不连续的水滴或细流进入土壤。有些孔口式滴头还在孔口处装有弹性胶片或橡胶块，以保证出流量的稳定。这种滴头结构简单、工作可靠、价格便宜，适于推广。

④ 双腔毛管。双腔毛管由内、外两个腔组成，内腔起输水作用，外腔起配水作用，双腔毛管又称滴灌带。一般配水孔的数目为出水孔数目的 4～10 倍，孔径为 0.50～0.75 mm。根据双腔毛管的孔口间距、内径、水头损失大小和管长等，可估算双腔毛管流量。

⑤ 折射式微喷头。折射式微喷头有单向和双向两种，这种喷头进口直径为 2.8 mm，喷水孔为 1.0 mm，这种喷头结构简单、价格便宜，适用于果园、温室、花卉等的灌溉要求。

⑥ 射流旋转式微喷头。毛管水流通过一根直管与微喷头进水口连接，水流经喷孔射进可旋转的导流槽后，一边喷水一边使摇臂带着水舌快速旋转均匀地洒在地面上。射流旋转式微喷头，一般工作水头为 10～15 m，有效湿润半径为 1.5～3.0 m。

2. 管道及附件

微灌系统的管道必须能承受一定的内水压力，并具有较好的抗老化性，便于运输和安装。我国微灌管材多用高压聚乙烯管，规格有内径 10 mm、12 mm、15 mm、20 mm、25 mm、32 mm、40 mm、50 mm、65 mm、80 mm。一般内径 10～15 mm 用作毛管，内径 65 mm 以上时也可用 PVC 管或其他管材代替。

管道附件指用于连接组装管网的部件，简称管件。管件的结构应达到连接牢固、密封性好、便于安装的要求。管件主要有接头、弯头、三通、堵头等。

3. 过滤器

微灌系统对水质的净化与处理十分重要，它直接涉及微灌系统的成败。微灌系统中净化设备与设施主要包括拦污栅（筛、网）、沉淀池、水沙分离器、沙石（介质）过滤器、滤网式过滤器等，选用哪种净化设备要根据水质的具体情况而决定。

4. 施肥（农药）装置

向微灌系统注入可溶性肥料或农药溶液的装置称为施肥（农药）装置。常用的装置有压差式施肥罐、文丘里注入器及各种注入泵等。

四、地下灌溉

（一）地下灌溉概念及其优缺点

地下灌溉是利用修建在地下的管道（洞）系统将灌溉水引入田间，灌溉水通过管壁孔或洞的缝隙，借助土壤毛细管力的作用湿润土壤的灌溉方法。地下灌溉在我国又称为渗灌。

地下灌溉的主要优点是：灌水后土壤保持疏松状态，减少表面蒸发，土壤水分状况适宜作物生长；灌溉水量省、灌水效率高；减少占地面积、土地利用率高；便利交通、有利于耕作和机械化作业；灌水工作与其他田间工作可以同时进行等。主要缺点是：表层土壤湿润较差，特别是对于轻质土壤，在最初几次灌水时，作物根系浅，仅靠地下灌溉难以满足需水要求；对渗水强的土壤，深层渗漏损失大；造价高，管理维修困难。

（二）地下灌溉类型

1.灌水管

管道式利用各种管道埋于地下作为灌水管。管道的材料本着因地制宜、就地取材的原则，利用当地各种材料加工制造。应用较多的有黏土烧管、瓦管、瓦片、竹管、塑料管等。

2.鼠道灌溉网

鼠道是利用拖拉机或绳索牵引钻洞器，钻成一排排的地下土洞，由于土洞类似鼠洞，故称鼠道灌溉网。根据河南引黄灌区的试验，鼠洞的深为 $40 \sim 50$ cm，间距为 60 cm，洞的直径黏土 $7 \sim 8$ cm、轻质土 $10 \sim 12$ cm。

（三）地下灌溉系统的组成

较完善的地下灌溉系统是由水源及取水建筑物、输水管道（干渠）、分水井、配水管道（支渠、农渠）、放水井、地下浸润灌溉的润水管及尾水闸等部分组成。

（四）地下灌溉的技术要素

管道式地下灌溉的技术要素主要包括管道埋设深度、灌水定额、管道间距、管道压力和流量等。

1.管道的埋设深度

地下灌溉管道埋设深度应使灌溉水借助毛细管上升充分湿润作物根系活动层土壤，并使渗漏最小。因此，管道的埋设深度取决于土壤的性质和作物的种类，一般黏性土埋设深度大，砂性土埋设深度较小，此外，还应考虑耕作的要求和管道的抗压强度，不致因拖拉机和其他农业机械的行走而损坏。目前各地采用的管道埋深一般为 $40 \sim 60$ cm。

2.灌水定额

地下灌溉每次灌水量应能使相邻两管间土层得到足够的湿润，以不发生深层渗漏为准。一般要通过田间试验确定。

3.管道间距

地下灌溉时，灌溉水借助毛管力作用的横向扩散距离主要取决于土壤性质和供水压力，土壤颗粒越细，扩散范围越大，因而管道间距可加大。为了保证土壤湿润均匀，相邻两条管道的浸润曲线应有一部分重叠。一般砂性土中的管距较小，黏性土中管距较大；管道中压力越大，管距可较大，可达到 $5 \sim 8$ m，在无压情况下，为 $2 \sim 3$ m。

4.管道压力和流量

地下灌溉一般采用有压供水，但不能太大，以避免深层渗漏和溢出地面，一般管道式水头压力应控制在 $0.4 \sim 0.8$ m。

第四章 灌溉系统的规划设计

灌溉系统是指从引水枢纽到田间灌水沟畦的全部工程，包括渠首、各级渠道和渠系建筑物。灌溉系统除引（输）水系统外，还应当包括排水系统。一个完整的灌区必须有灌有排，构成灌排系统。本章将系统地介绍灌溉水源与取水方式、灌溉渠系的规划布置、灌区设计标准与渠道防渗及灌溉制度计划。

第一节 灌溉水源与取水方式

一、灌溉系统的水源

灌溉水源是指自然资源中可用于灌溉的水体。从广义上讲，以降水补给的自然水资源均可作为灌溉水源；从狭义上讲，灌溉水源主要是指地表水和地下水。地表水包括河流、湖泊、水库、池塘各种水体以及低洼地带临时可利用的积水，寒冷地区的冰川和融雪径流也包括在地表水之内；地下水主要指埋藏在地下含水层中的潜水、承压水和深层裂隙水。

北方地区灌溉水源 20 世纪 50 年代以开发利用地表水为主，随着地表水资源的短缺，70 年代转入开采地下水，目前地下水已超采很多，也已不足供应，在两项资源短缺的情况下，对土壤水资源的开发与利用已经引起了人们的重视。

除此以外，黄淮海地区的咸水或微咸水和大、中城市排泄的废、污水，经过一定的处理后，也可作为灌溉水源。有些国家，由于降水不足、淡水缺乏，已经采取海水淡化的措施，但其作为灌溉水源，成本太高，很难大面积采用。

（一）灌溉水源分析

1.水资源的供水对象

水资源的供水对象很多，农田灌溉是用水大户。据 1985 年统计，全国总用水量中，农业用水约占总用水量的 83%，工业及城镇生活用水约占 17%。农业用水中农田灌溉用水占 90%以上，剩余的是农村人畜用水、牧业用水、造林用水（主要考虑苗圃灌溉用水）、渔业和芦苇用水（主要考虑蒸发、渗漏损失部分）等。由于我国工业及城镇生活用水和公共用水水平的提高速度比农业用水快，所以在总用水量中所占的比重也会逐年提高。相比之下，农业用水所占的比重则将相应地逐渐降低。在作灌溉水源分析时，应该将这一趋势予以充分的考虑。

2. 天然水资源的分布

天然水资源具有地区上分布不均、年内年际之间变化悬殊，以及连续丰、枯水年交替出现等特点。为了满足各地区和各部门不同的用水需要，必须针对水资源的时空分布特点，修建必要的引水、蓄水、提水、调水工程，对天然水资源进行时间、空间上的再分配。由于兴建水利工程受当地自然条件、生态环境、技术条件及经济负担能力等方面的制约，水资源可利用的数量在一定程度上受到限制。因各地的具体条件不同，水资源可利用程度在不同地区差别很明显。

一般情况下，中等河流水资源的可利用程度比大江大河高。在各用水部门中，农业用水和工业与城镇生活用水相比，在用水过程中消耗水量较多，尤其是农业用水在使用过程中几乎把水量全部消耗掉，而水力发电、航运、水产养殖、旅游及环境改善等方面的用水，基本上不消耗或消耗很少。在水资源供需关系的分析中，研究的重点是农业用水及消耗水量较多的工业与城镇生活用水。

3. 可供水量

进行水资源利用规划时常将可能提供工农业用水的水量称作可供水量（简称供水量）。在研究某一地区或某流域水资源供需关系时，要根据当地或流域内水资源量的多少、工农业与城市用水要求、水利工程的数量及其调控能力与调配措施来确定该地区（或流域）可供水量的大小，并研究分析近期和远景的供需关系。作农田水利规划时，要根据可供水量的多少，在充分考虑其他部门用水的前提下，确定出农田灌溉可用水量。

可供水量估算，一般常以现状供水能力作为基数。具体说，就是以某年已建成的引水、蓄水、提水、调水工程及机井等的供水能力为依据，结合同年的降水、径流和外来水的资料与当年的实际用水量，进行综合分析，分别估算出该年的地表水和地下水供水量。现状供水量一般要注明年份。

4. 估算可供水量

我国各地区在进行可供水量估算时采用的方法并不一致，有的工作做得较细，分河系逐条河流进行估算，然后相加求得全地区或全流域的可供水量；有的工作做得粗些，先估算典型河流的可供水量，分类型或分地区综合建立关系曲线、经验公式或可供水系数等，然后再估算全地区或全流域的可供水量。

地下水资源中包括浅层淡水、深层淡水和浅层咸水 3 个部分。

① 浅层地下淡水。在有较长系列的地下水动态和开采量资料，以及对水文地质情况比较清楚的平原及山间盆地，在确定可开采量时，是在考虑了"合理开采"条件的前提下，从水均衡原理出发，用综合补给量乘以一个小于 1.0 的开采系数求得的。所谓"合理开采"条件，是指经济上合理、技术上许可、资源上可能，又不会因超采而造成

地面下沉、海水倒灌及不使环境恶化等的综合条件。

② 深层地下淡水。深层地下水回补困难，从已经大量开采的地方看，很多地方水位迅速下降形成漏斗区。因此，在超采严重地区，常将深层地下淡水作为生活用水或备用水源，暂不列入可利用水资源。如果多年平均回补量已经测定，则深层地下淡水的多年平均开采量应控制在小于或等于回补量的范围内，这个开采量也就是深层地下水的可开采量。

③ 浅层地下咸水。应对咸水加以估算。估算时要将 $2 \sim 5$ g/L 的微咸水和大于 5 g/L 的咸水分别估算，或只估算微咸水部分。在灌溉水源缺乏地区，如果已经取得了微咸水改造利用的丰富经验，可以将一部分微咸水（如 $2 \sim 3$ g/L）列入可利用资源。

5. 灌溉水源

① 正常规划和选择。需在充分掌握当地水资源总量及其变化过程和不同水平年可供水量的情况下，分析灌溉水源的总量及流量过程。在作灌溉水源分析时，对其他部门的用水要求要统筹兼顾，避免出现同一河流上各用水部门只凭各自的需要，到处开口引水，致使总引水能力大幅超过河流供水能力的不正常现象。这样不仅使引水工程的效率大幅减低，而且极易引起上下游之间、左右岸之间争水的现象。

② 已遭受城市污水污染地区的规划与选择。严格依照国家现行的农田灌溉水质标准，由供水、用水及规划设计等有关单位共同负责执行。供水单位系指农田灌溉水源管理单位、污水处理厂和工业废水排放单位等。规划、设计单位在利用或选择灌溉水源时，如果水质指标有不符合国家标准的，则应采取有效措施，改变水中污染物的数量（例如，将引水口向下游移动，离开排污口一段距离，以便利用河水自净能力，降低水中污染物的含量），排除某些污染物，以满足灌溉水质要求。

（二）我国灌溉水源的现状

1. 灌溉带的划分

由于水资源量不能直接供工农业使用，必须用工程技术措施将水资源量转化为可供水量，才能供各用水单位应用。据全国分流域片（全国按流域水系划分为若干流域片作为水资源汇总的单元）的可供水量供计，预计到 2000 年，全国 $P=75\%$ 年份的可供水量约 6500 亿 m³，$P=50\%$ 年份的可供水量约 6890 亿 m³，如按可供水量折算成每亩耕地占有量，只有 400 多 m³，显然是很低的。加之各地区的降水量大小差别很大，不同地区对灌溉的需求各不相同。因而不同地区的缺水情况也不一样。

根据多年实践和科学研究资料，按照农业发展对灌溉的不同要求，我国的地域可划分为常年灌溉带、不稳定灌溉带和补充灌溉带 3 种。

① 常年灌溉带。年降水量小于 400 mm 的地带，主要包括西北内陆和黄河中游部分地区。在这一地带，因年降水总量和各季节的降水分配都不能满足农作物正常生长的需要，灌溉需要指数（灌溉水量占农作物总需水量的比值）一般均在 $50\% \sim 60\%$。常年灌溉是农业发展的必要条件。

② 不稳定灌溉带。年降水量为 $400 \sim 1000$ mm 的地带，主要包括黄淮海地区和东北地区。由于受季风的影响，降水变化极不均匀，所以农作物对灌溉的要求也很不稳定，特别是秋熟作物。干旱年份，黄淮海地区秋熟作物的灌溉需要指数高达

70% ～ 80%，湿润年份只有 30% 左右。冬小麦对灌溉要求较高，也较稳定，灌溉需要指数为 50% 左右；在东北，水稻灌溉需要指数较高，达 50% 左右。旱作物要求较低，干旱年份为 20% ～ 30%，湿润年份则无灌溉要求。

③ 补充灌溉带。年降水量大于 1000 mm 的地带，包括长江中下游地区、珠闽江地区及部分西南地区。年降水总量虽然充沛，但由于年际及季节分配不均，加以大面积种植水稻及作物复种指数高，各季水稻仍需人工补充水量，灌溉需要指数为 30% ～ 60%。旱作物在湿润年份不需要灌溉，但在干旱年份，也需进行补充灌溉，灌溉需要指数为 10% ～ 30%。在这一地带，灌溉的作用突出表现在保证水稻灌溉面积的扩大和复种指数的提高。

2. 水资源供需不均衡的原因及类型

目前，我国的供水情况和工农业需水要求是不均衡的。据预测，到 2030 年左右，我国人口总数将达到 16 亿峰值，届时，所需粮食量增长至 6.4 亿～ 7.2 亿t。为了满足这一需求，灌溉面积需要发展到 9.0 亿亩，此时，用水量将从 4000 亿 m³ 增长到 6650 亿 m³。从目前我国水资源供需状况来看，实现如此大的农业水资源供给是不可能的，必须通过节水来实现。

供需不平衡，大致有以下 4 种情况。

① 水源丰富，开发利用条件较好。供需不平衡的矛盾在于增长速度不协调，只要适当增加工程，加快水利建设速度就可以满足各部门的需水要求。南方各大江河中下游地区大部分属于这一类。

② 水资源开发利用条件比较差。这类地区往往水利建设速度受技术、经济条件制约，其供需不平衡的矛盾，需从工农业合理布局，适当修建大中型控制性工程加以解决。云贵高原、四川盆地及南方大中河流的山丘区属于这一类。

③ 当地水资源贫乏。这类地区供需矛盾十分突出，除节约用水、调整工农业布局外，还需跨流域引水才能解决问题。黄淮海平原地区、辽河中下游地区、黄河中游地区，辽宁、山东、浙闽沿海一带属于这一类。

④ 当地水资源贫乏，跨流域调水也十分困难。在目前的技术经济条件下，除采取节水灌溉技术外，暂时只好对工农业生产的发展速度加以适度的控制，今后根据科技发展及经济条件改善的情况加以解决。西北内陆河、黄河上游部分高原地区、沿海岛屿都属于这一类。

3. 结论

综上所述，我国目前可利用水资源（可供水量）的数量不能适应工农业发展的需要，尤其是黄、淮、海、辽 4 个地区，估计未来遇到中等干旱年，每年缺水 400 亿～ 500 亿 m³，遇到连续干旱年，缺水更多。这些地区工业比重大、耕地面积多，目前水资源开发利用程度又比较高，当地水资源的发展潜力已不太大，水资源已成为这些地区工农业发展的制约因素。

此外，从我国国民经济总的发展趋势看，工业及城市居民生活用水，在今后一段时间内，其增加速度要高于农业用水的发展速度。据此分析农田灌溉用水紧张的形势，在短期内很难彻底解决。因此，尽可能利用各种可以利用的水源、减少废弃、提高利用程度，对于灌溉水源的利用来说，是十分重要的。

（三）扩大灌溉水源的措施

扩大灌溉水源，首先应该在分采取有效的节水措施，并在此基础上进一步挖掘本地区水资源的潜力，提高可供水量。不仅在灌溉水源较丰富的地区要这样做，在水源比较贫乏且水资源开发利用程度已相当高的地区也应这样做。具体做法很多，各地都有不少有效的方法及成功的经验，以下介绍几种常用的措施。

1. 兴建改造管好水利设施综合调控水资源

本办法的目的在于充分开发利用当地水资源，增加可供水量扩大灌溉水源，根据当地具体情况采取不同措施。

① 新建、改建、扩建蓄水措施。蓄水灌溉工程与水资源利用程度的关系最为密切。在地表水开发利用率较低、有潜力可挖的地方，可根据需要与可能，适当兴建一些蓄水工程，对地面径流进行调控，以增加灌溉水源。目前，不少水库、洼淀、湖泊、塘坝及平原蓄水闸涵等，年久失修老化，有的淤积严重，调蓄地面径流的能力逐年衰减。对这些蓄水工程，应根据当地水资源条件及开发程度，进行改建、扩建以维持或提高蓄水设施的供水能力。

② 改进蓄水工程的管理运用方式。通过这一措施进一步挖掘工程潜力，是解决某些地区缺水问题的较好方法之一。为了减少水库弃水量，可以在不影响水库防洪安全的前提下，在主汛期过后，提前并适当提高汛期蓄水位，以增加水库调节水量。在北方严重缺水地区，都可以在经过慎重、详细分析研究的基础上，改进汛期运用方式，增加水库供水能力，缓和地区用水危机。

③ 地表水与地下水联合调控。丰水年工业用水、城市居民用水和地下水埋深较大的农业区供水以地表水为主，养蓄地下水；在枯水年，则以地下水供水为主，以补充地表水之不足。实践证明，地面蓄水工程和地下含水层联合调度，对于提高水资源的利用程度是十分有效的，特别是在北方缺水地区效果更为明显。

④ 更新改造旧机井，提高装置效率。机电设施的使用年限大致为20年，超过使用年限，效率就会降低。对效率低的机井及机泵装置不管是由于"超期服务"还是其他原因（如地下水位急速下降、成井工艺有问题、机泵配套不当或机井布局不合理等）都应针对存在的问题进行技术改造。无法改造的再采取打新机井、更换设备等措施。据北方16个省（市、自治区）改造机井45万眼的统计数字表明，改造后的机井，装置效率平均提高10%左右。不仅可节省能源还可增加灌溉面积。

2. 尽量利用当地可以开发的水源

在灌溉水源比较紧张的地区，应尽量利用各种水源。利用污水、咸水、浑水灌溉，在我国已有多年的实践经验及大量的科研成果。科学地开发利用咸水、污水与浑水的条件日臻成熟。

（1）咸水灌溉

利用矿化度 >2.0 g/L 的咸水进行灌溉，在盐渍条件下获取农作物的较好收成，在国内外已有不少成功的经验。我国的河北、山东、河南、宁夏、甘肃、陕西、内蒙古等省（自治区）都已经利用咸水灌溉，并取得了抗旱增产的效果。从有关试验资料及灌溉农田看，目前咸水灌溉效果较好的地区，使用的是微咸水（2 ~ 5 g/L），尤其是2 ~ 3 g/L 的微咸水。咸水灌溉在技术上的要求是很严格的，各地已有不少成功的经验，概括起来主要体现在以下 5 个方面。

① 要有通畅的排水出路，保证因浇灌咸水所积累的盐分，在降雨或淡水冲洗时淋洗出去，使土壤盐分在一年周期内土壤不积盐，并争取脱盐。这是咸水灌溉中十分关键的一条。

② 根据当地的气候、土壤、咸水成分、作物种类、排水条件及淡水资源情况等，掌握咸水灌溉的水质标准。一般 pH 掌握在 7.0 ~ 8.0，阳离子中钠不超过 60%，以硫酸盐或氯化物盐为主，矿化度小于 5 g/L 的咸水可用于抗旱灌溉。

③ 加强管理，科学安排灌水时间和灌水数量，及时测验根层土壤盐分，使根层土壤盐分不超过作物的耐盐度。要避开幼苗期浇水，一般掌握在作物耐盐能力增强，根系下扎的生长中期或后期浇水为宜。

④ 加强农业措施，如平整土地、围埂蓄水；及时中耕减少蒸发；选用适合当地条件能耐盐的作物优良品种；培肥地力、增施有机肥等。

⑤ 用浅层地下中性盐类的咸水与深层地下苏打碱性水混合浇灌或轮灌，能改善水质及减少土壤次生盐碱化的可能性，因而能提高咸水灌溉的安全性。

（2）污水灌溉

用经过处理的工业废水和城镇生活用水进行灌溉，在我国已实施多年。到 1982 年底已超过 2000 万亩。在污水灌溉过程中，土壤生物和植物根系对污水中某些污染物具有很强的净化能力。污水是毒、害、肥并存的水源，使用时应根据水质、土壤、作物、气候和地下水埋深等因素的具体情况进行规划，建立完整的田间灌排工程、拟定合理的灌溉制度。使用污水灌溉要十分慎重，绝对不要直接把污水用作灌溉水源，必须强调使用经过处理的污水或在河道内经过稀释和自净作用的污水作为灌溉水源。

（3）浑水灌溉

在汛期，短时间内引用多泥沙河流中高含沙量浑水进行灌溉，具有增加水资源利用率，缓和夏灌期间缺水矛盾，抗旱保苗、改良土壤、促进农业生产及减轻水患的作用，在盐碱地引浑水灌溉，兼有改土治碱、增加土壤肥力的效果。当前，浑水淤灌技术需要解决以下 3 个问题。

① 根据浑水灌溉的目的，科学地控制引用浑水的数量及泥沙粒径。有的灌区引用浑水，主要是为了抗旱灌溉补源，因此，只允许细颗粒泥沙进入田间；有的灌区为了向沙荒碱地放淤改土而引用浑水，所以粗细颗粒的泥沙都可以引入。

② 浑水灌溉要求能解决好灌排渠道冲淤平衡问题，尤其是淤积问题。如果渠道被淤，清淤费用是相当高的，会因清淤而大幅降低浑水灌溉的经济效益。

③ 浑水灌溉，泥沙处理是关键，要根据多泥沙河流的特性，结合灌区的条件与需要，对泥沙处理方式、淤田规格、放淤改土模式、田面淤灌技术、渠道输沙能力、工

程合理布局及形式等一系列问题，通过规划、设计、管理等环节，系统地加以解决。

（4）海水利用

利用海水作为灌溉水源，在目前来看是不现实的。但从另一个角度看，估算灌溉水源时，是从当地可利用水资源中扣除工业、城市生活用水和生态用水后得出的。目前，我国沿海一些大中城市已经开展了直接利用海水的工作，收到了很好的效果。海水淡化在工业上的应用，近年来已有一些地方进行了实践研究，由于成本和能耗都很高，短期内只能少量应用。

3.跨流域调水

跨流域调水，实行区域之间水的余缺调剂，越来越引人注目。我国在流域之间进行水量调剂，已有许多成功的范例。但是，从丰水地区调水到缺水地区，需兴建比较复杂而艰巨的工程，尤其是长距离调水，跨越障碍多，施工难度大，工程造价高。此外，还需研究调水后地区生态环境可能发生的变化，防止出现环境恶化。所以，应在做好以下工作的前提下进行调水，以期获得预期的效果。

① 要在充分挖掘当地水资源的基础上来考虑调水量。

② 根据当地已建工程条件，在不影响排涝的前提下拦蓄雨水，就地补源。

③ 采取综合措施实行节水灌溉，对现有的灌区进行以节水、节能为中心的挖潜改造。

4.地下水人工回灌

利用地面或地下工程设施把符合水质标准的水引入地下蓄水层中，目的是补给地下水资源和调节地表径流，兼有净化水质、防止海水入侵和地面沉降的作用。

地下水人工回灌系统主要包括回灌水源、取水与输水建筑物、水质的预处理设施和入渗设施。其中回灌水源和入渗设施是关键部分。回灌水源主要有河水、湖水和当地地面径流、工业与城市废水等。回灌的水质，不得污染被回灌的含水层，能保证回灌设施运行正常，对设备无腐蚀作用。入渗设施有以下两种。

① 地面入渗法。通过坑塘、洼淀、沟渠和古河道等，或通过加大灌水定额直接从田面将水入渗蓄水层。这种办法简单易行、投资少、见效快、管理费用低，但入渗率低，常用于浅层水的人工回灌。

② 地下灌注法。用管井、大口井、辐射井等地下工程设施，将水直接输入地下蓄水层。此法效率高、投资大、工艺复杂，主要用于深层地下水的人工回灌。

二、灌溉取水方式

由于水源的类型、存储地点和数量的多少不同，灌溉取水方式也不同。下面介绍地表水和地下水的取水方式。

（一）地表水体的取水方式

地表水体的取水包括从河流、水库、湖泊、池塘等不同地点取水。

1.河流水体的取水方式

河流水体是灌溉的主要水源，因此也是主要的取水方式，河流取水方式包括无坝引水和有坝引水。

（1）无坝引水

无坝引水主要受河川径流的制约，适用于水量丰富、水位也能满足灌溉水位要求的地区。引水的渠首一般选择在河流凹岸稍偏下游，以利于防沙和增加入渠流量。取水分设闸和不设闸两种形式。设闸的无坝引水形式，一般设有进水闸和冲沙闸，其优点是可以防洪、冲沙，保护渠系安全。此种形式适用于多沙和水流变化大的河道。

（2）有坝引水

有坝引水是一种有调节河道水位设施的取水方式。此种方式常在水源虽较丰富，但水位较低时采用。在这样的河流中修建壅水坝（或闸），使水位抬高以达到自流灌溉或减少引渠长度的目的。有坝引水主要由拦河坝（或闸）、进水闸、冲沙闸和防洪堤等建筑物组成。

2. 水库取水方式

北方地区为调节河川径流已建成上万座大、中、小型水库和塘坝，从水库取水已成为很普遍的方式。主要取水形式有：闸门式，即利用进水闸将库水引进渠道；涵管式，在坝身埋设涵管（或坝端设引水隧洞）将库水引入灌区；卧管式，即在水库坝面（迎水面）沿坝坡设置卧管，引水出库，此种方式可分层取水，多用于中、小型水库；虹吸式，即在坝顶设置虹吸管道从水库取水。各种取水形式应根据资源数量、工程地质、工作条件和管理运用等多种因素，经比较后确定。

3. 扬水站取水方式

当河流、水库、湖泊等地表水体处于低洼地区，水量充足而水位不能满足灌溉要求时，可采取扬水方式取水。扬水站的位置应选择在能源和交通方便的地点，同时要保证汛期高水位时站址和厂房的安全。扬水站取水的缺点是投资较大、耗能高，因而增加了灌溉成本。

在实际工作中，一个灌溉系统往往是多种水体，因此取水方式也是多种多样，构成多种水源灌溉体系，形成河、库、塘、渠相互串联的结构，对于这种体系一般要进行优化调度，以便充分发挥各种水体的作用。

（二）地下水体的取水方式

地下水体的取水方式主要是打井提水。对于井型的选择可根据开采水量、地下水埋深、含水层厚度等多种因素考虑。

三、无坝引水的水利计算

无坝引水的水利计算包括确定引水流量、闸前设计水位、闸后设计水位和进水闸的尺寸等内容。

由于无坝引水一般均选在河流流量和河流水位均能满足灌溉要求的地方，因此，无坝引水流量应按灌溉要求的流量确定。灌溉所需流量一般取灌溉临界期或历年全年最大需要的灌溉流量进行频率分析，选取相应灌溉设计保证率的流量作为灌溉引水流量。也可以按河流的年平均流量或临界期流量进行频率分析来确定引水流量。

四、有坝引水的水利计算

（一）计算内容

有坝引水水利计算的内容包括在已给定灌区设计面积时，确定设计引水流量、拦河坝高度、拦河坝上游防护设施及进水闸尺寸等。有坝引水流量的计算与无坝引水量类似，不同之处在于增加了壅水建筑物的影响，即有坝引水可能引取的流量，不仅与天然来水流量有关，而且与壅水坝抬高后的河流水位有关。另外，还涉及引水后对上、下游生态环境产生的影响。

（二）计算方法

由于设计引水流量与灌区面积、作物组成和灌溉设计标准有关，故先假定灌溉面积、作物组成和灌溉设计保证率，然后计算所需设计引水流量。如果河流的流量能够满足要求，则计算结束；如果河流的流量不能满足要求，则应调整灌溉面积或降低设计标准，并重新计算，最后通过比较，合理确定设计引水流量和灌区面积，同时确定灌溉面积的位置和灌区范围。对设计引水流量的具体计算可采用以下 3 种方法。

1. 长系列法

长系列法是通过河流多年来水过程线和参照相邻已建灌区多年用水过程线相比较，得出灌溉保证率大于或小于设计保证率（规范要求）来确定引水流量的方法。

① 在多年水文系列中选择有代表性的时段，如 n 年。逐年计算河流灌溉临界期的来水量和来水过程线，同时计算灌区的灌溉用水量和用水过程线。

② 逐年比较以上两个过程线，并用式（4-1）计算出灌溉保证率：

$$P = \frac{m}{n+1} \times 100\%。$$

（4-1）

式中，m 为河流来水大于灌溉用水的保证年数；n 为选定的时段年数。

③ 确定设计引水流量。比较灌溉保证率和设计保证率，如灌溉保证率（$P_{灌}$）大于或等于设计保证率（$P_{设}$），则选取其中最大的实际引水量 W_{max}，用式（4-2）计算设计引水流量：

$$Q = \frac{W_{max}}{86\,400t}。$$

（4-2）

式中，Q 为设计引水流量（m^3/s）；W_{max} 为最大的实际引水量（m^3）；t 为计算时段，以天计（d）。

如果 $P_{灌} < P_{设}$，则需调整灌溉面积或改变作物种植比例减少灌溉用水量，重新进行计算。

2. 设计代表年法

设计代表年法与长系列法的计算方法与步骤相同。不同之处在于不是每年计算，而是选择几个代表年来进行来水与用水间的比较，从而选定设计引水流量。对于代表年的选法可从以下两种情况考虑。

① 按河流（渠首处）历年的来水量或历年灌溉临界期的河流来水量进行频率计算，并按灌溉设计保证率要求选出 2～3 年作为设计代表年。

② 按灌区历年作物生长期降雨量（由统计得出）或历年灌溉定额（由统计得出）进行频率计算，选出接近灌溉设计保证率要求的 2 ～ 3 年作为设计代表年。或由以上一种或两种情况选出 2 ～ 6 年组成一个设计代表年组。

设计代表年（组）确定后，按长系法对其每一年进行来水、用水对比分析计算，发现用水得不到保证时，则采取缩小灌溉面积或改变作物组成等措施重新计算，最后选择实际引水量中最大值进行设计引水流量计算，该年即为设计代表年。这种方法计算工作量小，成果具有一定的可靠性。

3. 设计灌水率法

灌水率是指灌区单位面积上所需灌溉的净流量。灌区灌溉面积确定后，已知灌水率可按式（4-3）计算设计引水流量：

$$Q = \frac{q \times A}{\eta}。 \tag{4-3}$$

式中，Q 为渠首设计引水流量（m^3/s）；q 为设计灌水率[$m^3/$（$s \cdot$ 万亩）]，需取设计值或经验值；A 为灌溉面积（万亩）；η 为灌溉水的利用系数。

完成后，统计历年作物生长期或灌溉临界期渠首河段平均流量（时段按 5 日或旬计），并绘制频率曲线。再用式（4-3）算得的 Q 值在频率曲线上查得相应的频率 P，此值即为灌溉保证率 $P_{灌}$。如 $P_{灌} < P_{设}$，则应减小灌溉面积或改变作物组成，直到 $P_{灌} \approx P_{设}$ 时，设计引水流量即为所求值。

第二节　灌溉渠系的规划布置

一、灌区类型划分及布置形式

北方地区的灌区，按地形条件大致可以分为 4 种基本类型：山区丘陵型灌区、平原型灌区、低洼沿海型（滩地、三角洲型）灌区和内陆盆地型灌区。

（一）山区丘陵型灌区

这类灌区的地形一般都比较复杂，岗冲交错，起伏剧烈，坡度较陡，耕地分散，多为梯田或坡地，且位置和高程较高，需从河流上游或远处引水灌溉，所以山区丘陵型灌区的特点是：位置较高，渠线较长，渠道弯曲，纵坡较陡，深挖和高填段多和交叉建筑物多。另外，山丘区小水库、小塘堰众多，可充分拦蓄地表径流和引蓄河川径流，渠道与塘库相联结，形成长藤结瓜式的灌溉系统。山丘型灌区干渠、支渠的布置主要有以下两种形式。

1. 干渠沿等高线布置

干渠沿灌区上部的边缘与等高线成较小的角度布置，以求控制较多的灌溉面积。支渠从干渠的一端引出。灌区中的山溪、河流常用作排水干、支沟道。这种布置形式还有利于集中水头进行发电。

2. 干渠沿主要分水岭布置

干渠沿灌区内的主要分水岭布置，渠线的走向大致与等高线垂直。此时，支渠自干渠两侧分出，控制大片灌溉面积。这种布置多利用灌区内原有的天然沟溪、河流，经改造整治后作为主要的排水沟道。

（二）平原型灌区

这类灌区位于河流中、下游的冲积平原，地形比较开阔平坦，耕地集中，按其所处的位置又可分为两种类型。

1. 山前平原型灌区

山前平原型又称山麓平原型，灌区一般靠近山麓，地势较高，等高线几乎与河流正交，以河流为中心，地形似扇形，地面坡度大，土质轻薄，透水性强，排水条件好，渍涝威胁小，但干旱问题较重。这些灌区，如果地表水源比较丰富，应充分利用地表水源发展自流灌溉；而当地下径流充沛时，应适当开发地下水，进行渠井结合。这类灌区，干渠非工作段一般沿等高线布置，工作段则垂直等高线布置，支渠向两侧分出，利用天然河沟作排水。北方这类灌区很多，如河南白沙灌区、山东峡山水库灌区等均属于这一类型。安徽淠史杭灌区80%的区域为丘陵坡水平原，也属于这种类型。

山前平原型灌区还有另外一种类型，即在地形比较开阔的冲积扇平原上，往往有许多河流分别从各个山口穿入冲积扇，把平原分割成若干地块，可形成独立的灌溉系统。在这种情况下，如地形条件允许，可沿山麓修建横穿各灌区的总干渠，将各灌区连成一体，以便相互调剂水源，如新疆玛纳斯河灌区即属于这种类型。石河子、大泉沟和蘑菇湖3座水库与西岸大渠并联，犹如长藤结瓜。石河子与跃进两水库并联，新户坪与白土坑两水库串联，引蓄结合，互相调剂，大幅提高了灌区供水的保证率。

2. 冲积平原型灌区

冲积平原型灌区一般位于河流中、下游，已远离山区，地形开阔、平坦，土层较厚，因受地下水影响往往伴随有盐碱土。排水不良时，还会产生土壤次生盐碱化。对这类灌区，其布置宜灌排分开，形成各自独立的灌、排系统以防渍涝，若地表水不足，应适当打井开采地下水，形成渠井结合体系，在不影响汛期排洪或防洪的前提下，可考虑利用坑塘、洼淀暂时蓄水以调剂水源。这类灌区地形等高线大致平行于河流，引水干渠往往与河流成直角或锐角相交，并沿灌区高地布置。

我国华北、淮北及东北平原上的许多灌区都属于这种类型，如山东的打渔张引黄灌区、河南的人民胜利渠等沿黄灌区均比较典型。人民胜利渠由总干渠引水后下设分干渠5条、支渠43条、斗渠250条、农渠1771条形成完整的输水系统，排水以卫河为总干沟，东、西孟姜女河和长虹渠为分干沟，另设有支沟33条和田间斗沟与农沟形成系统的排水沟道。并以地下水作为第二水源，实行渠井结合，既避免了灌区次生盐碱化，又可回补地下水因开采过量而产生漏斗的缺点。这种灌排配套、渠井结合的布置，为综合治理旱、涝、盐碱、淤创造了条件。

（三）低洼沿海型（滩地、三角洲型）灌区

这类灌区多分布在沿江、沿海、沿湖、滩地和河流入海三角洲地区。其地形低洼平坦，水网密集，地下水位较高，存在着外洪内涝的威胁，因此除涝和控制地下水往往是这类灌区的主要问题，在布置灌排渠系时应以排为主，兼顾灌溉，灌排分开，各成系统。在布置渠系时还可结合水网，兼顾水运。渠系宜平直、输排宜通畅。比较典型的工程有辽宁的盘锦灌区、苏北的里下河水利工程等。

里下河水利工程枢纽是江都排灌站，其作用有：

① 在干旱年份抽江水沿京杭大运河北上引水至里下河地区和苏北灌溉总渠，并向徐淮地区补水；

② 在内涝年份可抽排里下河地区涝水入长江或将涝水北送至苏北总渠排入黄海；

③ 向大运河供水并提供淮北地区工业、城镇生活用水；

④ 为苏北沿海垦区冲淤保港和提供洗盐用水等，因此低洼沿海型灌区渠首与山丘区、平原区的渠首不同，它具备的灌排功能十分重要。

（四）内陆盆地型灌区

这类灌区一般分布在河流中、下游，形成中间低、周边高的盆地。盆地在雨季常受洪涝威胁，受地形影响排水困难盆地一般地下水位偏高。因此，这类灌区多数伴随有次生盐碱化现象。这类灌区的布置应灌、排兼顾，各成体系。由于排水干沟出口常受容泄区水位的顶托，一般均布置排水站抽排。例如，新疆的开都河焉耆盆地灌区和内蒙古的河套灌区都属于这种类型。

河套灌区除布置有各级灌溉渠道外，还有系统的排水体系，总排干沟由主干沟、乌梁素海和下游退水渠 3 个部分组成。其中主干沟为灌区灌溉退水、山洪坡水及地下水排出的总通道，设有 15 座排水泵站；乌梁素海是地下水与灌溉退水和山洪的天然容泄区；下游退水渠为灌区排水总出路，上接乌梁素海，下通黄河，并设有大型的泄水闸，采用以上系统保证灌区的排水。

二、灌区规划布置的原则与步骤

（一）灌区规划原则

灌区规划的关键是布置好控制性干、支渠工程。因为干、支渠承担着全灌区的输配水任务，又是下一级工程规划布置的依据，所以具有全局性的意义。在规划中应遵循以下原则。

① 为了保证自流灌溉，干渠应布置在较高的位置上，但也不宜单纯地追求自流灌溉而使干渠位置布置过高，造成工程投资过大。

② 应与当地农业区划、土地规划相结合，并适当遵照行政区划，以便管理。为适应农业现代化要求，骨干渠道还应与公路、机耕路和林带等统一规划，全面安排。

③ 要与排水系统的布置统一考虑。一般情况下，灌排渠道分开布置，各成系统，有利于排水除涝和控制地下水位。只有地下水埋藏较深，水资源紧缺，且水质好无盐碱威胁的地区，排水沟才能兼作灌溉渠道。对灌排合一的渠系布置应有技术论证。在平原地区，排水沟道的布置往往是灌溉渠道布置的依据。

④ 确定渠道行水安全，使工程投资最小。因此，要避免深挖、高填或穿过地质条

件很差的地带。干支渠平面布置尽量取直，输水段尽量布置成挖方渠道，以减少渗漏和保证输水安全。遇到沟谷地段应采取"浅沟环山行，深谷直线过，跨谷寻窄浅，穿岗求单薄"的办法处理。

⑤ 提高渠系水的利用系数和灌溉面积利用系数，扩大灌溉面积，减少渗漏损失。

⑥ 为国民经济各部门服务，除满足农业需水外，要考虑水资源综合利用，在干旱缺水地区和高（深）山区灌溉水要兼顾生活用水和乡镇企业、牲畜供水，有条件的地区还可兼顾水力发电或水运。

（二）灌区规划步骤

① 进行查勘（包括初勘和复勘）。当新建（或整顿）灌区任务确定后，首先应通过查勘确定干、支渠的线路及分水口的位置，调查干、支渠控制范围内土地利用现状和社会经济情况，记录沿线土壤、地质、地形和地貌特征，估计主要建筑物的类型和规模，测定沿线控制点的位置和高程，为下一步规划提供依据。

② 规划和纸上定线。在外业查勘的基础上，根据灌区建设任务的要求，利用一定比例尺的地形图进行灌、排渠系布置，确定灌区范围、灌溉面积、灌、排渠（沟）长度及其走向，以及建筑物的形式、位置和数量，并列表进行统计和纸上定线。

③ 初测。在初步规划阶段，对灌区关键干线和复杂的地段要进行初步测量，以确定工程的形式、主要尺寸，估算工程量。

④ 编写规划报告和工程概算书，在完成以上工作后即可着手编写规划报告和编制工程概算书。规划报告批复后即可转入灌区技术设计和组织施工阶段。

（三）灌区规划应注意的主要问题

灌区规划应当遵循上述基本原则，但在实际工作中往往很难同时做到，为此在具体工作中应首先遵循起决定作用的原则，抓住矛盾的主导方面，然后兼顾其他要求。

如在渠首水位高程确定的情况下，应尽量使渠道自流灌溉面积最大。对地形平缓的灌区，应十分珍惜通过工程措施取得的水头，控制尽可能大的灌溉面积。地形复杂的山丘区灌区，渠道线路、渠身安全与稳定、减少衔接建筑物等便成为最重要的问题。在石质山区，要尽量减少石方工程量。在土质不良地区，应尽量避开透水性强的地带和大填方等。北方地区挖渠要结合整地、改田同时进行，尽量减少填、挖占地，以提高土地利用率。

总之，对于灌区的布置要着眼全局，统一考虑，分清主次，以投资最小，效益最大为最终目的。因此，在规划布置中往往会出现几个方案或多个方案，对这些方案都要审慎的处理，并经过各项技术、经济论证，选出最佳方案作为建设实施方案。

三、灌区规划所需资料

灌区规划应深入调查，认真搜集与整理灌区地形、气象、水文、工程地质、水文地质、土壤、作物需水量、水利工程现状、自然灾害、社会经济，以及农业、土地、交通等各项区划、规划资料。这些资料的精度应满足规划质量的要求，必要时还应补作一些勘测试验工作。

（一）测量资料

规划阶段，各种规划布置图应满足如下要求：灌区总体布置图，比例尺一般为 1/25 000 ～ 1/100 000 渠系平面布置图，比例尺为 1/10 000 典型区布置图，比例尺为 1/1000 ～ 1/5000；关键建筑物布置图，比例尺为 1/200 ～ 1/500。除以上比例尺规定外，还要求图面具有等高线、主要分水岭高程、地形点、河流、沟道、湖泊、居民点、公路、铁路、大型桥涵、高压输电线路等标志。对于大比尺专门用图，还应按要求规定绘制。

（二）水文气象资料

灌区规划时需要有降水（含暴雨）、蒸发、湿度、温度、风、日照、霜期，以及冰冻日期、深度等气象资料和流量、水位、泥沙、水质等水文资料。

（三）工程地质及水文地质资料

灌区水文地质应查明地下水类型、埋深、含水层厚度特征、流向与补、排条件，同时应调查储量与可开采量及水质状况。地质方面主要应有岩土物理性状和有关参数等资料。

（四）土壤资料

应搜集灌区土壤普查及土壤图，内容包括土壤分类、性状、分布面积和有关物理化学参数，如土壤容重、孔隙度、pH、含盐成分和含盐量、有机质含量、土壤渗透系数、给水度及土壤含水量等资料。

（五）现有水利设施与自然灾害资料

包括现有灌、排渠系及建筑物目前运行和完整程度，防洪体系设施和运用状况。同时查明灌区历年水、旱、洪、涝各种自然灾害的发生频率、危害程度、受灾面积及减产损失状况等情况。

（六）社会经济资料和供水要求

社会经济资料包括行政区划范围内的灌区人口、劳力、耕地面积、作物组成、产量水平及经济收入等。供水要求包括农业、林业、牧业、副业、渔业、交通、环保等部门的要求，尤其要重视乡镇企业、工矿企业、人畜需水，以及能源基地、石油开采等特殊部门的用水要求。此外，在社会调查中还要了解当地的用水习惯，搜集有关的灌水、排水资料及各种试验资料包括作物需水量、作物耐渍深度、耐淹能力、冻土深度等资料。

四、渠系建筑物的布置和选型

灌溉排水工程是一个系统工程。渠系上建筑物不配套，就不能按需要控制水位、分配水量。这不但不能安全输水，合理分配水量，而且会影响既定的灌溉、排水、给水、航运及发电等任务的实现。有些灌区用水缺乏控制，引起了土壤次生盐渍化；有的灌区缺少桥、涵，影响人、畜、农机的通行；山丘区渠系上缺少泄水建筑物，常造成傍山渠道坍塌，影响输水。因此，灌排渠系修建最好和渠系建筑物同步进行，方能充分发挥灌溉渠系的作用。

（一）渠系建筑物的布置

渠系建筑物数量、种类繁多，从单个工程看，往往规模不大，但总工程量和造价却很大。湖南省韶山灌区总干渠和北干渠造价中，渠系建筑物占44%。渠系建筑物中，由于同类建筑物的工作条件相近，因此，可广泛采用定型设计和装配式结构，以简化设计与施工。布置时要考虑以下几点。

① 能满足渠系输水、分水、量水、排水、防洪、泄水等方面的需要，保证安全运行，便于实行计划用水及管理维修。

② 在符合控制水位、流量、运行安全及管理方便的情况下，力求建筑物少、投资低，并尽量采用联合布置，集中管理的形式，如闸站结合、一闸多用等。

③ 应使水头损失小，水流条件稳定，能及时调节渠道的水位和流量。

④ 灌区交通运输通畅，满足群众生活与生产的需要。

⑤ 在实施步骤上，要"先疏后密、先排后灌"交通，建好一处、生效一处。

（二）渠系建筑物的选型

在全面规划、合理布局的基础上，渠系建筑物的选型应考虑：广泛采用定型设计和装配式建筑物；充分利用当地资源，采用当地材料修建；注意当地的地质和水文地质条件及施工技术条件。渠系建筑物按其位置、作用、构造的不同，可分为下列几种类型。

1. 输水建筑物

灌溉渠道通过河流、溪谷、高山、洼地或排水沟时，均需修建输水建筑物，如渡槽、倒虹吸、隧洞、涵洞等。

① 渡槽是渠道跨越河流、溪谷、洼地及道路时较常用的输水建筑物。其作用是输送渠道水流，在适当条件下，也可用以通航、排洪、排沙及导流。

② 倒虹吸管是设置在地面或地下用以输送渠道水流穿过河流、溪谷、洼地、道路或另一渠道的压力管道式输水建筑物（或称为交叉建筑物）。

③ 涵洞，当渠道跨越小河沟时，河沟流量不大，可选用渠下埋设涵洞（管）。

④ 水工隧洞，在山体中开凿的引水或泄水的水工建筑物。当渠道遇到山岭，采取绕山方式或明开山岭挖方大于15 m以上不经济时，可开凿水工隧洞以穿过山岭。

2. 分水建筑物

分水建筑物的作用在于控制渠道中的水位和流量，以满足灌溉引水、配水的需要，包括进水闸、分水闸等。其中，进水闸是设于渠系首部控制入渠流量的水闸；分水闸是设在干渠以下各级渠道的渠首，用以控制分水流量的水闸。位于支渠首的叫分水闸；设于斗渠、农渠首的叫斗门、农门。

3. 控制建筑物

主要作用是调节上游水位，控制下泄流量，具有此作用的水闸称节制闸。拦截渠道的节制闸，可以拦截水流，壅高水位，满足下一级渠道分水要求，也可开闸过流，保证向下游渠道供水。其位置系根据渠系布置、渠道纵坡及管理运用等方面的要求而定，通常设在分水闸或泄水闸的下游，高填方渠段的上游（如大渡槽、大倒虹吸管、水工隧洞等）。有时与桥梁、跌水、小型水电站等结合布置在一起，形成水工枢纽。在排水系统中，节制闸一般布置在排水干沟的出口处。

4. 连接建筑物

① 渠道是通过地面坡度较大的地段，而渠道所采取的纵坡较小时，为了减少渠道土方量，避免深挖高填，在不影响自流灌溉的原则下，可集中落差，修建跌水、陡坡等连接建筑物。

② 跌水与陡坡，要根据渠道比降与地面坡度同步进行布置，沿渠线渠道水位逐渐高于地面，可选适宜地点布置跌水，以降低水位，但要注意跌水不能建在填方渠段。在丘陵山区，跌水的布置要与岗坎上的梯田堰坎相结合，并和梯田的进水建筑物联合修建。

③ 陡坡是使上游渠道（或水库）的水沿陡槽下泄到下游渠道（或渠、沟、库、塘）的建筑物。适用于为减少石方开挖量可顺石坡建陡坡以代替跌水及土质较差且工程量较大需修建跌水需做基础处理两种情况。当落差超过 3.0 m 时，应先做经济比较，再确定是否采用陡坡或多级跌水。

5. 泄水建筑物

泄水建筑物的作用在于泄放渠道中多余的水量，当渠道与建筑物突然发生事故时，作紧急泄水用。常用的泄水建筑物主要有泄水闸及退水闸。泄水闸是宣泄渠道多余水量的水闸，设在渠道末端、泄放全部剩余水量的泄水闸又称退水闸。

一般泄水闸常设在重要渠系建筑物的前面，如渡槽、倒虹吸管和隧洞等及渠道险工段的上游渠道的一侧。以便于这些建筑物发生事故或需检修时，开启泄水闸及时排走渠水。在干渠进水闸稍后的地方，也应设泄水闸，以防入渠流量过大造成失事。泄水闸闸底高程应低于渠底，可兼作泄空渠道余水之用。泄水闸应和排水系统统一规划，就近泄入排水沟道。

6. 量水建筑物

为了测定渠道流量，利用位置适当，符合水力计算要求的闸、涵、跌水、渡槽等渠系水工建筑物量水，是灌区最普遍使用的方法。当水工建筑物不能满足量水需要，或为取得特定渠段的流量资料，可用特设的量水设备量水，如量水堰、量水槽、量水喷嘴，以及适用于流量变幅较大时的槽堰组合形式的量水设备等。

7. 泄洪建筑物

山丘区为了防止山洪夺渠而入，危及渠道、渠系建筑物的安全，而修建的各种泄洪建筑物，如泄洪闸（堰）、渠下涵洞、排洪渡槽等。

8. 排水建筑物

为了排除农田中多余水分（包括地表水和地下水），在各级排水沟道系统（斗沟、支沟、干沟）上所修的建筑物，如排水涵洞、排水闸、排水泵站等。

除上面介绍的各种建筑物以外，还有防止江、河、湖、海水倒灌而修建的建筑物，如防洪闸、挡潮闸；为了发展水陆交通而兴建的交通建筑物，如桥、涵、船闸等；从河流、湖泊低处向高处送水的提水建筑物，如泵站、水轮泵站；利用渠道上集中落差所修建的水力加工站和小水电站等。

第三节　灌区设计标准与渠道防渗

灌溉设计标准和作物需水量分析计算是灌区规划设计的主要依据和组成部分。

一、灌区设计标准

灌区设计标准包括灌区规模设计标准和灌区灌溉设计标准。

（一）灌区规模设计标准

灌区规模设计标准主要是根据灌区灌溉面积的大小分成不同的等级，以便对不同等级的灌区枢纽工程进行防洪和安全方面的规划设计。我国灌区规模划分的标准可参见《水利水电枢纽工程等级划分及设计标准》（SDJ 12—1978）。

（二）灌区灌溉设计标准

灌溉设计标准是反映设计灌区的设计效益达到某一水平的一个重要技术指标。在实际工作中多用灌溉设计保证率来表示。灌溉设计保证率系指设计灌溉用水量的保证程度，用设计灌溉用水量全部获得满足的年数占总年数的百分率表示，即：

$$P = \frac{m}{n+1} \times 100\% \text{。}$$

（4-4）

式中，P 为灌溉设计保证率；m 为灌溉设施能保证正常供水的年数；n 为灌溉设施供水的总年数。

灌溉设计保证率综合反映了灌区用水和水源供水两方面的情况，表达了灌溉用水的保证程度。因此，确定灌溉设计保证率十分重要。就北方地区已有灌区的设计状况看。干旱缺水地区一般在 50% ～ 75%，其中渠灌区稍低，井灌区稍高，可达到 80% 以上。具体设计时可参照《灌溉排水渠系设计规范》（SDJ 217—1984）所规定的数值选用。

除上述设计标准外，也有些地区采用抗旱天数来表示灌溉保证程度。抗旱天数是指灌溉设施在无雨情况下能满足作物需水要求的天数。北方地区旱作物和单季水稻灌区抗旱天数可采用 30 ～ 50 天。抗旱天数的采用随各地区情况而不同，出入较大，可根据当地条件和具体情况处理。一般对建设标准要求不高的灌区或无资料时，可采用此法计算，对于大中型灌区的规划设计，则很少采用。

二、渠道防渗

土壤或裂缝发育的石渠的水量渗漏损失大，占引水量的 50% ～ 60% 甚至 70% ～ 80%，不仅浪费水资源、降低工程效益、增加灌溉成本，而且会抬高地下水位，造成土壤冷浸或土壤盐碱化、沼泽化。对填方渠道还可能造成渠坡坍塌。因此，为了防止渠道渗漏而进行渠道防渗。

（一）我国渠道防渗工作的发展历史

我国渠道防渗已有相当长历史，1949 年以后，在研究因地制宜地采用质优价廉的防渗材料，探讨渠道防渗和冻胀破坏的机制、衬砌结构形式和其他抗冻害措施方面，均取得较好的成果。20 世纪 70 年代以来，已研制成渠道开挖机、梯形渠道边坡混凝土振捣机、U 形渠道混凝土浇筑机及喷射混凝土等施工方法，都为进一步发展渠道防渗工作提供了物质条件。已实施渠道防渗的灌区，节水效果显著。

陕西省引泾南干梁上用混凝土板衬砌后，渠道输水损失百分数由 0.39% 减为 0.0743%，渠道水利用系数由 92.2% 提高到 98.5%。人民引泾灌区干、支、斗、农四级渠道全部衬砌后，渠系水利用系数由衬砌前的 59% 提高到 85.5%。湖南省韶山灌区用三合土、块石、混凝土等衬砌了 1000 余 km 干、支渠道，不仅水量损失大为减少，糙率 n 由 0.025 减至 0.0114 ～ 0.016。山西省各灌区已衬砌了干、支渠道 10 000 余公里，约占全省干、支渠总长的 30%。近年来，陕西、河南等省试验推广了 "U" 形预制混凝土槽，其受力条件好、输水快，比梯形渠减少占地 50% 以上，节约材料 10% 左右。

由于防渗工作的开展，渠系水利用系数已得到显著提高。渠道衬砌防渗不仅可以减少渠水渗漏，而且还可以提高渠道的抗冲能力，减少渠道糙率，增加输水能力。渠道防渗后，由于降低了灌区地下水位，为防治土壤盐碱化、沼泽化创造了条件。

（二）渠道防渗工程措施

渠道防渗工程措施有管理措施和防渗措施两个方面。管理措施主要有加强工程管理、维修养护好渠道及建筑物、实行计划用水、合理调配水量、改进灌溉方法及灌水技术等。管理措施花费少、效益显著是各灌区必需予以重视的工作。防渗措施种类繁多，可归纳成两类，即改变渠床土壤透水性能和在渠床表面修筑防渗护面两类，现分述如下。

1. 改变渠床土壤透水性能的措施

（1）压实法

用人工或机械对渠底和内坡进行夯实，使渠床土壤密实，减小土壤透水性，达到防渗的目的。其具有造价低、适应面广、施工简便等优点，但耐久性较差，夯实一次，仅能维持 1 ～ 2 年，因夯实的深度而变。陕西省水科所试验测定：原土夯实 30 ～ 40 cm，渗漏损失可减少 24% ～ 35%。

（2）人工淤填法

在渠水中加黏土或细淤泥，使其随水下渗，进入并堵塞原有土壤空隙，减少其透水性能。根据有关试验资料表明，如使用得法，人工淤填法可使渠道渗漏减少 65% ～ 70%，防渗效果维持 5 ～ 10 年之久。

以上两种方法中，压实法虽然造价低施工简便，但每隔 1 ～ 2 年需夯实一次，冬季防冻要求高（要求夯深 0.5 m 以上），所以目前很少使用；人工淤填法对渠中水流的含泥量和悬浮颗粒的沉降速度有一定的要求，要求沉降速度低于平均入渗渠床土壤的速度，水流的含泥量当渠床为粗砂时应小于 5 kg/m³、渠床为中、细砂时应小于 2 kg/m³，所以适用范围很窄。除上述两种措施外，还有化学处理法，过去也曾试用过，目前已很少使用。

2. 在渠床表面修筑防渗护面

（1）土料护面防渗

有灰土、黏土、三合土、水泥土等，下面只介绍三合土和水泥土两种。三合土是石灰、沙和黏土三者拌和而成；水泥土是由水泥和黏土混合而成。将这些混合土料铺筑在渠床的表面作为防渗层，一般能减少渗漏损失 60%～80%。这种护面能就地取材，造价较低，适用于气候温暖地区的中小型渠道，但在低温时容易冻裂，剥蚀（水泥土抗冻性能较好）影响防渗效果。

（2）石料、砖料衬砌防渗

渠道用石料衬砌，适用于山丘区和石料采集方便的地区。砌石护面多用块石、条石、卵石，砌筑方法有浆砌和干砌勾缝等，如施工质量好，可减少渠道渗漏 80%～90%。需达到以下要求：

① 衬砌的石料，要求质地坚硬、无裂纹。石料的规格一般以长 40～50 cm、宽 30～40 cm，厚度 8～10 cm 为宜。护面厚 20～30 cm，有冻害区使用较大的厚度。我国新疆、甘肃、四川、青海等地已广泛采用卵石衬砌。砌筑方法也分浆砌和干砌两种。用卵石衬砌渠道边坡，易损坏，因此，要特别注意施工质量，尽量选用长的、扁形的和易衔接的卵石。浆砌时应先渠底、后渠坡进行。

② 砖砌护面是一种就地取材的防渗措施。砖砌渠道防渗效果良好，可减少渠道渗漏 80%～90%。此法施工方便、造价较混凝土低、耗水泥少，但抗冲性、耐久性差，寒冷地区和盐碱化严重地区不宜使用。

（3）混凝土衬砌防渗

混凝土衬砌防渗是当前国内外广泛采用的一种渠道防渗措施。国内多用于大中型渠道的护面，一般能减少渗漏损失 85%～95%，糙率为 0.011～0.018，经久耐用，寿命可达 40～50 年。混凝土衬砌渠道有现场浇筑和预制装配两种施工方式。现场浇筑接缝少、整体性强、造价低，但施工时间受限制，质量也较难控制。预制装配，可以工厂化生产，受气候条件影响较少，可缩短衬砌工期。但预制装配接缝多，投资大，在运输过程中易损坏。

（4）塑料薄膜防渗

随着塑料工业的发展，我国已广泛应用塑料薄膜铺衬在渠床上，并在薄膜上覆盖 30～40cm 厚的土料为保护层，大断面渠道土料覆盖厚可达 50～60cm。防渗效果好，可减少渗漏 90%～95%，使用 15～25 年，如不遭外力破坏甚至可使用 30 年以上。在选料方面为了不污染水质，一般选用无毒聚氯乙烯或聚乙烯薄膜，它体轻，柔性大，抗冻性能好，价格低。

（5）沥青护面

有沥青薄膜、沥青砂浆、沥青玻璃纤维布油毡、沥青混凝土等不同类型。其防渗效果好，可减少渗漏损失 90%～95%，具有一定的可塑性，能适应变形，但施工工艺较复杂，耐冲性较差，长期受日光照射和氧化，易老化，一般使用年限为 10～30 年，造价较低。随着我国石油工业的发展，沥青护面是有发展前途的渠道防渗措施之一。

第四节　灌溉制度规划

灌溉制度是确定灌区规模和灌溉面积的主要依据。目前随着全球性的水资源短缺，灌溉制度的设计也出现了两种方法。一种是传统的充分灌溉制度，即在作物生育的各个阶段都能满足作物对水分的要求；另一种是非充分灌溉制度，即不是每个作物生育阶段都能满足作物对水分的需求，而是在有限的水资源条件下、在灌水增产效果最大的时期灌水，在缺水对作物产量影响较小的时期不灌水，它是为节水而设计的，本节讨论的是充分灌溉的灌溉制度，是作为设计灌溉制度的一种基本理论来介绍的（并非提倡这种制度）。根据我国北方地区水资源短缺的实际情况，今后发展非充分灌溉是一种必然的趋势。

一、灌溉制度的概念

灌溉农业中的灌溉制度主要内容包括灌溉定额（播前和生育期亩净灌水量总和）、灌水定额（亩次净灌水量）、灌水时间和灌水次数。灌溉制度应根据灌区自然条件、作物组成、轮作制度和考虑农业技术措施及灌水方法的改进，通过调查研究总结当地的先进灌溉经验，再结合试验资料来制定。对于盐碱化和滨海地区，灌溉制度还应考虑洗盐用水，对黄河中、下游引黄灌区，有条件时，还应考虑引洪淤灌改良盐碱地的具体灌溉措施。灌溉制度是规划设计的主要内容和组成部分，也是水土资源平衡计算和渠系设计的基本依据。

二、农作物灌溉制度

农作物的灌溉制度是为作物高产及节约用水而制定的适时、适量的灌水方案。它的内容包括旱作物播种前或水稻插秧前和生育期各次灌水的灌水日期、灌水次数、灌水定额和灌溉定额。灌水定额是单位灌溉面积的一次灌水量；灌溉定额则是播前灌水定额和生育期各次灌水定额之和。

（一）分类

灌溉制度可分为设计年灌溉制度和用水灌溉制度。设计年灌溉制度是按一定水文年度确定的作物需水量和设计代表年降雨并考虑地下水补给、土壤条件而拟定的灌溉制度。在水资源充足地区，设计年灌溉制度可适时适量按作物丰产需水要求拟定；在水资源缺乏地区，设计年灌溉制度则应从经济角度出发，探索大面积范围内形成灌溉经济效益最高的各种灌溉制度，使灌溉用水发挥最高的经济效益。设计年灌溉制度是进行灌溉工程规划、设计的重要依据。在用水管理期间，灌溉制度则由用水管理部门根据当年水源、降雨、地下水情况和土壤、农业技术条件而拟定的，它是用水管理的重要依据。

（二）确定方法

作物灌溉制度因作物种类、品种、灌区自然条件及农业技术措施不同而不同，须认真分析研究分别制定。确定灌溉制度的方法有以下 3 种。

① 通过调查研究，总结当地的先进灌溉经验，结合水资源条件确定。调查研究方法是先确定设计水文年，调查这些年份当地的灌溉经验，灌区范围内的不同作物灌水时间、灌水次数、灌水定额及灌溉定额。根据调查资料，分析研究拟定出符合当地水资源条件的不同水文年不同作物的灌溉制度。

② 根据灌溉试验资料确定灌溉制度。为了实施科学灌溉，我国许多地区及灌区设置了专门灌溉试验站，试验项目包括作物需水量、灌溉制度、灌水技术、地下水补给量等方面。灌溉试验积累的试验资料是确定灌溉制度的主要依据。但是在选用试验资料时，必须注意原试验条件（如气象条件、水文年度、产量水平、农业技术措施、土壤条件等）与需要确定灌溉制度地区条件的相似性，在认真分析研究对比的基础上，确定灌溉制度，不能一律照搬。

③ 用水量平衡原理分析确定灌溉制度。这种方法有一定理论依据，比较完善，但须根据当地具体条件，参考丰产灌水经验和灌溉试验成果，才能使灌溉制度更切合实际。

下面分别介绍水稻和旱作物用水量平衡设计灌溉制度的方法。

（三）水稻灌溉制度设计

水稻灌溉分泡田期（盐碱地区种稻还应包括洗盐）和生育期灌溉两个不同阶段，制定水稻灌溉制度所需的基本资料有以下几项。

① 根据当地条件而确定的适合水稻生长高产、节水的灌溉模式，如湿－干－湿型、浅灌深蓄型，以及北方盐碱地种稻的浅－湿灌型等。这种模式由灌溉试验站和总结当地先进灌溉制度获得。

② 水稻全生育期需水量及各阶段需水量。

③ 各生育阶段适宜淹灌水深上下限及允许最大蓄水深度。

④ 设计年生育期降雨量。

⑤ 稻田日渗漏量。

⑥ 盐碱地种稻要了解水稻生长允许含盐量。

（四）旱作物灌溉制度设计

旱作物是依靠其主要根系从土壤中吸取水分，满足其正常生长发育需要。因此，水量平衡主要分析其主要根系吸水层的储水量变化范围是否适合作物生长需求，所以旱作物灌溉要以主要根系吸水层作为灌溉时计划湿润的深度，并使计划湿润层的土壤水分变化保持在土壤允许最大与允许最小储水量范围之间，使土壤的水、气、热状态适合作物生长。由于旱作物靠根系从土壤中吸取水分，因此在考虑计划湿润层水量时，要考虑地下水上升毛管水对土壤水的补给量及因根系的向下伸延，计划湿润层增加而增加的水量；目前，有效降雨是指保持在计划湿润层内的那部分雨量。

（五）节水型灌溉制度

按作物高产需水要求确定的灌溉制度，灌水次数多，灌溉定额大，如河北省滨海盐碱地区过去水稻淹灌灌溉定额达 800 m³/亩，冬小麦灌水 6～8 次，灌溉定额达 300 m³/亩左右，在水资源充足地区能适时适量的满足作物需水要求。但对干旱缺水地区，采用上述高产灌水方案在有限的水资源条件下，灌溉面积减小，部分地区不能进行灌溉，造成严重减产或绝产。

因此在干旱缺水地区，为了使水资源得到最合理的利用：一方面，必须既要采取合理的农业结构，按可供灌溉水资源数量，在充分利用降水的条件下，进行农业结构、作物组成的优化组合；另一方面把灌水次数多、灌溉定额大的丰产灌溉制度改为按作物需水的迫切性拟定节水灌溉制度，这样可节省单位灌溉面积用水量，扩大灌溉面积。在目前国家提倡的节水灌溉重点是保证需水的情况下，通过各种措施减少损失和缺水时浇保命水、抗旱水。

此外，在水源紧缺地区，可采用灌关键水的灌溉制度，这种灌溉制度降低了土壤允许最小储量下限，能充分利用土壤水，延长灌水间隔的时间，减少了灌水次数和灌溉定额。河北省运东地区试验表明，在土壤肥力高的情况下，冬小麦在关键期灌水 3～4 次，灌溉定额 150～190 m³/亩，产量为 250～350 kg/亩。这说明如采用节水型灌溉制度，配以相应的农业技术措施和合理的灌水技术，可达到省水的目的，又可获得较好的产量。因此，不论在水资源丰富地区和干旱缺水地区，都要通过试验寻求节水高产的灌溉制度和只灌关键水的节水型灌溉制度。

第五节　灌溉渠道规划

灌溉渠道是农田水利建设中最基本的工程，设计质量的好坏直接影响到灌区的运行、管理和经济效益。灌溉渠道设计的主要内容包括设计流量计算、各级渠道流量推算、渠道断面及渠道纵横断面图的绘制等。

一、渠道设计流量计算

连续供水的渠道在整个灌溉季节流量是变化的。在实际工作中，是从变化的流量中取其典型流量作为设计依据，这就是渠道的设计流量、加大流量和最小流量，其中设计流量起决定性的作用。

（一）设计流量

渠道的设计流量又称正常流量，是指在全年灌溉期内延续时间最长，在正常运用时渠道需要通过的最大流量。它是确定渠道断面和渠系建筑物尺寸的主要依据。其大小与所控制的灌溉面积、作物组成、灌溉制度及渠道的工作制度有关。对连续供水的渠道，其净流量（未计入渠道输水损失和田间灌水损失）一般可用式（4-5）确定：

$$Q_j = q_j A 。 \tag{4-5}$$

式中，Q_j 为田间地块需要的净流量（m³/亩）；q_j 为设计净灌水率[m³/（s·万亩）]；A 为渠道控制的灌溉面积（10⁴亩）。

渠道在输水过程中，有部分流量因渠道渗漏沿途损失掉，这部分损失的流量称为输水损失流量。因此，在确定渠道设计流量时必须加上输水损失流量，这时设计流量称为毛流量，用式（4-6）表示：

$$Q_{sh}=Q_m+Q_j+Q_s。 \qquad (4-6)$$

式中，Q_{sh}为渠道设计流量，亦称毛流量Q_m（m³/s）；Q_s为渠道输水渗漏损失流量（m³/s）。

（二）加大流量

在灌溉渠道管理运行中，当出现规划设计未能预料到的变化，如种植比例变化、临时小量的扩大灌溉面积、特大干旱年引水量增加，以及渠道事故短期停水修复后需加大流量以大补缺等，均需要用加大流量来处理。渠道通过加大流量时必须保证渠道的安全。同时加大流量是确定渠道堤顶设计高程和校核渠道不冲流速的依据。加大流量按式（4-7）计算：

$$Q_{jd}=(1+a)Q_{sh}。 \qquad (4-7)$$

式中，Q_{jd}为加大设计流量（m³/s）；a为加大百分数。

加大流量只适用于续灌渠道（一般为支渠以上渠道），一般轮灌渠道（斗渠以下渠道）不考虑加大流量。

应当指出，山丘区灌区一般受山洪威胁较大，但不能用输水渠道排洪，遇有特殊情况需要引洪入渠时，也必须在很短的距离内排出，同时要使入渠的洪水流量不超过渠道的加大流量，以确保安全。对经常利用渠道排洪的工程，在设计时应做出特殊的安排，同时应修建节制闸、泄洪闸等配套工程。

（三）最小流量

最小流量是为满足小面积作物单独供水或作物生育期需要较小灌水定额，以及某些作物与大面积作物灌水期不一致时而考虑的。另外，当河流水源不足时，应根据渠道可能引入的流量作为渠道的最小设计流量。并用以校核下一级渠道的水位控制条件和确定修建节制闸的位置，以及校核渠道最小流速，以保证渠道不产生淤积。对同一条渠道，其设计流量和最小流量相差不要过大，一般规定渠道最小流量不低于设计流量的40%，渠道最低水位等于或大于70%的设计水位。

二、渠道渗漏损失计算

（一）影响渠道输水损失的因素

渠道输水损失包括渠道输水过程中通过渠底、边坡土壤孔隙渗漏掉的水量（称渗漏损失），少量的水面蒸发损失，以及在施工和管理中的漏水损失等，其中以渗漏损失为主。影响渠道渗漏损失的主要因素有渠床土质、断面形式及水深、地下水位条件、渠道工作制度、有无排水和渠道衬砌等。

（二）渠道渗漏分析

1.自由渗流

一般出现在渠道放水初期，或地下水位较深，出流条件较好，渠道的渗漏不受地下水位顶托时称为自由渗流。自由渗流又可分为下述两个阶段。

① 湿润渠道下部土层阶段。此时渗流水在重力和毛管力作用下湿润渠底至地下水位间的土层，此时渗流呈不稳定状态，渗流量随湿润土层深度和时间而变化，当地下水位很浅和出流条件不好时，这一阶段持续的时间很短。

② 渠道下部形成地下水峰阶段。当下渗的水流与地下水位接触后，渠道的渗流量大于地下水向两侧的出流量时，便产生地下水峰；如果地下水位较高并排水不畅时，水峰将很快上升至渠底，从而结束这一阶段；如果地下水位低且排水良好时，水峰上升很慢，甚至不能上升到渠底。

2. 顶托渗流

当地下水峰上升到渠底，地下水与地面水连成一体，此时渠道的渗流将受到地下水顶托的影响，称为顶托渗流。

三、渠道工作制度

（一）分类

渠道工作制度分续灌和轮灌。设计渠道时，必须确定渠道在管理运行中的工作制度：

① 续灌是指渠道在一次灌水期间连续输水，或是上一级渠道同时向所有下一级渠道配水。

② 轮灌是指渠道在一次灌水期间只有部分时间输水。轮灌又分为集中轮灌和分组轮灌两种，集中轮灌是将上一级渠道的来水集中供给下一级的一条渠道使用，待该条渠道用水完毕后，再将水供给另一条渠道使用，这样依次逐渠灌水；分组轮灌则是将下一级渠道分为若干组，将上一级渠道来水按组实行逐组供水。

（二）轮灌方式

在规划设计时，为了适时满足各单位用水要求和便于管理，干、支渠多实行续灌，斗、农渠多实行轮灌。实行轮灌时，同时工作的渠道较少，这样可以使水量集中，缩短输水时间，减少输水损失，有利于和农业措施相结合，提高灌水工作效率。轮灌的方式要依据灌区的实际情况选定。

如采用分组轮灌，划分轮灌组时应注意以下几点：

① 各轮灌组的流量（或控制的灌溉面积）应基本相等；

② 每一轮灌组渠道的总输水能力，要与上一级渠道供给的流量相适应；

③ 同一轮灌组的渠道要相对集中，以便管理，减少渠道同时输水的长度及输水损失；

④ 尽量把同一轮灌组的渠道归属一个生产单位管理，以便组织灌水和实施农业措施；

⑤ 轮灌组的划分要与灌水及中耕的劳动强度相适应。

在渠首引水得不到保证的灌区，当渠首引水流量小于正常设计流量的40%～50%时，干、支渠也实行轮灌，这是为了避免流量过于分散、渠道工作长度大、水位偏低和损失增大而采取的措施。

第五章 排水系统的规划设计

排除地面水和地下水的各级排水沟（管）道及建筑物的总称叫作排水系统。排水系统分为明沟排水系统、暗管（或暗管与明沟结合）排水系统及竖井与明沟结合排水系统等3种。明沟排水系统由田间排水网、输水沟系、沟道上的建筑物和容泄区等组成。暗管排水系统由排（吸）水管、集水支管、集水干管及附属设施组成。暗管的附属设施有节制闸门、出水口控制设施、集水井、沉沙井、通气井、地面进水口等。在湿润地区为了加速排除地面积水及地下水，田间排水网多采取暗管与田间明沟联合运用的形式。竖井与明沟相结合的排水系统是在排水区内布置成不同形式网状的群井系统，从井中抽取地下水再通过浅明沟（或地下管道）输送到容泄区。

地区或灌区内排水系统的规划，是水利规划的组成部分，其工作方法和步骤与水利规划相似。首先，应进行调查和勘测，搜集规划必需的资料，摸清涝、渍或盐碱化的情况其产生的原因和水源补给情况；然后，结合当地自然条件、社会经济和国民经济发展要求，拟定几个可行的规划方案，通过技术经济论证；最后，选定方案并制定工程实施方案。

第一节 排水系统规划概述

一、农田排水

土壤或农田水分不足对农作物固然有害，但是土壤或农田水分过多，对农作物也是很不利的。水分过多，会造成土壤缺氧，致使环境条件恶化，破坏作物正常的生理活动，导致作物产量下降，严重时会造成绝产。在生产中因土壤或农田水分过多造成农作物减产或歉收的现象，统称为"水灾"。根据土壤或农田水分过多的原因和水分过多的程度，水灾又常分为洪灾、涝灾和渍灾。

此外，在北方地区，因某些特殊的气候条件，土壤或农田水分过多还往往会造成严重的土壤沼泽化和盐碱化。例如，土壤质地黏重、地下水位高，加上气温低、土壤冻结深度大、冻结期长，形成永久性冻土隔水层，妨碍土壤表层水下渗，使当地降水形成的涝水或外浸洪水不能及时排除，发生上层滞水。这就是东北地区松嫩、三江平原和兴凯湖一带土壤沼泽化的重要原因。而由于高矿化度地下水不能及时降至临界水位以下，形成强烈的积盐过程，又是造成北方地区土壤盐碱化的主要原因。

（一）灾害原因

对农田水分过多造成的灾害，要分析成灾的原因，采取适当的技术措施加以治理。我国北方地区幅员广大，各地自然条件和气候特征相差较大，造成各地农田水分过多的具体原因各有不同，但归纳起来主要有以下几点。

① 因降水量年际变化大，且年内分配又高度集中，经常造成雨季大气降水补给农田水分过多，甚至形成洪水。

② 因洪水泛滥、湖泊漫溢、海潮侵袭或坡地地面径流汇于低洼地区而积水成灾。

③ 因地面平坦，坡度小，降水径流坡面汇流缓慢，加上土壤质地黏重，透水性差，农田容易滞水。

④ 因水库、河道等蓄水发生浸润，因灌溉不合理发生深层渗漏，都会造成地下水位上升。

⑤ 地势低洼、出流条件不好等。

（二）消除农田水分过多的基本措施

① 采用必要的防洪、挡潮、截渗措施，防止外区域地面径流和地下径流入侵。

② 建立完善的排水系统，排除多余的地面水和土壤水，把地下水位控制在一定埋深范围。

③ 进行科学合理的灌溉，避免深层渗漏造成地下水位上升。

④ 注意土壤改良，改变土壤结构，增加其透水性，减小其滞水性。

其中关键是建立完善的排水系统。

（三）排水系统

排水系统是指排水工程的整套设施，它通常包括排水区内的排水沟系和蓄水设施（如湖泊、河沟、坑塘等）、排水区外的承泄区及排水枢纽（如各种水闸、泵站等）三大部分。

排水系统中的排水沟系一般分为干、支、斗、农4级固定沟道。但是，当排水区面积较大或地形较复杂时，固定排水沟可以多于4级；反之也可以少于4级。干、支、斗3级沟道组成排水沟网，农沟及农沟以下的田间沟道组成田间排水网。农田中的多余地面水和地下水通过田间排水网汇集，然后经排水沟网和排水枢纽排泄到承泄区。田间排水网按其结构，可分为明沟排水、暗管排水和竖井排水3种属田间工程。

二、农田对排水的要求

农田排水的任务是排除农田中过多的地面水和地下水，控制地下水位，为作物生长创造良好环境。具体内容有除涝、防渍、防止土壤盐碱化、盐碱土冲洗改良、截渗排水、改良沼泽地及排泄灌溉渠道退水。下面仅就几个主要内容（或者说几个主要需解决的问题），分别进行如下论述。

（一）农田对除涝排水的要求

在降雨较大地区，要能及时排除由于暴雨产生的田面积水，减少淹水时间和淹水深度，以保证作物正常生长。实践证明，农作物受淹的时间和淹水深度有一定的限度，超过允许的时间和淹水深度，农作物将会减产，甚至死亡。田间积水会使土壤水分过多，氧气缺乏，影响作物根系正常呼吸。淹水时间过长，长期缺氧，作物在无氧条件下进行呼吸，所产生的乙醇可使作物中毒而死亡。

作物产量不受明显影响的前提下，所能忍受地面淹水的深度和时间，称为作物的耐涝能力。作物耐涝能力与作物类别、品种、生长阶段、植株素质等因素有关。一般的规律是，水生作物的耐涝能力强于旱作物、高秆作物强于矮秆作物。地面积水越深，温度越高，越不耐淹，此外，作物在清水中比在浑水中耐淹。

（二）农田对防渍排水的要求

作物忍受过多土壤水分的能力称作作物耐渍能力。它和作物的种类及其生长阶段、土壤物理条件、气温等因素有关。

各种作物的耐渍能力是不同的，一般说来，需水多的作物耐渍能力较需水少的作物强；浅根作物耐渍能力强于深根作物。冬小麦苗期、越冬期耐渍能力较强，拔节以后耐渍能力较差；棉花在蕾期以后耐渍能力减弱。

土壤含水量大小与土壤充气空隙率大小有关，所以可用土壤充气空隙率作为耐渍指标。在工程措施中，一般用降低地下水位的办法达到改变土壤水分过多的目的。地下水以上 30 ~ 50cm 为毛管水饱和区，作物容根层应位于这个区域以上，即作物的容根层与毛管水饱和区之和作为防渍的临界深度。

（三）防止土壤盐碱化和改良盐碱土对农田排水的要求

土壤中盐分运动是随土壤水分的运移进行的，在蒸发过程中，由于土壤水的运动，盐分被输送到表层，水分蒸发后，盐分聚积在土壤表层。在灌溉（冲洗）及较大降雨时，表土层的盐分随水分入渗深层。如果因蒸发带进表层的盐分多于淋洗到深层的盐分，则土壤处于积盐状态；反之，则呈脱盐状态。因此，蒸发和入渗条件是影响土壤积盐或脱盐的主要因素。

表层土壤水分的蒸发强度及蒸发量，除取决于气候、地形地貌及土质等条件外，还受地下水埋深的影响。埋深水，蒸发能力强，土壤表层积盐快，易使土壤盐碱化。土壤的入渗量也和地下水埋深有关，地下水位高，入渗速度低，自地表带入深层的盐分少，土壤不易脱盐。

由于土壤脱盐和积盐与地下水位密切相关，在生产实践中常根据地下水埋深判断某地区是否会发生土壤盐碱化。在一定的自然条件和农业技术措施条件下，土壤不产生盐碱化和作物不受盐害时的地下水埋藏深度，叫作地下水临界深度。在雨多、低温、潮湿、蒸发量小的气候条件下，临界深度值小；干燥、高温、蒸发量大时，临界深度值大。此外，土壤结构、地下水矿化度、耕作栽培技术及植物覆盖率等均能影响临界深度值。所以，临界深度不是一个常数，但条件类似时，其数值基本相同。

实施改良和防治盐碱化排水时，除应满足排涝要求及排渍要求外，还必须在返盐季节前将地下水位控制在临界深度以下。

（四）农业耕作条件对农田排水的要求

为了便于农业耕作；应使农田土壤保持在一定含水率以下，一般认为，根系吸水层内含水率在田间持水量的 60% ～ 70% 时较为适宜。为了便于农业机械下田，并具有较高的耕作效率，土壤含水率应有一定的限制，视土壤质地和机具类型而定。不同土壤质地和不同机械允许的最大土壤含水率及要求的最小地下水埋深相差很大，应根据实际测验或调查资料确定。对于一般质地的土壤及一般机具（中型），缺乏资料时，可将要求的最小地下水埋深确定为 0.7 m 左右。根据国外资料，一般满足履带式拖拉机下田要求的最小地下水埋深为 0.4 ～ 0.5 m，满足轮式拖拉机机耕要求的地下水最小埋深为 0.5 ～ 0.6 m。

三、排水系统的布置

（一）排水方式

灌区排水方式，应针对农田排水所要解决的问题（如除涝防渍、防碱洗碱、截渗排水、沼泽地改良等）及涝、渍、盐碱的成因，结合灌区自然条件和技术经济条件，因地制宜地确定。

排水系统的布置，往往取决于排水方式，我国各地区或各灌区的排水方式大致可归纳为以下几种。

1.汛期排水和日常排水

汛期排水是为了避免耕地因受涝水的侵入而被淹没，而日常排水是为了控制地区的地下水位和农田水分状况。在规划排水分区及布置排水系统时，应同时满足这两个方面的要求。

2.自流排水和抽水排水

排水出口应视容泄区水位变化情况及高水位持续时间、涝区内部地形及内水畅排情况来安排排水方式。可自流排水或建闸相机自排；建抽水机站实施抽水排水；建闸、站，自排和抽排并举等。

3.水平排水和垂直（或竖井）排水

对于主要由降雨和灌溉渗水成涝的灌区，可采用水平排水方式。对于地下水位高，含水层深厚和浅层地下水受承压水补给的地区或灌区可采用竖井排水方式，或竖井与明沟相结合的方式。

4.地面截流沟和地下截流沟排水

排水系统为了防止区外地面径流或地下径流的入侵，可采用地面截流沟（或撤洪沟）或地下截流沟（主要是截渗）排水的方式。

排水系统的布置主要包括容泄区和排水出口的选择及各级排水沟道的布置两部分。排水沟道的布置，要使排水区多余的水量，尽快地集中并通过各级输水沟道顺利的排入容泄区。骨干排水沟道（主要是干沟）的线路选择，要做方案比较，经慎重比较后选优采用。

（二）排水沟道的布置要求

① 安全排水，及时排水，工程费用最省，便于管理。

② 和灌溉渠系的布置、土地利用规划、道路网、林带、行政区划及承（容）泄区的选定相协调。

③ 各级排水沟都要布置在各自控制范围的最低处，并贯彻高水高排、低水低排、就近排水以及自排为主、抽排为辅的原则。

④ 为适应灌、排、滞、蓄的有机结合，充分照顾城镇的排水需要，在靠近江、河、湖、海平原地区及地下水位接近地面的低平地区，田间排水系统必须和灌溉系统分开，各不相扰，河网、圩垸则按具体情况布置。

⑤ 干沟出口应选在容泄区水位较低、河床稳定的地方，干沟布置应尽量利用天然河、沟，并根据需要进行裁弯取直、扩宽挖深或加固堤防等河道整治工作。

⑥ 支沟与干沟及干沟与容泄区的衔接处，一般以锐角（35°～60°）连接为宜，湖泊、海湾等容泄区不受此限制。

⑦ 在有外水侵入处，应设置截流沟将灌区外部地表水及地下水引入排水沟或直接排入容泄区。

⑧ 水旱间作地区，在水田及旱田之间，应布设截渗排水沟。

⑨ 排水干、支沟的弯道半径同灌溉渠道。

（三）农田排水系统的布置

农田排水系统由田间排水系统（田间排水网）、输水沟和容泄区组成。分布在耕作田块内部，担任汇集地面水和地下水的排水设施，叫作田间排水网，它和田间灌溉网一起构成田间调节网，起调节田间土壤水分的作用。田间排水网的构造形式可以是明沟、暗沟（管）或竖井。

1. 田间明沟排水系统

田间排水系统的组成和任务随各地区自然条件的不同而有差异，应根据具体情况和要求拟定合理的布置方案。

在田间渠系只负担灌溉和除涝任务的情况下，如地下水埋深较大、无控制地下水和防渍要求时，或虽然有控制地下水任务，但因土质较轻，要求排水沟间距在200～300 m时，排水农沟可兼负排除地面水和控制地下水位的作用。在这种情况下，农田内部排水沟主要起排除地面水（除涝）的作用，田间灌排渠系全部（即毛渠、输水垄沟）或部分（输水垄沟）可以灌排两用。

在土质比较黏重的易旱易涝地区，由于土壤的渗透系数低，控制地下水位要求的排水沟间距较小。因此，排水农沟以下尚需安排1～2级田间排水沟。当有控制地下水任务的末级排水沟的间距为100～150 m时，则农沟以下可加设毛沟。此时，农、毛沟均起控制地下水位的作用，毛沟深为1.0～1.2 m，农沟深为1.2～1.5 m。机耕时，拖拉机开行方向与毛沟平行。毛沟应大致平行等高线以利拦截地面径流。如末级排水沟的要求间距在 30～50 m 时，农沟以下可加设毛沟、小沟两级沟道。末级排水沟应大致平行等高线，如末级排水沟较深，不利机耕，可采用暗管系统。

排水农沟的纵坡主要取决于地形坡度。从排水通畅及防止冲刷来考虑，纵坡一般为 0.004～0.006，最大不得超过 0.01，横断面一般为梯形，边坡视土质而定。

2. 田间暗沟（管）排水系统

与暗管排水相比，排水明沟有其特有的优缺点。

优点：它既可承纳地下水又可承纳地表径流；排水明沟所需的输水比降比暗沟（管）小得多；易检查。

缺点：占用土地，尤其是由于土壤的质地所限，必须采用较缓的边坡；杂草的生长和侵蚀，给管理维护工作增加困难；土地被分割成小块，如果排水明沟的间距窄小，会妨碍有效的耕作。

采用暗沟（管）排水，可以避免上述明沟排水的缺点，所以近年来，地下排水暗沟（管）在我国南北方地区有了较快的发展。我国目前较多采用两级（集水管和泄水管）或仅有一级（集水管）排水管和农沟相连。采用两级以上排水管，其优点是避免在大面积农田上开挖明沟，缺点是增加连接建筑物，控制养护较困难。为了加速排除土壤水，排水管还可采取上下不同深度的双层布置形式。我国目前已研制成大、中、小型开沟铺管机及多种形式的管件和管材，为地下暗管的发展提供了有利条件。目前世界较发达国家已广泛采用暗管排水，有的地区暗管排水面积已占排水总面积的 70%以上，地下排灌已成为当前的发展趋势，越来越引起人们的关注。

第二节　排水系统的设计标准

排水设计标准是确定排水系统各项工程设施规模的重要依据。它确定是否合理，将直接关系到排水工程投资的经济效益和社会效益。因此，在规划设计排水系统时，应首先按照农业现代化建设的要求，以国家和有关部门颁发的规范、规程为依据，结合当地投资、设备、动力和劳力等可能条件，考虑排水区内的作物、土壤、气候等自然条件，通过效益分析，确定合理的排水设计标准，以便使排水工程规模大小适当，达到投资少而效益显著的目的。

农田排水设计标准总体来说，是指对一定的暴雨或一定量的灌溉渗水、渠道退水，在一定的时间内排除涝水或降低地下水位到一定的适宜深度，以保证农作物的正常生长。实际上它包括两个方面：一方面是排除地表多余降水径流的除涝排水标准；另一方面是控制农田地下水位的防渍排水标准。

一、除涝排水设计标准

根据排水设计标准的定义，除涝排水设计标准可以采用所谓的典型年法确定，即以排涝区历史上发生过的某大涝年份的实际暴雨作为除涝排水设计标准。这种除涝排水设计标准具有比较明确的概念，计算工作也较简单，且不受资料长短的影响，但问题是要选择一个合理的有代表性的典型年往往比较困难，特别是这种除涝排水设计标准不便于和其他地区（或流域）进行统一比较。因此，我国除涝排水设计标准多是按照目前试行的《水利水电工程水利动能设计规范》中关于"治涝设计标准一般应以涝区发生一定重现期的暴雨不受涝为准"的规定，采用所谓的频率法确定，即以某一频率（或重现期）的暴雨作为除涝排水设计标准。作为设计标准的暴雨（称为设计暴雨）的重现期应根据国民经济发展水平和效益分析确定，一般采用 5 ~ 10 年（频率 $P = 10\% \sim 20\%$）。条件较好或有特殊要求的粮棉基地和大城市郊区可适当提高，但不得超过当地的防洪设计标准；而条件较差的地区也可适当降低，或采用分期提高的办法。至于设计暴雨历时，应根据排水地区的暴雨特性、排涝面积大小、排水区内的蓄涝容积和排水措施等具体条件确定，一般采用 1 ~ 3 日暴雨。对于具有蓄涝容积的排水系统，则应考虑采用较长历时的暴雨，有时还须采用具有一定间歇的前后两次暴雨作为设计暴雨。

除了设计暴雨的雨量和历时之外，除涝排水设计标准还应包括设计排除时间、设计内水位和设计外水位等。因为相同设计暴雨产生的涝水在不同的内、外水位条件下，要求在不同的时间排除，所需的排水能力是不同的。所以在确定除涝排水设计标准时，要同时确定设计除涝时间和设计内水位与设计外水位。

设计排除时间应以不造成农作物因受涝而减产为原则，根据排涝期内作物耐淹能力来确定。作物耐淹能力与作物种类和作物生长期有关，应按当地具体条件选定。当无实测或调查资料时，可按《灌溉排水渠系设计规范》参考选定。对于具有蓄涝容积的排水系统，若采用较长历时的设计暴雨时，其设计排除时间可不受作物耐淹时间限制，而应根据具体情况确定。

设计内水位是排水出口处的沟道在排涝时的允许最高水位。它主要决定于排涝区内的田面高程、地形和沟道比降等。设计外水位是指排涝系统的承泄区设计水位。其高低直接关系到排水系统的排水能力。因此，设计外水位应根据排水系统出口所在的承泄区的具体情况，通过水文水利计算和技术经济分析加以确定，详见下节。

二、防渍排水设计标准

根据控制农田地下水位的目的，可把控制农田地下水位的排水标准分为排渍标准及改良和预防盐碱化的排水标准等。它们是拟定排水区末级固定排水沟深度和间距的主要依据。

排渍标准，在降雨成渍的地区，一般采用 3 日暴雨，5 ~ 7 日将地下水位排至作物耐渍深度或排渍设计深度；在灌水成渍的旱作地区，一般采用灌水后一日内将齐地面的地下水位降至 0.2 m。作物耐渍深度是指为了满足农作物正常生长所要求控制的地下水适宜埋藏深度。它应根据当地的自然条件、土壤类别、作物品种、丰产经验及试验研究资料等多项因素来确定。作为排渍标准，旱田作物的耐渍深度的最小值（幼苗期）一般可取 0.5 m。排渍设计深度为作物生长旺盛阶段适宜的地下水埋深，旱田作物的排渍设计深度一般为 1.0 ~ 1.5 m；水稻田的排渍设计深度一般为 0.4 ~ 0.6 m。

改良和防治盐碱化的排水标准，除要满足排渍标准的有关规定外，还必须在返盐季节前将地下水位控制在不致引起土壤积盐而危害作物生长的最浅地下水埋深（即地下水临界深度）。

对于有机耕作要求的农田排水系统，在规划设计时，其机械耕作可通性的排渍设计深度，应根据各地机耕的具体要求确定，一般可采用 0.7 m 左右。

三、容泄区的设计水位标准

容泄区的设计水位标准，应根据各地具体条件，通过技术经济分析确定。

① 当排水区暴雨与承泄河道洪水相遇的可能性较大时，可以采用与排水区设计暴雨同频率的外河洪水位，作为容泄区的设计水位。

② 当排水区暴雨与承泄河道洪水相遇的可能性较小时，一般可采用涝期排满天数（常采用 3～5 天）平均高水位的多年均值，作为容泄区的设计水位。此外，也可采用实际年洪水位。

第三节　排水系统的具体规划

排水系统规划，一般是在流域防洪除涝规划基础上进行的。流域防洪除涝规划的目的是确定流域范围与骨干防洪除涝工程的布局和规模，同时也为流域内部的排水系统规划提供必要的依据。

由于我国北方地区的情况各不相同，因此规划排水系统时，必须从实际出发，由调查研究入手，搜集和分析有关资料，摸清当地涝、渍、盐碱化等灾害的情况及其成因；然后据此制定规划原则，确定规划标准和主要措施，合理拟定各种可行方案；最后通过技术经济论证，选定采用方案并拟出分期实施计划。

排水系统规划一般包括各级排水沟道的布置和承泄区两部分。它们之间是紧密联系、互为条件的，在规划时应综合考虑，统筹安排。

一、排水沟道的布置

排水沟道的布置应与土地规划、灌溉渠道系统的布置同时进行。以求彼此协调，使排水地区的多余水量能尽快集中，并泄向排水口。

（一）注意要素

排水沟道的布置除应参考灌溉系统布置原则外，还应注意以下几点：

① 排水沟道应布置在地形低处，以求排水通畅；

② 应尽量利用天然沟道，减少占地，节省土方；

③ 应贯彻高水高排、低水低排、自排为主、抽排为辅的原则；即使是全部实行抽排的地区，也应根据地形将整个排水区划分为高、中、低等片，分别布置，以便能分片分级抽排，减少抽水设备，节约排水费用；

④ 沟道线路应避开流沙、淤泥或其他不良的地带，以减少工程投资，保证排水安全；

⑤ 下游沟道的布置应为上级沟道创造良好的排水条件，使之不发生壅水，上、下级沟道衔接处应做成锐角（35°～60°）以防止沟口的冲刷或淤积，排水干、支沟的弯道半径、对土质沟道应大于水面宽的 5 倍，当土质沟道的弯道半径必须小于水面宽度的 5 倍时，应考虑防护措施，对石质沟道或衬砌的沟道，弯道半径应大于其水面宽度的 2.5 倍；

⑥ 水旱间作地区，在水、旱田之间应布置截渗排水沟。

（二）选择排水沟线路

对于排水沟线路的选择，通常要对技术上可行的若干方案，根据排水区或灌区内外的地形和水文条件、排水目的和方式、排水习惯、工程投资和维修管理费用等多项因素，综合考虑，相互比较，从中选定最优方案作为实施方案。

例如，安徽省淮北地区涝渍威胁严重，既要除涝，又须防旱，因此，对除涝防旱、排水与蓄水通过统筹规划和全面调查，经过多种方案比较，提出了"三沟两田"的治理措施。其具体办法是利用大、中、小沟（相当于支、斗、农沟）除涝，台田、条田防渍，即在平原坡水地区，普遍开挖大、中、小沟，建立排水沟网，修筑台田、条田，以排除地面水，降低地下水。

同时，在大沟上适当建闸，拦蓄地面水，控制地下水，有的还自外河引水并结合井灌，解决灌溉问题。宿县地区的固镇县采用大沟的间距 2.0～2.5 km，沟深 3～5 m；中沟间距 400～500 m，沟深 2.0 m 左右；小沟间距 150 m 左右，深度 1.5 m；台、条田沟间距 10～60 m，沟深 0.5～1.0 m。大、中、小沟的控制面积分别为 10 000 亩、1000 亩和 100 亩左右。陈留沟、八丈沟、胜利沟等大沟贯穿南北，排入涂河；中沟成东西走向，间距 500～700 m，深 1.5～2.0 m，小沟南北向布置，间距 100～200 m，深 1.0～1.2 m，台田宽 20～30 m，全乡规划 15 片灌区，其中 7 片为电灌站与电井混合灌区，建有 19 座电灌站，225 眼机井。

又如该省的凤台县永幸河灌区。其排水除涝干沟的布置，根据"截岗抢排，高水不入洼"的原则，依据地形及水势在灌区内共布置了英雄沟、友谊沟、幸福沟等 14 条大沟，总长 150 km，拦截坡水，抢排入茨淮新河和淮河。为了及时抢排还在永幸河河网内兴建了节制工程，并利用这些节制工程使各大沟的涝水及时排除。在地形低洼的地带还修建了抽水站，以便排出积水。通过各项排涝工程，使除涝标准由 3 年一遇提高到 10 年一遇，保证了农业连年丰收，形成了"工程—减灾—增产—效益—生态"良性循环。永幸河灌区各级沟道的排水标准按 3 日降水 160 mm，3 天排出，排水模数 1.05 m³/（s·km）。

二、承泄区规划

排水系统的承泄区是指承纳并宣泄排水系统来水的区域。一般指河流、湖泊、洼淀等。在滨海地区，排水系统往往直接排水入海，故海亦为承泄区。有些地区还可利用地下深厚的透水层或岩溶区作为承泄区。

为了确保水体不受污染，排入承泄区的水质必须符合有关规定，否则应在排入承泄区之前，采用适当的方法进行处理，使其不致影响承泄区水体的卫生状况、经济价值与环境状况。

排水系统的承泄区应与排水分区和排水沟道的布置相协调，它除了能承泄排水沟道泄入的全部水外，一般还应满足两个基本条件：①在设计条件下，要保证排水沟良好的出流条件，不应因排水造成不利的壅水、浸没或淤积；②要有稳定的河槽和安全的堤防。承泄区的规划一般包括排水系统排水口位置的选择、承泄区设计水位的计算和承泄区的整治等内容。

北方地区承泄区一般处于河流的下游，其特点是地势低洼、地形平坦、排水不畅，一遇较大暴雨，河流洪水上涨，超出地面，两岸农田涝水汇集、无法排出，造成洪涝灾害。有些河流由于多年失修，河床淤积、变浅，改变了流势，堵塞了洪水出路；有些河流河床高出地面而成为悬河，还有些河流坡缓流长，出口不畅，河道泄洪、排洪能力很低。因此，排水出路，即承泄区的规划十分重要。一方面，要重视原有河道的拓宽与疏浚，以增大河道的泄洪排涝能力，疏浚河道的工程量相对较小，挖压占地少，但有时往往不能根本解决上、下游洪涝矛盾，在上游洪水下泄期间，涝水仍难排除；另一方面，还应考虑调整水系、增辟新河的措施，以减少上游泄洪、下游排涝的矛盾，如海河治理中修建的独流减河、马厂减河等许多新河。山东省南泗湖也是通过增辟新河进行治理，效益显著。

（一）排水口位置的选择

排水口的位置主要是根据排水区内部地形和承泄区的水文条件来决定。选择时应以便于排水和使工程安全、可靠、经济合理为原则：

① 为了便于集中涝水，排水口应选择在排水区的最低处或其附近；

② 为了争取自排，或减少抽排扬程，排水口应选在承泄区水位最低的位置；

③ 为了高水高排、低水低排的分区排水和适应平时与汛期排水区的内、外水位差的各种情况，可在承泄区的不同位置选用多个排水口；

④ 为了减少抽排流量，抽排排水口应尽量选在能设置调蓄池的地方；

⑤ 为了保证排水口的安全、可靠，其位置应选在河床稳定、基础良好、不会发生泥沙淤积的地方；

⑥ 为了保证饮水的水质，排水口应尽量选在饮用水取水口的下游等。

（二）承泄区设计水位的确定

由于承泄区和排水口所在的位置不同，承泄区设计水位应按不同的具体情况，通过水文水利计算和技术经济分析加以确定。一般情况下，当作为承泄区的河流、湖泊的来水受规划排水地区排水量（暴雨）影响较大，承泄区的水位和排水区暴雨相关关系密切时，承泄区的设计水位可采用与排水区设计暴雨同频率的排水期洪水位；当作为承泄区的河流、湖泊的来水受规划地区排水量（暴雨）影响不大，其相关关系较差时，则设计水位可采用排水期内的多年平均高水位值，也可采用实际年洪水位作为承泄区设计水位。

有的地区还采用排水期内承泄区经常出现（即概率最大）的水位作为承泄区设计水位；有的河流，当排水口处水位受潮位或河口关闸的影响较大时，应考虑其影响，这种情况若能得到对应于接近设计标准的几个实际暴雨的实测承泄区的水位过程，则可以通过对比研究，确定承泄区的设计水位。否则，应采用非稳定流或非均匀流的方法推求承泄区设计水位；当承泄区为海洋时，在自排情况下，通常可采用上、下弦（小潮）时的平均潮位曲线作为承泄区的设计水位过程线。而在自排和抽排并用情况下，则通常采用朔望（大潮）时的平均潮位曲线作为承泄区的设计水位过程曲线。

（三）承泄区整治

为了降低承泄区水位，改善排水区的排水条件，往往要对承泄区进行必要的整治。整治承泄区的主要措施有以下几类。

1.疏浚河道

河道疏浚后可以扩大泄洪断面，降低水位。疏浚河道时，必须在河道内保留一定宽度的滩地，以保护河堤的安全。

2.退堤扩宽河道

当疏浚不能降低足够的水位以满足排水要求时，可采用退堤措施，扩大河道过水断面。退堤段应尽量减少挖压农田和拆迁房屋。退堤一般以一侧退建为宜，以节省工程量。

3.裁弯取直

当作为承泄区的江河水道过于弯曲，泄水不畅时，可采用裁弯取直措施，裁直河段应通过设计或水工试验决定，以防止下游河段冲淤或河道演变现象。

4.整治河道，清除河障

承泄区的河段水流分散、断面形状不规则而影响排水时，可采取修建丁坝、顺坝等整治工程措施，以改善河道断面，稳定河床，降低水位，增加泄量，为排水创造有利条件。若河段中存在人为障碍，如临时性壅水建筑物、捕鱼栅、临时性小桥涵等，应采用清除或改建的办法满足排水的要求。

5.治理湖泊，改善蓄泄条件

当承泄区为湖泊或洼地，其调蓄能力不足而影响排水时，可整治湖泊的出流河道，改善泄流条件，降低湖泊水位。在湖泊围垦过度的地区，则应考虑退田还湖，以恢复湖泊的蓄水容积。

6.修建减河，分流河道

减河是在承泄区的河段上游，开挖一条新河，将上游来水直接分泄到江、湖和海洋中，以降低承泄区河段的水位。分流也是降低承泄区水位的一种措施，即将上游一部分来水绕过作为承泄区的河段分泄到河流的下游。以上各种整治措施，都有一定的适用条件，采用时应通过方案比较，综合论证，择优选用。对承泄区的整治，必须统筹安排，考虑全局，以免造成其他河段水文状况的改变和影响其他地区排水。

第四节　排水系统的沟道设计

在排水系统规划设计时，一般只对较大的主干排水沟道（如干沟、支沟等）进行逐条设计。而对较小的斗、农沟则通常采用根据当地经验或通过典型区沟道设计加以采用，不需逐条去计算。

进行排水沟设计前，必须深入排水区调查研究，认真搜集整理排水区内的有关地形、气象、水文、工程地质、水文地质、土壤、工程现状、社会经济等基本资料。有时还要进行必要的勘测试验工作，以便为排水沟设计提供可靠的依据。

排水沟设计应根据已批准的当地排水工程总体规划进行。设计的主要内容是计算排水沟设计流量、确定排水沟设计水位、确定排水沟断面尺寸、绘制排水沟纵横断面图等。

一、排水沟设计流量计算

排水沟设计流量是确定排水沟断面和沟道上各种建筑物规模的主要依据。因此，正确地按照排水设计标准计算排水沟设计流量是排水沟设计的首要任务。排水沟设计流量常分为排涝设计流量、排渍设计流量和日常排水设计流量 3 种。一般来说，排涝设计流量用以确定排水沟断面尺寸；排渍设计流量用以校核排水沟的最小流速；而日常设计流量则是用以确定控制地下水位要求的排水沟沟底高程和沟底宽度。

排涝设计流量系指排水沟为满足排涝标准要求必须保证通过的流量。它通常为设计暴雨形成的最大流量。由于除涝排水沟设计标准一般较低，其地面坡度平缓，沟道上很少有水文测站和径流资料，即使有一定的实测径流，也往往因人为措施的影响，使资料系列的一致性较差。因此，排水沟道的排涝设计流量，一般难以根据实测径流资料进行统计分析确定，而往往是由设计暴雨按以下几种方法计算求得。

1. 地区经验公式法

地区经验公式法是在分析实测资料的基础上，建立水文区的洪峰流量与其主要影响因素的相关关系，配置合适的数学公式，并综合分析有关地区性经验参数，据此推求排涝设计流量值。

洪峰流量受气象（主要是"成峰暴雨"的统计特性）和下垫面自然地理诸因素的综合影响。气象因素在地面上是缓变的，有一定的地理分布规律，可以用绘制等高线的方法确定；而流域下垫面的一些特性，如流域面积、河道比降和河网密度等因素，一般不存在地理分布规律，按理需要分析研究各项因素对洪峰流量的影响。但是，考虑到自然界是个相互联系的整体，各项地理特征之间有着一定的内在联系，可以利用某些主要特征来间接反映一些其他地理特征因素。例如，利用流域面积往往能间接地反映流域的比降、糙率、河长及河道蓄量等。

2. 排渍设计流量

排渍设计流量系指排水沟为满足一定排渍标准所要保证通过的流量。和除涝排水设计流量计算一样，为了能方便地推求排水沟不同断面的排渍设计流量，通常是先求出每平方千米排渍流量——排渍模数，再求设计排渍流量。

3. 日常排水设计流量

日常排水设计流量系指为保证地下水位经常处在要求控制的深度，排水沟所要排出的地下水的流量。单位面积上的日常排水设计流量称为日常排水模数，即设计地下水排水模数。它的数值受地区气象条件、土质条件和水文地质条件及排水沟密度等因素的影响变化很大，但其绝对值一般很小。例如，河南的人民胜利渠灌区为了防止土壤次生盐碱化，在强烈返盐季节，将地下水控制在临界深度时，日常排水设计模数仅为 $0.002 \sim 0.005 \ \text{m}^3/ \ (\text{s} \cdot \text{km}^2)$。设计排水沟时，应根据实际测验或调查资料确定日常排水模数，无资料时也可根据具体情况在 $0.002 \sim 0.007 \ \text{m}^3/ \ (\text{s} \cdot \text{km}^2)$ 选定。

二、排水沟设计水位的确定

设计排水沟不仅要使其具有排泄设计流量的能力，而且还应满足各种运用条件下对排水沟道水位的要求。按照排水沟任务，确定相应的设计水位，是设计排水沟的重要内容和依据，需要在确定沟道断面尺寸（沟深与底宽）之前加以分析拟定。

排水沟设计水位通常分为排涝设计水位、排渍设计水位和日常排水设计水位等。

（一）排涝设计水位

为满足除涝要求，排水沟在宣泄排涝设计流量时应控制的水位称为排涝设计水位，它是排水沟的最高水位。根据除涝要求，在出现设计暴雨时，排水区内控制点处的农沟排涝水位一般应在地面 $0.2 \sim 0.3$ m 处（最高可与地面齐平），以利地面径流汇入，保证农田不积水成涝。其他各级排水沟在宣泄设计排涝流量时又需一定的水面比降和局部水头损失。因此，某排水沟沟口的排涝设计水位应根据该沟口以上各级沟道的比降和局部水头损失推求。

（二）排渍设计水位

为满足排渍要求，排水沟在排泄排渍设计流量时应控制的水位称为排渍设计水位。其推求方法类似排涝设计水位推求方法。

（三）日常排水设计水位

排水沟日常排水设计水位系指排水沟经常维持的水位。它主要是根据防渍或防止土壤盐碱化的需要所提出的控制地下水位要求来确定的。日常排水设计水位是排水沟的最低设计水位。其推求方法类似排涝、排渍设计水位推求方法。

三、排水沟纵、横断面设计

当排水沟的设计流量和设计水位确定之后，便可进行排水沟纵、横断设计的排水沟纵、横断面应满足的基本条件是有一定的输水能力；边坡稳定，沟道冲淤平衡，保证排水安全；上、下游水面衔接好，下级沟道能满足上级沟道的排水要求；排水沟工程量最小和造价最低等。

（一）排水沟的水力计算

排水沟设计和灌溉渠道设计相同，其断面尺寸要根据设计排水流量通过水力计算确定。

（二）排水沟断面设计

排水沟断面设计包括横断面设计和纵断面设计。它们是互相联系、互为依据的，在设计时必须密切配合，同时进行。

不同类型的排水沟，由于负担任务的不同，其设计方法和步骤也不尽相同。对于只负担排涝任务的排水沟，只需要按排涝标准进行设计。对于只担负排渍任务的排水沟，除按排渍标准进行设计外，还要用日常水位和日常排水设计流量进行校核。对于既担负排涝任务，又担负控制地下水任务和其他任务的综合利用排水沟，则应根据排水沟的具体条件，按某一主导方面进行设计，再按其他方面要求分别进行校核，以满足各方面的需要。

（三）排水沟设计应注意事项

1. 分段原则

排水沟设计应分段进行水力计算，确定各段标准断面。分段的原则：流量没有变化的；沟底比降不变的；沟道边坡、糙率不变的。

2. 衔接问题

排水沟设计应处理好各种设计状态下上、下级（段）沟道的水面衔接问题。为保证排水畅通，一般干、支沟等承泄沟道的日常设计水位应比上一级汇入沟道的日常水位低 $0.1 \sim 0.2$ m，以免各级沟道之间在排泄日常设计流量时发生壅水现象。

在通过除涝排水设计流量时，虽允许沟道之间产生短期的壅水现象，但是有条件时应尽量避免。因此，除了受外河水位顶托和筑堤泄水的沟道外，一般沟道的设计除涝水位应尽可能低于沟道两岸地面高程 $0.2 \sim 0.3$ m。在自然排泄情况下，干沟出口的日常排水设计水位和除涝设计水位应高于或等于承泄区的日常水位和设计洪水位。此外，还须注意下级（段）沟道的沟底不应高于上级（段）沟道的沟底。

3. 排水沟横断面的结构设计

排水沟设计除要确定其断面尺寸和水面衔接问题之外，还应进行排水沟横断面的结构设计。排水沟在多数情况下是全部挖方断面，只有通过洼地或承泄区水位顶托发生壅水时，为防止漫溢而在两岸筑堤，形成又挖又填的沟道。由排水沟挖出的土方除修筑堤防外，还可结合填高农田田面或填高房基等进行，避免堆在沟道两侧和防止雨水冲刷造成沟道淤积，影响排水。

通常堤与弃土堆的坡脚距沟的开挖线的距离，当挖深在 10 m 以内时，可采用 2 m；当挖深在 $10 \sim 15$ m 时，可采用 2.5 m；当挖深超过 15 m 时，可采用 3 m。必要时应根据边坡稳定计算确定。弃土高度不宜超过 1.5 m。排水沟的堤顶（或路面）应高出地面或最高水位 $0.5 \sim 0.8$ m；堤顶宽一般为 $1 \sim 3$ m。兼作道路时，其宽度应按道路要求确定。

4. 防止排水沟塌坡问题

防止排水沟塌坡是沟道横断面设计中十分重要的问题，特别是砂质土地带，更需重视。沟道塌坡不但使排水不畅，而且增加清淤负担。针对边坡破坏的原因，在断面结构设计中，除了要采用稳定的边坡系数外，还可采用以下措施加强排水沟边坡稳定：

① 防止地面径流的冲蚀，如采用截流沟、截流堤或沟边道路防止地面径流入沟，或采用种草、干砌块石等护坡措施，加强坡面稳定。

② 排水沟与灌溉渠如采用相邻布置，在沟渠之间可安排道路，或使沟道采用不对称断面，即靠近渠道一侧采用较缓的边坡，以减轻地下径流的破坏作用。

③ 对于沟道较深和土质松散的排水沟，可采用复式断面，以减轻坡面的破坏，复式断面的边坡系数，随高度和土质而定，可采用不同的数值。

5. 排水沟设计成果

排水沟设计成果最终应反应在排水沟纵、横设计断面图上，因此纵、横断面图应按要求绘制除保证质量外，还必须包括以下内容：

① 根据地形图或沟道测量的成果，按桩号绘出排水沟地面线；

② 经校核后满足各方面要求的排水沟沟底线；

③ 排水沟设计除涝水位线，即沟道的最高水位线；

④ 排水沟日常排水设计水位线；

⑤ 排水沟设计堤顶线；

⑥ 排水沟各段比降、挖深、上级沟道汇入位置及沟道上交叉工程位置等；

⑦ 对丁横断面图上要反映的底宽、边坡、地面高程、堤顶高程或沟底高程等内容，如有特殊要求的地段，还要反映出横断面的结构状况，如护坡、干砌石等。

第六章　田间工程的系统设计

田间工程是灌排系统中重要的组成部分。由于田间工程数量大、种类多、分布面广，因此，田间工程规划设计的好坏将直接影响到整个灌排体系的质量、数量、投资和效益。本章主要介绍田间工程的规划设计内容和计算方法。

第一节　田间工程概述

一、田间工程规划的主要内容

在灌排渠系设计中，田间工程指末级固定渠（沟）以下的工程，包括斗、农、毛渠（沟）及临时性的灌排沟渠。

按照农田基本建设山、水、田、林、路、村综合治理，全面改变农业生产条件，实现高产、稳产的要求，田间工程规划的主要内容应包括以下6个方面。

（一）灌排渠沟规划

灌排渠沟规划设计是田间工程的主要内容。只有灌溉，才能解除干旱危害，保证农业增产，但只灌不排则会引起土壤次生盐碱化，反而使作物减产。另外，对于低洼易涝地区，排水本身就是增产的主要措施，所以搞好灌排渠沟田间工程配套是保证灌排系统全面发挥效益的关键。灌排渠沟的规划包括合理布置灌排渠（沟）和各级渠系建筑物，做到有灌有排，排灌结合，既保证旱时灌溉又保证汛期排涝防渍和防盐。

（二）方、条田规划

为满足机械耕作和适应田块轮灌的要求，必须进行田间方、条田规划，其内容主要是确定田块的大小及其合理尺寸。

（三）平整土地规划

为合理灌溉、节省用水和改良土壤必须进行土地平整工作，这是改变农业生产条件的一项基本措施。平整土地除去有利于节省水量外，还会对种植、施肥、耕作和出苗等多种环节产生明显的作用，同时可以扩大土地的利用率，平整土地规划的内容主要是调整田面高程和计算土方数量为平地、整地提供依据，在山丘区通过平地还可以扩大耕种面积，改善耕作条件。

（四）田间道路规划

田间道路规划主要是为满足生产运输需要。田间道路规划必须紧密与田间渠沟相结合，以便节省土地，减少交叉工程，实现运输方便。

（五）植树造林规划

田间林网可以起到防风、增湿、调温和改善田间小气候的作用，在易涝地区通过林冠的蒸腾作用，还可起到排水和降低地下水位、防止土壤次生盐碱化的作用，同时种植树木对增加林木产量会带来直接效益，对改善农业生态环境带来社会效益。近年来，北方地区实行林粮兼作成效明显，不少地区进行了大面积推广，如河南兰考县大面积沙荒地实行植树造林改造便是一例。植树造林规划的内容主要是规划林地、设计林带和选育林种。

（六）村镇居民点规划

为了统筹安排扩大耕地面积，对于零星居民点和分散的村庄，可以根据国家有关政策和法规调整改建或新建居住区，以便改善生活与居住条件，建设新农村。

二、田间工程规划注意事项

在田间工程规划中必须注意以下几点。

① 田间工程规划必须在区域整体规划的基础上进行，并紧密的结合农村有关规划，包括农田土地利用规划、农村植树造林规划、农村道路建设规划等，以便达到综合治理的目的。

② 田间工程规划必须因地制宜、远近结合、统筹安排、讲求实效。工程标准要按照有关规定进行，同时要见效快，还本期短，充分体现经济效益和社会效益。

③ 田间工程规划应布局合理，技术先进，便于生产，便于使用，便于管理。

④ 田间工程规划应贯彻国家的有关方针、政策，注意生态平衡，改善环境，实现良性循环。

三、田间工程规划的主要措施

田间工程规划的主要措施包括工程措施和农业与生物措施两个方面。

（一）工程措施

① 建立健全灌排田间工程体系，如明渠灌溉，明沟排水；管道灌溉，暗管排水；机井灌溉，竖井排水等。一般根据水源、地质、地形和土壤等条件，尽量做到渠井结合，井灌井排，以及沟排井排相结合等综合治理体系。对于盐碱土壤，还要考虑洗盐排碱措施。对咸水地区，应紧密结合咸水或微咸水利用，做到排咸补淡，咸淡混浇，以便充分利用咸水资源。

② 修建畦田、台田和方条田，改善耕作条件。

③ 平整土地，修筑梯田。

④ 围海造田，只适用于滨海盐渍土地区的盐碱荒滩，包括筑堤、建闸、挖河排水洗盐洗碱，修建条田等内容。

⑤ 放淤改土，适用于沿黄地区，利用充分的水沙资源，放淤改土，扩大耕地面积等。

（二）农业与生物措施

① 稻改。在有条件的盐渍土地区（主要是水源条件），可采用种植水稻改良盐碱地，这是我国改良盐碱地多年成功的经验，可以大量推广。

② 种植绿肥。绿肥可以培肥土壤，改善土壤理化性质，其作用主要有：使茂密的茎叶覆盖地面通过减少地表蒸发，防止返盐；使强大根系大量吸水，可使地下水位下降，对易涝区通过改善土壤含水量条件使绿肥本身可以增加土壤有机质，改善土壤团粒结构，并增强土壤的通透性；使增加肥效，改善土壤地力等。

③ 秸秆还田。秸秆粉碎后覆盖田面可以减少表土蒸发增加土壤含水量防止干旱减少用水，第二年结合耕翻埋于地下还可起到增肥改土的作用。

④ 免耕覆盖和深耕深翻。免耕覆盖适用于土壤含水量少的干旱地区，通过免耕减少蒸发保存土壤水分。深耕深翻适用于土壤含水量多的易涝地区，通过耕翻可以加快蒸发，对于干旱地区，深翻后可增加活土层，增加降水入渗量，改善土壤水分条件。

⑤ 植树造林，防沙改土。

⑥ 改良品种调整种植结构等。

总之，田间工程规划内容繁多、措施齐全，采用哪种措施必须因地制宜、因时制宜和因条件制宜。这样才能取得较好的效果。这也是田间工程规划最重要的一项基本原则。

第二节　田间工程的具体规划

一、规划所需资料及精度要求

田间工程规划应具有地形、气象水文、地质及水文地质、土壤、作物、自然灾害及社会经济等方面的资料。以上资料应进行搜集调查或由有关部门提供。对所取得的资料都要认真进行分析、审核、整理。资料精度都要满足规划设计各工作阶段的要求。对于搜集不到的资料应根据工作要求还要进行补做，包括局部地形测量、各种试验参数及渠（沟）高程等。

（一）地形资料

地形资料为田间工程规划中最基本的资料，灌溉渠（沟）布置、土地平整及建筑物的修建都需要一定精度的地形图纸，因此，田间工程规划对地形图纸的要求比较严格，主要有以下 3 条。

① 地形图纸的精度必须达到国家规范规定的要求。

② 图幅内容要求显示地形、地貌、等高线、各级道路、铁路、各级河流、湖泊、沼泽、居民点、高低压输电线、行政区划、土地、作物分类界和重要的名胜、古迹、游览区、墓地、桥涵等建筑物的标志等。

③ 图幅比例应根据工作要求来确定，一般灌排渠（沟）布置可采用 1/1000～1/5000 比例尺，整体规划可采用 1/5000～1/10 000 比例尺，建筑物设计可采用 1200～1500 比例尺的各种图幅。对于特殊要求的图幅，如土壤图、水文地质图、土壤化学图、土壤盐渍度图及矿化度图等可根据工作具体要求提供。

（二）气象水文资料

气象资料应包括降水（含短历时暴雨）、蒸发、气温相对湿度、日照、风向风力、霜期、冰冻期和冻土深度等多项内容，资料精度应满足国家气象台站规范规定的要求。对于水文资料应包括地面径流量（含入境、出境水量）、河流含沙量和水质资料，精度同样应满足国家水文部门规定的要求，对于水质一项还应考虑国家环保部门的要求。

（三）地质及水文地质资料

地质资料要求提供岩土母质结构、性状、隔水层分布、埋深等基本资料，精度要满足分区规划和田间建筑物的设计要求。水文地质资料要具有地下水类型、含水层埋深、厚度、地下水动态、流向、补排条件及水质含盐量和水化学等方面的资料，精度要满足规划设计要求。

（四）土壤资料

土壤资料在田间工程规划中使用较多，用途较广，一般应包括以下内容。

① 土壤水分资料，如土壤饱和含水量、田间持水量、凋萎系数、土壤渗透系数、入渗速度、非饱和导水度及毛管水上升高度等。

② 土壤化学资料包括土壤 pH 值，全盐量，盐分组成及氮、磷、钾、有机质含量和水化学资料等。

③ 土壤物理资料包括土壤密度、孔隙度、颗粒组成以及结构、质地等资料。

④ 土壤剖面资料包括土壤表土、心土、底土的性状与特征等，并要求绘出土壤图、水化学图、矿化度图及土壤改良区划图等必要图纸。

以上土壤资料要求按照土壤勘查和试验等有关规定的精度提出，以满足工作要求。

（五）自然灾害资料

田间工程规划应具有旱、涝、盐、碱、渍等灾害发生的时间、年度、频度、范围、面积等基本数据和受灾减产程度。

（六）社会经济资料

社会经济资料包括人口、劳力、耕地面积、作物种类、复种指数、单产总产、副业生产、乡镇企业、人均收入、经济水平、行政区划界限、水利工程现状等情况，精度要满足工作要求。

除以上资料外，特殊需要的资料，如能源、电源、当地建筑材料、交通运输条件等则根据工作的需要而定，这里不再一一列举。

二、田间灌（排）渠（沟）规划

田间工程灌（排）渠（沟）包括斗、农、毛及以下的临时渠（沟）。

（一）斗、农渠（沟）规划

斗、农渠、（沟）为灌排系统末级固定渠（沟）道。以斗渠（沟）为田间末级渠（沟）道，还是以农渠（沟）为田间末级渠（沟）道，需根据灌区规模、机械化程度和形成的历史状况等情况来确定，就我国目前生产水平来看，一般多以农渠（沟）为田间末级固定渠（沟）道，农渠（沟）以下设置临时性渠（沟）。

斗、农渠（沟）布置，在平面上原则上应垂直于上一级渠（沟），以便形成方田，减少三角地，增加土地利用率和适应机械耕作。在地形上应按地面坡度和水流方向考虑，一般按单向和双向布置。单向布置适应于地面比较平整、坡度向一方倾斜的地形，特点是只能单一方向输水，渠（沟）配套后形成并排在一起的状况，因此，又将这种布置称为渠、沟相邻布置。这种布置当土壤渗透性较强时，因渠沟相邻，渠内用水常有部分水量渗入排水沟，降低了有效水的利用率，同时也增大了排水沟流量。此为该布置的缺欠。

双向布置适用于地形起伏不平的地区，可将灌水渠道布置在地形高处，下级渠道向两面分水，排水沟可布置在地形低洼处，承接两面的退水，这种布置称为双向布置。由于渠、沟不在一起故又称相间布置。这种布置较好地弥补了单向布置渠道渗水较多的不足。

由于实际地形比较复杂，在布置时，斗、农渠（沟）不一定都能形成90°角，稍加倾斜是允许的。但是倾斜角度不宜过大，以满足机耕作业的要求。在山丘区一般地形较陡，地下水位较低，在排水要求较低时，也可以将渠、沟合并，形成上灌下排，排灌合一的渠道。这种布置也可称为灌排合渠布置，其优点是占地少、工程量小；缺点是管理比较复杂。

（二）方、条田规划

方、条田又称田块，是田间末级渠道控制的面积，方、条田上的渠道一般包括毛渠、输水沟和灌水畦块，这些渠道均属于临时性渠道，随着每年耕翻或整地，可以调整或改变，这些渠道的布置应适应机耕作业、防护带和田面灌水的要求。

在实际工作中，方、条田的长度和宽度常常按照综合因素来考虑，如宽度按照各项因素的平均数来确定。长、宽度确定之后，渠道的布置可按纵向布置，即毛渠垂直于地形等高线，然后再由毛渠布置输水沟，由输水沟布置灌水垄沟或畦，形成毛渠平行田面水流；也可采用横向布置，即毛渠直接布置灌水沟或畦，省掉输水沟，形成毛渠垂直田面水流，这种布置适宜于地形平坦的地区。

我国灌区方、条田的长度一般为 500～800 m，宽度为 30～100 m。此数据可供参考。对于特殊地形的方、条田则依据具体情况进行处理，如黄河中下游沿岸淤灌区其放淤区田间工程布置田块面积一般从 200～300 亩到 1500～2000 亩，田块布置主要根据动水放淤或动静水相结合放淤的要求来考虑，田块形式多采用长方形，长边垂直于放淤渠道，退水直接进入排水沟，放淤口布置在来水的上方，排水口布置在田块的下方，放淤口的下游布置拦淤坝。另一种布置形式是田块长边平行于放淤渠道，进淤口布置在长边的上游并与放淤坝相结合，排水口布置在长边的下游，放淤后清水返回原放淤渠道。

实际工作中，田块的形状和长度主要取决于地形条件，田块的宽度一般依引水流量确定，引水流量要与放淤田面积相适应，据经验数据，引 1 个流量时控制淤区面积为 100 ～ 150 亩。

此外，水田田块和山丘区沟谷间田块其布置形式基本上与旱田田块相同，水田田块的区别只在于需要在条田内修筑田埂，形成格田以蓄水，一般格田的面积 3 ～ 5 亩，格田长度 60 ～ 100 m，宽度 20 ～ 40 m，面积大小随地面平整度而不同，格田的长边一般沿地形等高线布置，每个格田设一个进水口和一个排水口，避免串灌串排。对于山丘区沟谷间平地或小平原，根据种植作物的不同可布置成旱田或水田形式。在两岸的坡地可修成梯田。排水可修在沟谷中间。山丘区灌区由于地形多变，面积大小不一，所以田块内部渠道布置可根据具体情况进行，有时可以采取越级布置，以减少输水损失和工程量。

（三）平整土地规划

平整土地是改变农业生产条件的基础工作，也是节省灌溉用水的重要措施。在平整土地规划时应注意：紧密结合田间规划沟路林渠配套，避免返工浪费；要注意保持土壤原来肥力，尽量少打乱熟土层；要紧密结合当年生产，对地形复杂的地块应分阶段进行，做到先低标准后高标准，逐年达到规划要求；要留有一定的坡度以保证灌水畅通，一般旱田纵坡可采用 0.001 ～ 0.004，最大不超过 0.01，横向坡度应小于纵向坡度；对于水田，平后应基本达到水平，如为梯田可制成 0.1% ～ 0.2% 的反坡，以防止水土流失。

平整土地应在测量的基础上进行，首先确定平整田块各点的挖、填高度，然后计算平整工作量。在设计时一般将挖填方保持平衡，以减少动土工作量，同时要考虑运土距离短，线路布置合理，以便提高工作效率。平整土地的测量工作一般采用方格测量，方格的大小依地形的复杂程度和施工方法而定，比较平坦的地形，采用人工施工时方格尺寸可采用 20 m×20 m，地形起伏较大时可采用 10 m×10 m，如采用机械施工时，方格尺寸可选用 50 m×50 m，方格大小没有严格规定可视具体情况和平整度要求而定。具体规划可分方格中心法、方格角点法和田面坡度法等。

（四）田间道路规划

田间道路是农田基本建设的组成部分之一，随着农业机械化、现代化和村镇副业的发展，道路建设显得越来越重要。农村道路一般可分干道、支道、田间道和生产路等四级。干道和支道主要承担县、乡之间和乡、村之间的生产运输任务，路面较宽，级别较高，一般能保证载重汽车、联合收割机和大、中型拖拉机畅行无阻，田间道和生产路主要满足田间作业，要求级别较低，尤其是生产路主要为田间运输和管理使用，只要宽度能满足行车要求，对路面要求不高，就我国目前农村的情况来讲，一般均为土路。对农村道路规划的主要内容有以下几点。

1.路、林、沟、渠配置合理

田间道路一般和林带、渠、沟相结合。其布置原则是少占耕地、减少交叉、使用方便。机耕和田间道及林带一般沿支、斗、农级灌排渠、沟布置，路、林、渠、沟的配置既能发挥各自的功能，又能与耕作、灌排、管理相结合，使综合效益最高。下面介绍3种配置形式供参考。

①"沟－渠－路"配置形式。道路布置在田块上端，位于灌溉渠道一侧，另一侧紧靠田边，机械可直接进入田间，道路扩宽不受限制，但须跨越农渠，需要修建较多的小桥涵，另外渠沟太近，易出现渗流损失。

②"路－沟－渠"配置形式。道路布置在田块下端，位于排水沟的一侧，道路与农沟交叉需建桥涵，渠沟相邻，依然未解决渗流损失问题，但道路紧靠排水沟，有利于路面排水。

③"沟－路－渠"配置形式。道路布置在田块下端，位于渠、沟中间。道路与渠沟交叉，今后扩宽困难，但解决了渠沟相互渗透问题。

以上配置形式各有优缺点，具体配置时必须抓住主要矛盾。平原地区，地势低平，主要矛盾是排涝，应首先考虑排涝沟的布置，以排水系统为基础再结合布置灌溉系统和各级道路。对于丘陵山区，主要矛盾是灌溉，应首先考虑灌溉渠道，然后再配道路。对于先有路、后有渠的情况，应尽量使路、林、渠、沟配置合理。

2.道路标准选择适宜

田间道路建设的标准，可参考交通部门有关规定。对有特殊运输任务的农村道路，路面宽度还可根据具体情况处理或参照国家公路规范决定。

3.道路结构要经济合理

道路结构包括道路宽度、高度、直线长度、弯道半径、纵横坡度、厚度及路面建筑材料种类等，在规划设计时，要避免低级别高标准情况的出现，造成资金上的浪费。

4.田间道路规划应注意的问题

① 道路规划要联结成网，使各级道路相互衔接，避免出现断路现象，以满足畅通要求。

② 设计线路宜短、平、直，尽量减少交叉工程，尽量降低造价。

③ 路面设计以实用为主，可先低后高，逐渐达到高标准的要求。

④ 尽量做到沟、渠、路结合，利用沟渠土方筑路，减少修路的工程量。

（五）田间防护林带规划

田间防护林带规划主要包括确定林带的走向、结构、宽度、高度及选择树种等项内容。

1.林带走向

林带走向用林带方位角（林带和子午线的交角）表示。林带和主风向垂直时，其防护效果最大，当风向偏角小于30°时，对防护效果影响不大；当风向偏角大于30°时，防护效果大幅降低。因此，防护林带规划应垂直主风向，并以此确定林带的走向。在灌区配置林带时，除考虑主要风向外，还应结合固定渠（沟）配置。在风沙比较严重的灌区，在不影响水流的条件下，田间渠（沟）可以随林带走向设置。县级以上道路，一般以路为主配置林带；乡镇以下的道路特别是风害严重的村级道路，也可以林带为主配置。

2. 林带结构

林带结构指林带内树木枝叶的密集程度和分布状况，由造林的密度（株、行距）、宽度和树种搭配方式决定。通常按其通风透光的特点将林带分成以下3种结构类型。

① 紧密结构。它是一种多树种（乔木、亚乔木和灌木）、多层次的宽林带。由于该结构高矮林冠相互搭配，从上到下形成一道林墙，透风程度很差，大部分气流通过林冠上部绕行，使得在林带背风面形成一股猛烈下降的气流冲击作物。这种结构不仅未起到防风作用，反而还会对作物带来危害，一般农业地区不宜采用。

② 疏透结构。它是由乔木和灌木组成的适当宽度的林带。这种结构通风透光较好，气流一部分通过林冠绕过，另一部分穿越林间通过，在背风林缘处由于两股气流相撞，形成许多小旋涡，使风速大为减弱。故该结构防风效果较好，适用于农业地区。

③ 通风结构。它是由单层或两层林冠组成且林带较窄的结构。绝大部分风通过树干穿过，通风透光能力很强，适用于风沙危害较轻的地区。在林带规划中，林带结构的通风状况常以透风系数和疏透度来评价。

3. 林带宽度

林带宽度对防护效果影响的物理机制比较复杂，林带背风气流的扰动和动量的垂直传输与林带宽度有关，林带宽度又影响到透风系数或疏透度，也就影响到防护效果。因此，并不是林带越宽越好。一般认为林带宽度对防护效果有一定的影响，但宽高比较小时不很明显，而在宽高比很大时（≥5H）才明显地表现出来。所以，只要有适当的透风系数或疏透度，林带宽度可以在很大的范围做适当调整，由几行到十几行均可取得较好的防风效果。

4. 林带高度

在林带透风系数和其他特征相同的条件下，其林带高度不同，防护效果也不同，一些资料表明，林带高度与防护距离的平方成正比。因此，应尽量选择高大的树种作防护林带。

5. 林带横断形状

在造林中由于乔木、亚乔木和灌木相互搭配方式的不同，因而形成不同的横断面形状，常见的有矩形、等边或不等边三角形、梯形、屋脊形和凹槽形等，横断面形状不同，防风效应也不同。

据试验资料显示，不同结构林带有各自最优断面形状。紧密结构以不等边三角形断面形状防护距离最大，2 m高度为48H；以长方形断面形状防护距离最小，仅为35H。疏透结构以矩形断面形状的防护距离最大，为50H；凹槽形防护距离最小，为42H。通风结构以正三角形防护距离最大，为60H；凹槽形最小，为50H。

6. 造林树种

我国地域辽阔，造林的树种较多，选择树种最重要的条件是适应当地气候和土壤条件。除此之外，要根据治理目的选择相应的树种，选择时应注意生长速度和经济价值，尤其对林、粮兼作地区更应考虑经济价值较高的品种。

通常，对于沟、路、渠、田的防护林带，应以生长快防风效果较好的阔叶乔木为主，兼种一些亚乔木和灌木；对于丘陵沟壑区，应以根系发达枝叶茂的水土保持林为主；对于盐碱土地，应选择耐盐碱的树种，如苦楝、泡桐、红树林等品种；对于大面积营造片林，特别注意选好当家品种，然后适当考虑用于药材、绿肥等经济品种。

7. 农田防护林规划举例

内蒙古河套灌区属于黄河淤积平原，灌区北靠狼山，南临黄河，西与乌兰布和沙漠相接，东到包头市郊区，总土地面积 1784.6 万亩。区内土层深厚，土壤肥沃，但降水稀少，农业发展靠引黄灌溉。区内布置的总干渠、总干排均沿东西走向，干渠和排干沟接近南北走向，总干排堤坡外每侧 60 米为预留地，为造林带，干排渠堤外每侧 20～50 m 为造林带，两渠间距为 2～7 km，干渠以下设六级渠道均预留造林地。区内风大沙多盛行西南干热风，年降水量不足 200 mm，土壤次生盐碱化十分严重。

① 带向。干渠每侧配置林木 10～20 行，宽 20～40 m，与东西走向的总干渠、总排干、铁路及公路形成基干林网。基干林网内的农田防护林带与灌溉渠和道路结合设计。林带配置以农田基本建设规划为主，主林带配置在垂直于或近似垂直于主风害的灌溉渠道上，以及与之平行的排水沟和道路上。

② 带向间距。取 15H～20H（带高）。由于林带垂线方向和主要风向的偏角较大，实际有效防护距离缩小，且这里的多年平均最大风速较大，以降低风速 30%～50% 计算较为合理。林带成林高度为 13～15 m，主林带距为 250～300 m，当渠道排水沟的距离过大时，可在与之平行的机耕道和毛渠固定边坡上增设附加林带副林带距为 400～600 m，沿农渠（或斗渠）设置。

③ 林带结构和宽度。因带距较小，林带透风系数可保持在 0.4～0.5，疏透度在 0.2 以下，以疏透结构和通风结构为宜，也可作紧密结构林带以防沙为主。主带 4 行 8 m，副带 2～4 行、4～8 m，附加林带 2～4 行。为排除沟道渗漏，降低地下水位，防止土壤次生盐碱化，采取支（沟）每侧配置 5～10 行，宽 10～20 m。

④ 林带树种。根据当地气候、土壤条件，树种选择具有耐旱抗盐碱性能较强的小叶杨、箭杆杨、旱柳等品种。

（六）居民点规划

新建灌区和老灌区改建都要兼顾居民点规划，以便合理布置渠系、扩大耕地面积增加土地利用率。新建改建居民点必须从有利于生产出发紧密结合水源、电源、生活和方便管理等多项因素进行规划，因此，必须注意以下几点。

① 居民点应统筹安排，全面规划，以生产为中心，讲求经济效益。

② 从实际出发，强调少占耕地或不占耕地利用沙荒地、瘠薄地和废弃地兴建居民点。

③ 居民点位置以方便安全为主，妥善安排人、畜供水和防洪问题，对易受洪满威胁的地区修建居民点应采取相应的防治措施。

④ 新建改建居民点应按国家规定的有关政策进行，各种设施和配套建设均应考虑

长远发展的要求。

⑤ 居民点建设应以改建为主，新建为辅，分批分期进行，达到工省效宏的目的。

第三节　田间工程的计算与设计

一、田间排水沟（管）的调控作用

田间排水沟（管）是排水系统中的末级固定沟道，它直接起到调节土壤水分或降低地下水位的作用。田间排水沟（管）的计算主要是确定排水沟深度和间距。排水沟深度和间距与排水期间的降水历时、降水过程、土壤蒸发、入渗、大田蓄水能力、田面水层形成、地下水补给源类型、作物淹水深度及耐淹时间等多种因素有关，因此，排水沟深度与间距是多种因素的函数，可写成 D 或 $L = f(\sum u_i)$。其中，u_i 为影响排水沟深度和间距的各项因子。

（一）排水沟深度与间距之间的关系

① 当排水沟深度相同的情况下，排水沟间距越小，水位下降速度越快，下降值越大；反之间距越大，水位下降越慢，下降值越小。

②来越当排水沟间距相同时，沟深越深，水位下降速度越快；反之沟深越浅，下降速度越慢。

③ 在允许时间内要求地下水位下降埋深一定时，排水沟间距越大，需要挖深越大；反之间距越小，挖深也越小。

④ 在土壤渗透系数越大、含水层厚度越大、给水度越小时，排水沟的间距越大；反之土壤透水性越差（如黏性土）、含水层厚度越小、给水度越大时，排水沟间距应越小。因此，对于排水沟（管）的设计，当已掌握这些基本关系以后，应根据实际情况加以确定。

（二）排水沟深度的计算

排水沟深度可用式（6-1）计算：

$$H = H_k + \Delta H + h_0 \tag{6-1}$$

式中，H 为排水沟深度（m）；H_k 为地下水临界深度（m）；ΔH 为排水沟间地下水位差（m）；h_0 为排水沟内静水深度（m）。

二、田间暗管排水工程设计

田间暗管排水已经广泛运用于低洼易涝地区和盐碱土地区。田间暗管排水主要的优点是排水效果显著、施工土方量小、土地利用率高、肥料损失量小及使用年限长等，尤其是近年来采用机械铺管，速度快、质量好、工期短、效益高。存在的主要问题是一次性投资较高，单位亩投资较大，维修养护困难。田间暗管排水工程设计主要包括管道布置、间距计算、管径与管材选择及组织施工等项内容。

（一）暗管排水管道布置

暗管排水的管道布置一般根据地块形状分为规则形布置与不规则形布置，在两种布置中又分为管道一级和二级布置。

1. 规则形布置

规则形布置分一级布置和二级布置。一级布置即在田间布置一级吸水管，吸水管出口排入明沟，又称单级暗管排水。二级布置即在田间同时布置吸水管与集水管路，吸水管承担排除土壤水分或降低地下水的任务，为暗管的主要排水部分。集水管担负输水任务，接受吸水管排出的水流后输入明沟或下一级输水管道。

2. 不规则形布置

当地块形状比较复杂时，可根据地块和地下水补给情况布置管道，将呈现不规则的形式，如对称形、不对称形、人字形等。管道的级数可为单级、二级或多级。

① 管道布置应紧密与灌溉系统、上地利用系统、道路和林带相结合，其中吸水管布置应尽量避免与道路、渠道交叉，避免与灌渠和排水沟邻近平行，集水管（相当于排水农沟）的长度和间距应适应排水与机耕的要求，一般可控制在 400～1000 m，间距可取吸水管长度的 2 倍，集水管设计纵坡一般要比明沟设计纵坡大，因此，在低平地区经常没有足够的坡度可以利用，故集水管的级数尽可能不要超过 2 级，布置多级集水管，一般需配置集水井，因而将增加排水费用。

② 在排水地区，对地表水或外来水最好采用明沟排除。如果采用管道排除时，应当自成系统排入明沟，切忌与暗管排水系统连接，以免增加暗管排水管径。对外来明水一般可采用截水明沟排除；外来地下水也可用截水暗沟或设置乙稀薄膜截水墙拦截后排除。

③ 吸水管长度一般可取 200～250 m，同时应选择较适宜的比降。当地面比降为 1250 时，管线宜采用纵向布置；当地面坡度大于 1100 时，管线宜采用横向布置；当地面坡度在 1100～1250 时，管线宜采用斜向布置。吸水管的下游侧应规定出高程，以便和集水管的坡度相接和不影响集水管排水。

④ 对集水管闸阀、检查孔和出水口设置。一般采取集水管改变纵坡或计划建落差工程的地点设置检查孔，以减缓流速和沉淀泥沙，或是在吸水管与集水管汇流处布置检查孔，用以维修管道或兼作沉沙；对闸阀的布置，一般确定在吸水管的末端，用于控制排水或调节田间水分；对于出水口的布置，一般应选在天然河流或排水没有障碍的沟塘，当出水口受外水位影响时，应设置逆止阀或自动阀门防止外水倒灌。

⑤ 对于采用机械施工的暗管排水系统，在暗管埋深设计时，除去要考虑排水的要求外，还要考虑施工机械挖深的能力。

（二）暗管排水埋深和间距计算

暗管排水田间末级吸水管的埋深可按式（6-2）计算：

$$D \geqslant H + \Delta h + \frac{d}{2} 。 \qquad (6\text{-}2)$$

式中，D 为排水管道设计深度（m）；H 为作物要求的排渍深度（m）；Δh 为相邻排水管中点稳定的地下水位与管中心水位的差值（m），一般可取 0.2～0.3，或据试验给出；d 为排水管直径（m）。

（三）暗管管径计算

暗管埋深与间距确定以后，管径尺寸可通过水力计算确定。暗管的水流一般是无压流，在局部低地、穿越道路等处深埋的管路中，可能出现有压管流。吸水管和部分集水管的水流由于逐渐增加属于非均匀流，部分集水管和输水管的水流属于均匀流。在比降相等的条件下，非均匀流出流量是均匀流出流量的 1.75 倍，即 $Q_{均匀}=0.57Q_{非均匀}$，所以暗管设计按均匀流考虑是偏于安全的。

在实际工作中，由于管道在运行中会产生淤积和化学沉积现象，因而在确定管径时常考虑一定的安全系数，其大小决定于管道的铺设质量和防沙能力，一般对于集水管以上较大的管径，安全系数可取 75%。对于较小的吸水管可取 60%。

（四）管材、管件及配套工程

1. 管材

用于暗管排水的管材有混凝土管、陶管、塑料管、石棉水泥管、金属管、沥青纤维管及无砂混凝土等。混凝土管多用于管径较大的输水系统，一般管径大于 15～20 cm 时选用此种管材较为合适。混凝土管造价较高，耐腐蚀性不如陶管。陶管用于排水，成本低廉，耐腐蚀，抗冻性强，但强度较低。陶管常做成直径 5～15 cm，长 30～30 cm、壁厚 1.0～1.5 cm 的短管，其接头做成平口对接、承插接或套接，通过管外滤料从接口渗入管内起到排水作用。

塑料管品种、规格较多，有聚氯乙烯管（简称 PVC 管）、聚乙烯管（简称 PE 管）等。塑料管常做成光壁管和波纹管两种。光壁管长度一般不超过 6 m，波纹管常卷在直径 80 cm 或更大的转筒上，每卷长度因直径而异，直径 5 cm 时每卷长度 200 m；直径 10 cm 每卷长 100 m。波纹管与光壁管相比，用材省、抗压强度高，挠性好，适于无沟铺管技术，缺点是水流摩阻力较大，在排水相同的条件下，管径较光壁管增大 25% 左右。塑料管由于有重量轻、长度大、运费低、铺设方便等优点，已成为排水的主要管材。

近年来，又发展了塑料片，片上冲有进水孔眼，使用时将塑料片安置在排水机械上，机械上设有加工成管的设备，施工时随着机械边挖沟边铺管，大幅减少了运输费用。除以上管材外，石棉水泥管和金属管使用也较普遍，但造价偏高；沥青纤维管和无砂混凝土管是较新产品，目前使用尚未普遍。

2. 管件

管件指连接管子的各种连接件，包括三通、四通、弯头、套管、出水口和拍门等。排水管件连接大部分设计成承插式和套管相接，对有压管道设计成法兰相接。管道连接最重要的是规格、尺寸必须一致，其次是注意管件连接的技术要求与操作规程。采用套管连接可以防止陶管接口错位，并保证每米长的排水管有 30 cm 的透水面积，套管可用聚氯乙烯塑料制造，中部有聚氨酯泡沫滤水层，套管直径可以满足 50～100 mm 的陶管需要，可以广泛用于各类土壤，在有沉陷的泥炭土上使用，也表现有良好的适应性。

3.配套工程

暗管排水的配套工程包括检查井、沉沙池、集水井等工程。检查井用于检查排水管道的淤积、堵塞和清洗管道使用，一般布置在管道的交叉处还可兼作沉沙用，检查井一般采用装配式混凝土构件，上部可制成明式或暗式，下部井底应低于排水管道，井底高程应低于冻土深度。

沉沙井专门用于沉沙使用，当排水系统包括排除地表水时，应考虑设置专门的沉沙井，否则检查井一般即可兼作沉沙井，专门的沉沙井在井口应设栏栅，井身结构可采用混凝土装配式或砖石砌筑。

集水井用于地势低平，集水管出口不能自流排水，必须设置集水井进行抽排。集水井应根据排水流量和排水间歇时间来进行设计，集水井所需容积较大，一般采用现场浇筑混凝土修建或采用预制大管径圆管（直径 1.5～2.0 m）制成。在修集水片时，应同时考虑抽水装置和电源配套设备，以保证集水井使用和运行。

4.滤料和外包料

滤料和外包料的作用是放置在暗管衔接或管身周围，以提供透水通道和防止沙粒进入管内。滤料和外包料的种类有很多，如砂粒碎石、纤维织物、苇席、麻袋布、稻草、稻壳、棕榈皮及植物的秸秆等。滤料和外包料应以当地材料为主，以达到实用经济的目的。采用砂石作外包料时应密切和排水管底土相配合，做到级配良好，起到较好的渗透作用。采用其他材料作外包料时，要考虑排水管道的缝隙和孔径的大小，以免细颗粒土壤进入管内。

滤料和外包料的厚度，砂石料可取 10～12 cm，锯末和木屑可取 15 cm，化纤材料如塑料球不超过 10 cm，其他材料可因实际情况而定，一般滤料和外包料很难做精确计算，在实际工作中多以经验确定。

（五）暗管排水施工

暗管排水施工与明沟排水施工程序大体相同，即定线测量后开始挖管沟，然后安装暗管与铺滤料，最后回填管沟和修建配套工程。在我国，暗管施工仍以人工为主。暗管施工质量是保证暗管排水成败的关键，近年来，总结暗管施工中存在的主要问题是有以下几个。

① 定线质量不高，开挖沟线纵坡不平。

② 底土未加夯实或夯实不够，埋管后沉陷不均，甚至导致管路折断。

③ 滤料和外包料不按规格要求铺设，运行后产生堵塞导致降低排水效果。

④ 管道埋深开挖不足，降低了设计标准等，因此，强调暗管施工质量是保证暗管排水的重要内容。对有条件的地区今后应大力推广采用机械施工。

（六）鼠道排水

鼠道排水是一种不衬砌的地下沟，用鼠道犁拉成。与暗管相比其费用较低，有时在暗管排水效果不大的情况下，采用鼠道排水效果却较好。鼠道排水适合于在耕作层附近有一层黏性土的情况，否则便不能形成鼠道。一般要求在土壤渗透系数低于

1×10^{-5} cm/s 时，可以考虑修建这种工程。

鼠道的布置间距一般为 $2 \sim 3$ m；埋深 $0.3 \sim 0.4$ m。鼠道排水也可作为暗管排水的辅助工程。鼠道排水易受损坏，寿命较短，一般可保持几年或十几年。对于鼠道排水的设计、施工及如何延长鼠道的使用年限，目前资料尚不多，但这种工程已经引起人们广泛的注意。

第四节　井灌井排工程规划设计

一、水井的类型和结构

由于不同地区地下水的埋藏条件、补给条件、开采条件和当地的经济技术条件的不同，地下水开采利用的方式和取水建筑物的形式也不相同。经综合归纳大致可分为垂直采集工程，如管井、筒井和筒管井等；水平采集工程，如集水暗管、坎儿井、截潜流工程等；联合采集工程，为了增加地下水的出水量，有时采用垂直和水平两个方向相结合的取水方式，如辐射井、虹吸井等。

下面主要介绍应用最广泛的垂直采集工程。

（一）水井类型

1. 按水井构造分类

水井按结构形式区分，可分为管井、筒井和筒管井。

① 管井。直径较小，一般小于 0.5 m，深度较大，井壁采用各种管子（钢管、铸铁管、混凝土管、石棉水泥管等）予以加固，这种井型统称为管井。它必须使用机械施工和机泵抽水，故又称机井。用于农业灌溉与排水及供水的机井，称为农用机井。

② 筒井。一般是指井深较浅、井径较大，用以开采浅层地下水的垂直取水建筑物。筒井的井深一般为 $6 \sim 20$ m 深的可达 30 m，井径一般为 $1 \sim 2$ m，形似圆筒，故称为筒井。有的地区筒井直径达 $3 \sim 5$ m，最大者至 12 m，故又称大口井。井壁用砖石等材料衬砌，有的采用预制混凝土管作井筒。筒井具有结构简单、就地取材、检修容易等优点。但由于井径大，所需材料和劳力也较多，施工困难。因此，多用于开采浅层地下水。

③ 筒管井。当地下水埋藏较深，为了增大出水量，在含水层较厚或隔水层以下有承压含水层的条件下，在筒井底部钻孔下管至不透水层或穿越隔水层汲取承压含水层的水，这种井称为筒管井。

2. 按井底坐落位置区分

根据贯穿含水层的程度可分为完整井与非完整井。

① 完整井。井身穿过一个或几个含水层，井底坐落在不透水的隔水层上，水由井壁进入井内，井底坐落在第一个隔水层上以提取潜水的井称为潜水完整井；井底坐落在第二个或以下各个隔水层上以提取层间承压水的井称为承压完整井；以提取潜水和

承压水的井称为潜水承压完整井。

② 非完整井。非完整井指井底坐落在含水层内的水井（即井未穿过含水层），如井底坐落在第一个含水层内以提取潜水的水井称为潜水非完整井；再如，坐落在以下各个含水层内，则称为承压非完整井。

3. 按井口封闭情况分

根据井口情况可分为敞开井和封闭井。

① 敞开井。敞开井是指井口不封闭，保持井孔与大气接触的水井，如管井和筒井等。

② 封闭井。封闭井又称真空井，井头封口，隔绝井孔与大气的接触，井壁管即是抽水进水管，故又称井泵对口抽。它具有出水量大、水头损失小和抽水成本低等优点。开发地下水，应因地制宜根据适用条件选择井型。

（二）水井结构

水井的结构选型主要根据水文地质条件、施工方法、提水机具和用途等因素。以下只介绍管井和筒井的结构。

1. 管井

管井的结构大体上可分为井口、井身、进水部分和沉砂管等四部分。

（1）井口

通常将管井上端接近地表的一部分称为井口，又称井台，起到连接井身和上部机电设备的作用。井口并非管井的主要结构部分，但设计施工不当，会给管理工作带来麻烦，甚至要影响整个井的质量和寿命，因此，在设计时应注意以下几点。

① 管井出口处的井管应与水泵的泵管紧密连接，以严防污水或杂物入内，而且便于安装和拆卸。

② 井台要有足够的坚固性和稳定性，以防因承受机泵等的重量与震动而产生的不均匀沉陷。

③ 在井管的封盖法兰盘上，或在泵座的一侧，应预留有 $\phi 30 \sim 50$ mm 的孔眼，以便在管理期间观测井中静、动水位的变化。而此孔眼要有专制的盖帽保护，以防杂物掉入而失效。

（2）井身

通常将井口以下至进水部分的一段井柱称为井身，即安装在隔水层处或者不拟开采的含水层处的实管，也称井壁管。如果管井是多层取水，则为对应各隔水层部分的分段井柱。井身并不要求进水，虽是管井的过渡段，但其长度所占比例较大，在设计施工中是不应忽视的。井壁管一般采用钢管、铸铁管、石棉水泥管和塑料管等管材，在水井中起到支承上部结构和连接上下部分的作用。

（3）进水部分

进水部分指安装在设计开采的含水层处的透水管，在水井中起到汇集水量的作用，是管井的核心部分。其结构合理与否，直接影响着管井的出水量与使用寿命，应给予足够的重视。滤水管可采用钢管、铸铁管、石棉水泥管、混凝土管等作为骨架管，外缠裹料而成，或采用砾石水泥管。滤水管的安装长度，应按照当地水文地质条件和开采的含水层厚度而定。滤水管的类型较多，用前常用的是以下两种。

① 水泥砾石滤水管又称无砂砾石管。水泥标号视井深情况而定，在深度不超过 60 m 时，可选用 400# 水泥；超过 60 m 时，应选用 500# 水泥。影响滤水管质量的另一因素是要控制水灰比，加水量大要影响透水性能；加水量小则要影响管子的强度。经实践证明，水灰比的选定应根据骨料粒度大小及管井深度而定，一般在 0.28 ～ 0.38（重量比）。灰（水泥）砾（骨料）比，约为 1.0∶4.5。管子两头接口部分的灰砂比应为 0.3 ～ 0.5。

② 裹料滤水管，即缠丝包网滤水管。在井管上按一定规格设置孔眼，称为花管。在花管上缠丝的称缠丝滤水管。缠丝材料有镀锌铅丝、铜丝或塑料丝等。在花管上包网而成的称为包网滤水管。包网材料多采用铁丝网、棕皮或铜丝网等。花管上打上或预留的孔眼率应根据不同管材而定。经实践证实，花管要求圆孔或条形孔的孔隙率，钢管为 30% ～ 35%；铸铁管为 25% ～ 30%；石棉管、混凝土管为 20% 左右。

③ 滤料的设计。滤料，即填砾，是充填在滤水管外围和含水层之间的透水介质，起着透水阻沙的作用，是决定管井成败的又一关键部位。由于滤料可以增入滤水管周围的有效孔隙，减少进水时的水头损失，防止水井淤积，增大管井出水量，延长使用年限。所以选择滤料应遵循一定的原则，即所选用的滤料，在洗井时应能将水井周围含水层的额定部分细粉砂滤出；在正常抽水时，要使砂粒不再自由游动。

（4）沉砂管

管井最下部装设的一段密实管为不进水的井管，称为沉砂管。它的作用主要是为在水井运用过程中，使随水带入井内而又未能随水被抽出的砂粒沉淀在该段管内，以备定期清除。如果不设沉砂管，便有可能使沉淀的砂粒逐渐淤积滤水管，使滤水管的过水面积减小，从而增大了进水流速和水头损失，相应也增加了抽水扬程，或减小管井的出水量。

2. 筒井

筒井的结构包括井台、井筒、进水部分 3 个组成部分。

（1）井台

位置筒井的地上部分，一般高于地面 0.5 ～ 1.0 m，用于保护井身，防止污水杂物进入井内，并安放提水机具。井口周围应用黏土层封固，其上以石块或沙子铺成半径大于 2.0 m 的斜坡，坡面用水泥砂浆护面，以便排除积水。

（2）井筒

井筒也称旱筒，是含水层以上的部分。井筒的上部和井台都不允许透水。为了承受上部压力，以防井壁坍塌，必须有足够的强度，应视岩层或土层的坚固程度，可部分或全部予以衬砌加固。

（3）进水部分

埋藏在含水层的部分，故也称水筒，是筒井中最主要的组成部分。地下水自含水层通过水筒壁（非完整井还通过井底）进入井中。例如，筒井采用砖石结构，则进水部分的井壁要用水泥砂浆砌筑，并在适当位置布设专门的进水孔。再如，采用预制的混凝土管作井筒，其进水部分则是预制的多孔混凝土管，其质量和要求类似管井。筒井的深度小，其出水量有一定的限制。为了增加水井的出水量，在含水层较厚或隔水层以下有承压含水层时，可以在筒井底部打管井至不透水层或穿越隔水层达到承压水层，即成为筒管井。

二、井灌区规划

井灌区规划应在农业区域规划和流域综合利用各种水资源规划的前提下进行。规划前，对规划区内与规划有关的自然条件和技术经济条件进行全面的调查研究，并在地下水资源评价的基础上，针对主要规划任务，进行综合规划。最后通过方案比较，选定最优方案。

在制订地下水开发利用规划时，应根据各含水层的可开采量，确定各层水井数目和采水量，做到分层取水，浅、中、深合理开发利用。在进行水量供需平衡计算时，应考虑以开发浅层地下水为主，控制开采深层承压水，以防止因深层地下水严重超采而造成水环境问题。

（一）井型的选择

选择井型主要根据当地水文地质条件和技术经济条件、计划开采含水层的位置和埋深而定。

① 含水层埋藏在 5～30 m 或至 50 m 时，且多为潜水含水层，可采用直径为 0.5～1.5 m 的筒井开采。例如，含水层厚度较大或富水性较强，则宜用大口径开采，其井径常为 2～3 m，甚至 5～10 m。

② 含水层埋藏深度大于 50 m 以上时，不管是潜水或承压水，以采用管井为宜。

③ 如上层潜水含水层的富水性较差或较薄，而下部有良好的承压水含水层且水压较低，为了增大水井出水量，可采取混合开采，如下部承压水的水头很高，但富水性较差，则上部可建成不透水的大口井，以蓄积承压水。这几种情况都可采用大口井（筒井）与管井的联合井型。

（二）井距与井数的确定

在井区规划中，井距过小，会引起机井之间的相互干扰；井距过大，又会使作物灌溉得不到充分保证。因此，要合理确定井距，是一个十分复杂的问题。

1. 井距

① 井群的井距。井群是集中开采地下水，其井距应允许机井之间有干扰，但需在合理范围之内。这要视具体情况而定，常通过抽水试验资料做出方案比较，从中择优而定。

② 井网的井距。井网是机井之间一般不受干扰或干扰较小，且大面积分布的灌溉系统。故在初选井距时，可先按不同井型的单井灌溉面积或单井灌溉半径计算，然后再按影响半径、干扰系数等情况调整。

2. 井数

在地下水补给量不能满足灌溉用水需要的地区，应根据各含水层允许的开采（即每年单位面积可以开发利用的地下水量）和每眼水井出水量来确定单位面积上的井数和井距。按平均受益的原则，在大面积内均匀布井。

（三）井群与井网的布置

在规划井群与井网布置时，应考虑以下几点。

① 为减少井间抽水干扰，井群的布置应考虑含水层与地下水流向。沿河地区应直线型布井；古河道和山前溢出带的附近，井群布置方向多垂直或斜交地下水的流向，以加大其补给带的宽度。地形平坦且含水层分布较广阔的大型井灌区，机井多布置成梅花形井网。

② 地下水丰富地区，一般将井布置在灌溉田块的中间，以减少输水损失，加快灌水速度。当地形为坡面时，井位要布置在灌溉地段的上端，以减少渠道的填方量。

③ 井群布置要考虑低压线路和变压器的布设，要使线路最短，电压降最小。

④ 井位布置还应考虑到沟、渠、路、林的综合利用，力争做到沟、渠、路、林、井、电（输电线路）六方协调安排。进行规划布置时应立足于有利灌排、有利机耕、有利交通运输、有利发展农村电气化及促进实现田间园田化建设。

（四）井灌区的渠系布置

井灌区的渠系布置与渠灌区的田间渠系基本相似，但由于机井出水量较小，单井灌溉面积不尽相等，各井独立一套渠系，所以又与渠灌区田间渠系不完全相同。

目前北方地区的井灌区，方田多控制在 200 ～ 400 亩，少数达 500 亩，条田多为 30 ～ 60 亩，条田长度视当地农机类型而异，中型农机不宜小于 300 ～ 400 m，小型农机 200 m 左右，条田宽度要适于农机具和灌水技术的要求。

井灌渠系根据单井控制范围，一般为二级或三级到田，如单井灌溉面积在 200 亩以下，多采用干、支两级，即相当于渠灌区的农、毛渠；当单井灌溉面积增至 200 ～ 500 亩，甚至更大时，则采用干、支、毛三级，即相当于渠灌区的斗、农、毛渠。一般是一眼井一条干渠，向两侧或一侧再垂直分出若干条支渠。支渠向一边分水，其间距一般为 50 m 左右；向两侧分水时，间距为 100 m 左右。

当井灌区地形坡度比较平缓（约 1/300 ～ 1/1000）时，一般多采用纵向布置形式，如灌区地形坡度较陡，达 1/300 以上时，则多采用横向布置形式，为了减少渠道渗漏损失，井灌区的固定渠道应做好衬砌防渗工作，或采用地下输水管道系统。

井渠结合地区，井灌与渠灌应结合为一套系统。井灌可利用渠灌的农（斗）渠作为干渠，毛渠作为支渠。渠灌区的渠道断面较大，各井水量入渠后应统一调度分配使用。

三、竖井排水

通过竖井排除地下水、降低地下水位的措施，叫作竖井排水。竖井排水与明沟排水和暗管排水相比具有以下优点。

① 可以与井灌相结合，这是目前我国竖井排水的主要方式。

② 通过长时间抽水，可以大幅度降低地下水位，单井可以控制较大的面积。

③ 在有条件地区，可以与人工补给相结合，改造地下水质。

④ 竖井排水不需开挖大量明沟，也不需铺设稠密的管道。

由于具备以上优点近年来竖井排水发展很快，尤其是井灌井排相结合的方式在北方平原地区已成为综合治理旱、涝、渍、碱的有效措施，在我国北方易旱、易涝、易碱地区有着广泛的发展前途。

（一）竖井排水的分类及其适用条件

1. 抽水井

在因降水和灌溉入渗补给，引起潜水位过高和土壤过湿的情况下，应在潜水含水层中打井抽水以降低潜水水位。其适宜的水文地质条件是有以下两条。

① 浅层地质为透水性较好的单一构造。

② 浅层地质为成层构造。要求：表层土透水性较好，或为不厚的弱透水层；含水层富水性较好，若为承压含水层，承压水位不宜高于潜水位；隔水层的越流补给系数较大，抽水时能形成向下越流补给。此外，在受邻近地区的地下水侧向补给而引起局部地带沼泽化和盐碱化时，可在地区来水方向的边界打井抽水，以断绝其补给来源。

2. 减压井（自流井）

当承压水头较高并越层补给潜水，使地下水位过高时，可凿井入承压含水层内自流排水以减少承压水对表层的越流补给，降低潜水水位。

3. 吸水井（倒灌井）

当排水地区离容泄区较远，而在潜水底部的隔水层以下有透水性良好、厚度较大的沙砾层或有溶洞存在，且水位低于潜水位时，可打井穿透隔水层，使潜水通过水井向下排泄，这类井称为吸水井。

（二）竖井排水的作用

1. 降低地下水位，防止土壤返盐

在井灌井排或竖井排水过程中，由于水井自地下水含水层中吸取了一定的水量，在水井附近和井灌井排地区内地下水位将随水量的排出而不断降低。地下水位的降低值一般包括两部分：一部分是由于水井（或井群）长期抽水，地下水补给不及，消耗一部分地下水储量，在抽水区内外产生一个地下水位下降漏斗而形成的，称为静水位降；另一部分是由于地下水向水井汇集过程中发生水头损失而产生的。距抽水井越近，其数值越大，在水井附近达最大值，此值一般在 3～6 m 以上。在水井抽水过程中形成的总水位降为动水位降。

由于水井的排水作用，增加了地下水人工排泄。地下水位的显著降低，有效地增加了地下水埋深，减少了地下水的蒸发，因而可以起到防止土壤返盐的作用。

2. 腾空地下库容用以除涝防渍

干旱季节，结合井灌抽取地下水，不仅可以防止土壤返盐，同时由于开发利用地下水，使汛前地下水位达到年内最低值，这样就可以腾空含水层中的土壤容积，供汛期存蓄入渗雨水之用。地下水位的降低，可以增加土壤蓄水能力和降雨的入渗速度。由于降雨时大量雨水渗入地下，因而可以防止田面积水形成淹涝和地下水位过高造成土壤过湿，达到除涝防渍的目的。同时，还可以增加地下水提供的灌溉水量。

3.促进土壤脱盐和地下水淡化

竖井排水在水井影响范围内形成较深的地下水位下降漏斗。地下水位的下降，可以增加田面的入渗速度，因而为土壤的脱盐创造了有利条件。在有灌溉水源的情况下，利用淡水压盐可以取得良好的效果。

竖井排水除可形成较大降深，有效地控制地下水位外，还具有减少田间排水系统和土地平整的土方工程量、占地少和便于机耕等优点，但竖井排水需消耗能源。运行管理费用较高，且需要有适宜的水文地质条件，在地表土层渗透系数过小或下部承压水压力过高时，均难以达到预期的排水效果。

（三）竖井的规划布置

1.合理的井深和井型结构

为了使水井起到灌溉、除涝、防渍、改碱、防止土壤次生盐碱化和淡化地下水的作用，每个水井必须有较大的出水量。为了增加降雨和灌水的入渗量，提高压盐的效率，并在表层形成一定的地下水库，在保证水井能自含水层中抽出较多水量的同时，还应使潜水位有较大的降深。为此，在水井规划设计中必须根据各地不同的水文地质条件，选取合理的井深和井型结构。

① 在浅层有较好的砂层或虽无良好的砂层，但土壤透水性较好（如裂隙黏土等）的情况下可以打浅机井或真空井，井管自上而下全部采用滤水管，在这种情况下，一般可以保证有一定的出水量和潜水位降深。

② 砂层埋深在地表以下一定深度，但砂层以上无明显的隔水层时，为了使单井保持一定的出水量，水井可打至含水砂层，抽水时虽然出水量的一部分来自下部沙层，但由于上部土层无明显的隔水作用，大面积抽水时潜水位也可随之下降，因此，可以保证形成一定的潜水位降深和浅层地下库容，有利于承受上部来水、促进土壤脱盐和地下水的淡化。

③ 上部土层透水性较差，且在相当深度内又无良好砂层时，为了保证水井有较大的出水量和地下水位有较大的降深，必须选取适当的井型结构，如大口井、大骨料井、辐射井、梅花井（群井点）和卧管井等。

2.水井的规划布置

担负排水任务的水井，其规划布局应视地区自然特点、水利条件和水井的任务而定。在有地面水灌溉水源并实行井渠结合的地区，井灌井排的任务是保证灌溉用水，控制地下水位，除涝防渍、并防止土壤次生盐碱化。在这种情况下，井的间距一方面取决于单井出水量所能控制的灌溉面积；另一方面也取决于单井控制地下水位的要求。在利用竖井单纯排水地区，井的间距则主要取决于控制地下水位的要求。

第七章 灌溉排水工程管理

灌溉工程为农业供水，属物质生产；充分利用工程管理范围内的水、土资源，扩大灌溉工程的综合效益，开展各项综合经营，亦属物质生产；排水工程按农业生产要求及时排除农田余水，提高农业产量，同样也属于物质生产，因此，灌排工程也和其他物质生产部门一样，必须按照经济规律办事，讲求经营管理，才能获得最佳的经济效益。由于灌排工程管理涉及勘测、规划、设计、施工及运行等各个环节，内容十分广泛。

第一节 灌溉排水工程概述

一、概述

人类社会自有了共同劳动就有了管理。所谓管理就是实现某一目标或某一任务，最适当地组织人力、物力和财力，对整个工作进行计划、组织、控制和反馈的过程，以最低的消耗、最短的时间，取得最佳效益和成果。实践证明，当管理与管理对象（即资源等因素）相结合时，它就成为一种生产力。因此，一切从事社会物质生产的机构或社会团体，都必须讲求管理。灌溉排水工程是直接为农业生产和多种行业服务的建设事业，也必然要通过管理才能达到或实现预期的经济效果和社会效果。

（一）发展阶段

管理的历史可以追溯到远古，但作为一门科学，还是近百年来随着社会生产的发展而逐步形成的。就其发展来看大体分成以下几个阶段。

1. 经验管理阶段

此阶段的特点是没有统一的管理方法和固定的规程，更没有管理理论指导，一切生产操作全凭个人经验，故称为经验管理阶段，在社会未进入工业化生产体系之前，大都是沿袭这种管理方法，这个阶段时间较长、发展很慢，所以又称传统管理阶段。

2. 科学管理阶段

这个阶段大致从 19 世纪末到 20 世纪 40 年代左右，随着社会生产的发展，出现了许多不同管理方法和生产规程，随之也就逐步形成了基本的管理理论，这些理论就是：从广义而言，管理是指导人类达成目标的一种有意识的行动；从功能而言，管理就是组织人力，运用"计划、组织、调节、监督、控制"的功能，充分发挥资源和技术的作用，以期达到企（事）业的目标。其具体内容则有：

① 制定各种工作的标准操作方法，实行劳动方法的标准化；

② 制定劳动的标准时间与定额，科学分配与利用时间；

③ 实行计件工资制度，提高劳动的积极性；

④ 对工人进行有计划的培训，提高操作人员的素质，从而提高工作效率；

⑤ 明确分工，按生产步骤和工艺流程对每个生产环节进行明确分工，并制定相应的职能等。

通过以上内容将经验管理发展到了科学管理阶段。

3. 现代管理阶段

20 世纪 40 年代后，随着科学技术的高速发展，管理方法又有了新的发展，如新的数学分析和计算技术相继出现，运筹学、统计决策、线性规划、排队论、博弈论、模拟学等，并将这些方法运用于管理之中，形成了现代的管理科学。其主要内容包括管理程序目标化、管理形式一体化、管理组织系统化、管理方法定量化、管理手段自动化、管理思想现代化等。

总之，管理作为一门科学，它随着社会生产的发展不断发展，尤其是随着科学技术的发展而不断发展。但是不论管理方法如何发展，作为管理的基本职能是不变的。

（二）管理职能

1. 计划职能

计划是一切企（事）业活动和奋斗的目标，一般分为长期、中期和短期目标。长期目标指 10 年以上的奋斗目标，常被称为战略发展计划，或称规划；中期目标一般指 5 年的奋斗目标，常称为中期计划；短期目标一般在 2 年以内，通常称为计划。长期规划应由负责宏观方面的高级（上层）管理人员制定，为指导远期的行动纲领，也是编制计划的依据。计划一般由中层或基层管理人员制定，主要内容包括行动时间、步骤、方法、措施和执行人等。

制定的过程：收集资料，进行预测，在预测的基础上建立目标，拟定各种可行方案，对各种方案进行评价、比较，选定最优方案，编制执行计划书。其中，从建立目标到确定最优方案的过程叫决策，是整个计划工作的重要部分。计划或规划制定后要不断地进行控制、监督、发现较大的差误时，还可进行补充或修订，常称补充计划或修订计划。

2. 组织职能

组织是管理的重要组成部分，组织是指建立一个系统的管理体系，即把拥有的人力、物力、财力合理与统筹的组织起来，去保证完成既定的目标。组织一般分为直线结构、职能结构和直线职能结合结构等多种形式，采用哪种形式应根据企（事）业的任务、性质、目标、甚至习惯或环境特点加以选择。

3. 领导职能

领导职能是指管理者与下级交往的一种职能，而领导的功能是指导、监督、与激励下级完成既定目标。评价领导好坏的主要标准是：与下级的信息是否沟通，与被领导者是否相互信任，是否能统一意志与行动等。领导职能是整个管理职能中最重要的一部分。

4. 控制职能

控制职能是指为了达到组织既定目标所采取的制约过程。控制的步骤一般是：确立检验标准，找出实际完成的情况与标准的差别，分析偏差的原因和制定纠正偏差的计划与措施。控制的方法常分为定向控制（即运转过程中及时发现偏差）、筛选控制（即在保证一定条件下满足运转的方式）、后效控制（即指已经完成活动后找出偏差）。

无论何种控制都必须有制定标准、信息交流和纠正偏差的计划。标准是衡量检验实际情况的依据，有信息时才能反映偏差，执行纠正偏差计划才能达到目标。

5. 协调职能

协调是指管理者依靠信息的畅通，发现问题、采取措施、解决问题的过程。这是管理职能的实质部分。管理者协调好内部关系是组织存在的基础，协调好外部的关系是发展的前提。没有协调就没有生存，也就没有发展。协调的关键是管理者的素质、信息反馈和处理方法的正确性。

6. 用人职能

用人职能是指人事管理，包括录用、考核、奖罚等。其中最重要的是人力资源的有效利用，知人善任，使其发挥最大才能去完成组织既定的目标。

实现以上管理职能必须做好以下基础工作：制定和执行各项规章制度工作；制定与执行各种技术标准和管理标准；确定各种定额制度；明确计量检定、测试、化验分析方法和管理内容；收集各种资料、信息工作；执行对人员的培训及教育工作等。

与此同时要及时认识与适应环境，包括外部环境（包括供应者、顾客、竞争者和社会团体、政府机构）和间接环境（包括技术、经济、社会与法律），这是保证组织生存与发展的条件，也是制定组织决策的依据，应以权变方式和预测方法最大限度地满足环境的要求。当前，我国企（事）业的管理任务是运用企（事）业的客观规律和科学理论，提高管理素质与管理水平，有效地完成各种管理职能，提高与实现经济效益，完成国家经济建设计划。并通过管理，不断总结与完善，实现具有适合我国国情和特色的企（事）业管理模式和管理体制。

二、灌排工程经营管理的特点与内容

由上所述，我国灌排工程是国家经济建设的一部分，其生存和发展也必然和管理密切相关。但是，由于过去我国一直将灌排工程（也包括其他水利工程）看成是单一的公益事业，只重视社会效益，执行事业管理，忽视其价值规律和经济效益，因而管理薄弱，收效甚微。直到 1983 年全国水利工作会议提出"加强经营管理，讲究经济效益"的方针和 1985 年国务院批转原水利电力部《关于改革水利工程管理体制和开展综合经营问题的报告》后，灌排工程才开始向管理企业化和经营商品化方向转变，使我国灌排工程建设与管理工作进入了一个新阶段。

（一）关于灌排工程管理体制问题

1985 年原水利电力部关于《国家管理灌区经营管理体制的改革意见》中提出，"当前改革的重点是变行政管理为企业（化）管理，全面推行经济责任制，扩大灌区管理单位的自主权，把灌区管理单位逐步建成一个独立核算，自负盈亏的经济实体"。通过这几年来的实践证明，这一方针是正确的。对于管理体制的改革，有关部门指出：

① 今后应进一步扩大灌区管理单位的自主权；

② 上级主管部门对灌区要逐步全面实行经济责任承包和主要领导干部的任期目标责任制；

③ 通过公开招标、考核和民主选举等方式选拔灌区管理单位的主要领导干部或承包人，把竞争机制引入干部选拔工作中，在灌区内部实行领导负责制和分级的经济责任制；

④ 在经营管理上，根据不同的工作性质，实行不同形式的经济责任制和承包合同制，根据按劳分配的原则把责、权、利结合起来，落实到每一个管理人员身上；

⑤ 进一步健全灌区代表大会、管理委员会和职工代表会的民主管理制度，充分发挥他们的决策、监督和参与管理的作用，逐步扩大灌区代表会和管委会的权限，吸引灌区用水户积极参加灌区管理工作；

⑥ 在有条件的地区，可以逐步把国家管理的灌区改为受益地区群众或单位集体管理的灌区，在国家有关法律规定的范围内和必要的技术、经济支持下实行自主经营。

这种管理体制的改革，无疑将会促进灌区建设的发展和经济效益的稳步提高。

（二）关于灌排工程经营管理的特点

灌排工程管理应和其他企（事）业管理一样，具有相同的经营概念和奋斗目标，同时应按照管理的基本原则，体现管理的计划、组织、领导、控制、协调、用人等各种职能。但是，还需考虑灌排工程本身的一些特点，只有这样才能达到管理的目的，实现灌排工程经营管理的目标。灌排工程经营管理的特点主要如下。

① 灌排工程劳动的对象是水。水作为商品，有它的特殊性，水是自然资源，有其循环性和随机性，它既可兴利，也可致害，灌排工程经营管理必须处理好水多水少与兴利致害的复杂关系。

② 灌排工程服务的对象主要是农业，同时也兼顾其他林、牧、副、渔业和城乡生活供水。因此，灌溉工程经营管理除去考虑农业生产的规律外，还必须考虑必要的社会效益。

③ 在灌溉排水经营尚未完全商品化之前，灌溉排水工程的经济效益还只能从农业增产的效益中间接地反映出来，而影响农业增产效益的因素又十分复杂，这就增加了灌排工程经营效益计算的复杂性。

④ 灌排工程分散、单一、整体性差，增加了管理的难度。

⑤ 灌排工程建设投资渠道多（有国家、集体和群众），投资形式多（有人、钱、物），其劳动对象的水作为商品，必须处理好增值后的收益分配问题，以及生产中的责、权、利关系问题。

（三）灌排工程经营管理的内容

灌排工程的经营管理就是灌排工程的管理单位对灌溉、排水的全部生产活动进行科学的计划、组织、领导、控制和协调，使其获得最大的社会经济效益的全过程。通常可分为经营活动和生产管理活动两大部分。

1. 经营活动

经营活动是指管理单位与外部的全部经济联系。根据灌排工程的经营方针和任务，其经营活动的基本内容为：首先是要根据灌排工程所在地区的国民经济发展规划和战略目标，按当地的自然地理条件和社会经济条件，制定管理单位的经营目标；然后通过调查研究和对内部条件及外部环境变化趋势的预测，提出经营策略；最后在经营决策的指导下，遵循灌排工程工作的特点、自然规律和经济规律，按照需要与可能编制经营计划。

2. 生产管理活动

生产管理活动是指协调处理管理单位内部各项目、各职能机构和基层单位之间的人、财、物关系，建立正常稳定的生产工作秩序和提高工作效益，以保证各项工作计划的完成和经营目标的顺利实现。根据灌排工程经营管理的特点，其生产管理活动的基本内容常包括以下几个方面。

① 组织管理。它是灌排工程管理单位实现管理职能的保证。组织管理的核心是确定管理体制和系统的责、权、利关系。目前，我国灌排工程的管理体制已如上述所指出的是由国家专管机构和社会群管机构相结合的共同管理形式。专管机构是由国家和各级政府组成的行政事业机构（包括跨流域的管理机构）；群管机构是由受益地区组成的各级管理委员会，其组织方法一般是协商提名，民主选举，上级批准。

② 工程管理。工程管理包括工程设施的控制运用、维修养护及其工程观测与改建等项内容。工程管理是保证工程完好进行正常运转的重要手段，也是经营管理的基础。工程设施控制运用是为了保证用（排）水计划的顺利进行和提高水的利用率，最大限度地满足各用（排）水部门的要求，并妥善处理防洪、灌溉、供水、排涝、防冻、治碱、发电、航运与养殖等水位、流量之间的关系，保证综合利用与维护各行业的利益。

③ 灌溉用水管理。灌溉用水管理是生产管理活动的中心任务。用水管理的关键是计划用水。计划用水由各管理单位在年初提出的，由管理委员会大会通过，由上级批准。批准后的用水计划具有法定效应，一般不许任意变动。

④ 排水管理。正确控制运用排水系统，满足不同时段作物要求；兼顾蓄、养、航等部门要求，体现综合效益；降低地下水位，防渍、防盐等。

⑤ 灌排试验。灌排试验是灌排工程生产管理活动的一项基础性工作。其目的是针对灌排工作中存在的科学技术问题，通过试验寻求经济合理的科学用水、排水方法，提高灌排技术水平，摸索高产灌排规律，并为新建工程规划、设计及管理工作提供依

据。灌排试验的内容一般可分为田间灌溉试验、田间排水试验和用水管理试验等 3 类。

⑥ 经营管理。经营管理主要指合理计收水费，开展多种经营，进行综合利用，扩大生产效益。合理计收水费是合理利用水资源，为灌排工程提供必要的运行管理、大修和更新改造费用，以充分发挥其经济效益的基本保证。水费由管理部门征收，纳入国家财政支付。多种经营主要是挖掘与利用工程潜力，扩大生产范围，增加资金收入，为改善灌排工作创造条件。经营项目视各地具体情况而定，如种植业、养殖业及加工业等。

⑦ 物资、财务管理。物资、财务管理是生产管理活动的重要环节。通过物资与财务管理降低成本，增加盈利，保证发展。物资管理的关键是编制物资管理计划与健全规章制度。财务管理是生产活动的中枢，必须按规章制度严格执行。具体财务管理内容一般有资金管理、成本管理、销售收入和积累管理及专门基金管理等。管理项目可视工程的具体情况而定。

经营活动和生产管理活动是工程经营管理中统一的两个方面，两者紧密相连，互为制约，互相促进。正确的经营活动为科学的生产管理指出方向，使管理单位有明确的奋斗目标；而科学的生产管理又为经营活动提供必要的条件，使经营活动落在实处，只有两者很好地结合，才能保证灌溉排水的安全、高效、高产和省水，使灌排工程既能获得良好的社会效益和经济效益，又能获得良好的财务效益。

第二节　灌溉用水管理

灌溉用水管理是整个灌溉管理工作的中心环节。用水管理工作的好坏，直接影响灌溉工程的效益和农业的产量。用水管理的主要任务是实行计划用水。

计划用水就是有计划地进行蓄水、取水（包括水库供水、引水和提水等）和配水。无论是大、小灌区，都要实行计划用水，做好用水管理工作。实行计划用水，需要在用水之前根据作物高产对水分的要求，并考虑水源情况，工程条件及农业生产的安排等，编制好用水计划。在用水时，视当时的具体情况，特别是当时的气象条件，修改和执行用水计划，进行具体的蓄水、取水和配水工作。在用水结束后，进行总结，为今后更好地推行计划用水积累经验。计划用水是一项科学的管水工作，要进行认真的调查研究与分析预测，要充分地吸取当地先进经验，做到因地制宜和简便可行。只有这样，计划用水才能得到贯彻和推广。

一、用水计划的编制

渠系用水计划系由渠系管理机构编制，可分为年度用水计划和季度用水计划或轮灌期的用水计划。年度用水计划在灌溉年度开始前编制，它是根据基层用水组织的用水申请，制定全年引水量及灌溉任务的简略计划，综合平衡供需水量（不做渠道流量分配），作为全年管理工作的依据。季度或轮灌期的用水计划是年度用水计划的分期实施计划，在每季度或轮灌期灌水前编制，系主要根据基层用水组织提出的用水计划，结合灌区的具体情况制定的每季或轮灌期的灌溉任务和引水配水计划。编制灌区用水计划一般采用下述方法步骤。

① 在灌溉季节以前，由用水单位提出用水申请书或基层用水单位的用水计划，呈报灌溉管理部门。

② 灌溉管理部门根据当年的蓄水和引水情况、气象预报资料及用水单位的用水要求等，对全灌区的来水、用水进行平衡计算，并采取相应措施对供、需水量加以修正，使之保持平衡。

③ 根据修正后的水量平衡计划，编制灌区供水计划。由于水量平衡计划的基础之一是长期气象预报，且编制的时段较长，因此，可能与实际情况有较大的出入。灌区供水计划一般按季度编制，如春灌用水计划或夏灌用水计划等；也有分次编制的，即在每次用水以前编制。这样可使编制的计划与实际情况比较接近。实际上，灌区供水计划是水量平衡计划的进一步修正。

④ 编制渠系配水计划，将计划的供水量按一定顺序、一定时间、一定流量分配给各级渠道和用水单位。

二、渠系年度用水计划的编制

渠系年度用水计划是基层管理单位编制用水计划的依据。主要内容有：灌溉任务指标，如灌溉任务、渠系利用系数、灌溉效率等；主要农作物的灌溉制度；综合平衡供需水量；贯彻计划的措施。

根据上述的基本内容来看，编制年度用水计划需进行很多工作，如搜集灌区内地形、土壤、水文、气象、水文地质、作物种植计划、机井分布等基本资料；进行作物需水量的分析与计算，确定作物灌溉制度和灌区净灌溉用水量；其他用水量（如水力加工、工业用水、生活用水、畜牧业用水、林业用水等）分析；灌溉水源来水分析及平衡供需水量的措施等。

（一）灌溉水源的来水分析

1. 河流水源情况的分析

在无坝引水和抽水灌区，需分析水源水位和流量，在低坝引水灌区，一般只分析水源流量。主要是合理确定径流总量及其在季、月、旬的分配，实质是河流水源供水量的预报，目前常用的方法有以下 3 种。

① 成因分析法。利用实测资料，从成因上分析气象、水文等因素与河源径流的关系，并建立相关图。在此基础上，根据前期径流和气象预报，确定季、月、旬的河源供水流量。

② 平均流量分析法。根据多年实测资料，按日平均流量，将大于渠首引水能力的部分削去，再按旬或 5 日求其平均值，作为河流水源的设计供水量。分析的成果，接近多年出现的平均情况，且简单易行，多用于中小型灌区。

③ 经验频率分析法。

2. 中小型水库来水与供水估算

中小型水库库容较小，多为年调节，且往往资料不齐全，故在实践中多采用较简易的方法。一般的做法是：在年初根据长期天气预报趋势及预报的全年降雨量，订出该年属于丰水年、平水年或枯水年；然后对照采用历史上相似的水文年份（月降雨量也要大致相似）查出该年份各月基流量和径流系数，据以计算可能的来水量。

有了各月的来水量，减去蒸发、渗漏、弃水等出水量，即可求得水库的供水总量及各月供水量。根据各用水单位的需水情况及受益面积，即可进行水量指标预分。

（二）渠系年度用水计划的编制

编制用水计划的中心，是平衡供需水量、解决供需矛盾、充分利用水源、发挥工程的最大效益。

1. 平衡供需水量的措施

水源的可供水量与需水量之间经常出现供需间不平衡，其中包括供需总水量的不平衡和供需水时间分配上的不一致。因此，就要采取一些措施，使它们协调一致起来，采用的具体措施如下。

① 调整轮期时间。轮期即作物一次灌水的延续时间。调整轮期就是把一个灌溉季节划为几个轮期，在调整轮期长短时，要尽量保持主要作物关键用水期的各次灌水时间，不动或稍有移动（前后移动不超过 3 天），多调整其他各次灌水时间，使调整后的渠首引水流量与工程的引水能力相适应。

② 在供水不足时，可将作物的部分面积，提前或挪后到相邻的且供水有余的轮期内用水；当相邻轮期无余水时，可以减少某种作物的灌溉次数或灌水定额。

③ 挖掘潜力，充分发挥各种水源的作用。例如，利用灌区的蓄水、地下水、回归水等一切水源，补充渠水之不足。

④ 配合农业措施，合理搞好作物布局，推广优良品种。

2. 编制用水计划的一般方法和步骤

常采用分时段列表法，按各时段的需水量和供水量，进行水量平衡计算，最后得到供水过程和水源的可供水量。大体步骤为：

① 计算水源各月的来水量及渠首可能引入的水量。

② 计算出灌区各月净灌溉用水量，并据以推算出灌区各月渠首的要求供水量（灌溉毛用水量）。灌区内如有其他用水单位，应将这部分水量考虑进去。

③ 计算出灌区内其他可利用水源，如塘坝、坑塘、水井等。将这部分水量从总需水量及各月需水量中扣除后，下余水量即灌区渠首在挖掘灌区内水源潜力后，要求引入的水量。

④ 确定了渠首可能引入流量和灌区需要引入的流量后，将二者进行平衡分析，若某阶段可能引入流量大于或等于灌区需要的流量，则以需要的流量作为计划引入流量；若可能引入流量小于灌区需要引入的流量，则需要采用前面所提到的"平衡供需水量的措施"调整用水。经过调整，最后确定计划引入流量过程，并据此制订渠系年度用水计划。

三、用水计划的执行

贯彻执行用水计划是计划用水工作的中心任务。在执行用水计划方面，各灌区都根据各自的具体情况与条件，制定出实施办法，并取得很多成功的经验。综合归纳各地在工程配套，并认真执行用水计划方面的做法，大致有以下各项。

（一）准备工作

1.开展宣传教育工作

计划用水是一项群众性的技术工作和组织工作。管理机构应通过各种形式广泛宣传，使广大群众真正了解团结用水、科学用水、节约用水的好处，宣传实行计划用水对增产、省水、改良土壤、提高劳动生产率和降低灌溉成本的作用。

2.建立健全灌区各级用水管理组织

这是执行用水计划的组织保证。不仅要有专业管理机构，而且更需注意建立各级民主管理机构。有些灌区还成立护渠队、浇地队等专业组织或专管人员。

3.建立健全各项用水制度

良好的用水秩序是贯彻执行用水计划的重要条件。要维护良好的用水秩序，必须以合理的规章制度来保证。主要的用水制度有灌溉用水制度，引水、配水制度，节约用水制度，用水交接制度及群众灌水公约等。

4.渠道及建筑物的整修工作

停水期间要认真检查维修各级渠道、建筑物，使其完整无缺，保证安全按时输水。

5.做好量水准备工作

检查量水设施是否齐全、完好。

6.做好技术培训工作

各级管理单位都要有计划地对各类管理人员分别进行灌溉技术培训。

（二）水量调配工作

1.水量调配原则

灌区水量调配的原则是："水权集中、统筹兼顾、分级管理、均衡受益"。具体办法是：按照作物种植面积，计划灌水定额，各级渠道水的利用系数分配水量。

2.水量调配措施

① 当渠首实际引入流量及水量低于要求引入的数值而其差额未超过原计划的5%时，仍按原配水计划调配水量。

② 当渠首实际引入的流量及水量低于计划引入的水量、流量5%～25%时，则应采取措施并重新修定配水计划，以求得供需平衡。

③ 当水源情况极度不足，渠首可能引入的流量与原配水计划中的流量差额超过25%时，则应采取非常措施，如重新划分轮灌组，或将续灌的干、支渠改为轮灌渠道。

④ 遇到大风、烈日、低温，可按下述办法处理：6级以下大风，加强护渠，正常输水；6～8级的大风，可适当减水；8级以上大风，应立即停水。大风、烈日下作物需水急剧增加，旱情加重，可加大流量并提前灌水。冬灌时气温在-1 ℃以下，持续时

间超过 3 天，应考虑停水。

⑤ 高含沙量引水，当引入水量中含沙量超过各级渠道的输水能力时，应采取紧急措施，如停水、避开河流沙峰、短时间采用井灌、提前引水灌溉及实行轮灌以加大渠道过水流量等。

⑥ 蓄、引、提相结合的多种水源灌区，要统一领导，分级管理，合理调配水量。

（三）计划用水总结

为了掌握用水计划的执行情况，检查执行计划用水的成效，肯定成绩，及时发现问题，从中总结出经验教训，改进并提高用水管理水平，必须及时进行总结。

1. 计划用水总结的方法

计划用水的总结可分阶段小结（以一轮期为一阶段）与季度（或年终）总结两个方面，在每一轮期用水结束后进行阶段小结，在阶段小结的基础上进行季度（或年终）总结。由于计划用水是群众性工作，必须自下而上进行民主总结。

2. 计划用水总结的内容

一般包括两个方面，即技术资料的整理、分析和计划用水工作总结。两者必须相辅进行，既要用资料数据说明计划用水的效果和经验，又要总结计划用水工作中存在的问题。它涉及渠系枢纽工程的运用，渠系水量的调配、塘库的利用及节约用水等各个方面。为了衡量全年用水计划执行工作的水平，总结内容可参照原水利电力部 1984 年颁发的《灌区管理技术经济指标》的有关内容进行。

① 引用水量。引用水量是指灌区全年引用的总水量，包括灌区主体工程提供的水量、灌区内各种小型水利设施提供的水量及开发利用地下水的水量。引用水量的分配应分别列出用于灌溉、发电、养鱼、人畜饮水、工业用水等水量。引用水量虽受自然条件的影响很大，但工程措施的管理运用、引水调度是否得当等人为因素也决不可轻视，应作为灌区管理的一项基本指标。灌溉引用水量可以反映农田用水的利用和保证程度。实际引用水量一般要求占计划水量的 90% 以上，但因降雨须调整计划者不在此限。

② 灌溉面积。计划灌溉面积是衡量灌区全年完成工作任务的指标。灌溉面积也分计划与实际两项。计划灌溉面积是根据灌区具体条件制定的，而实际灌溉面积是通过工程管理和用水管理实际完成的工作成果。实灌面积须占计划面积的 90% 以上。

③ 水的利用系数。它是衡量渠系在输水、配水和灌水过程中，其是水量有效利用程度的一项重要指标。根据灌区条件，要分别测定渠道、渠系、田间及灌溉水利用系数。

④ 灌溉效率和灌水效率。这是反映灌溉水的有效利用和灌水劳动效率的指标。灌溉效率指渠首引水一个流量，一昼夜里的灌溉面积。灌水效率指每一个工日的浇地面积。

⑤ 灌溉定额。灌溉定额的大小可以反映作物需水满足程度、灌溉制度是否合理及灌水质量等。有些地方用每亩年用水量检查或考核计划用水的执行情况。

⑥ 渠道工程完好率。它是衡量渠道工程管理好坏的指标。工程完好率就是一、二类工程数量占全部工程数量的百分率。一般工程分类标准：一类，工程完好无损；二类，有轻微温度裂缝，附属工程有轻微破损，闸门拉杆有轻微弯曲，但不影响工程的运行；三类，裂缝较多，缝宽 1 ～ 4 mm，附属工程损坏较重的工程；四类，裂缝多，

缝宽 4 mm 以上，滑坡塌陷，断裂丢损，主体工程损坏，难以输水和控制运用的工程。

⑦ 主要农作物产量农作物单位面积产量受多种因素影响，而通过科学的用水管理、调节土壤水分、提高土壤肥力，是农作物高产的重要保证。因此，灌区农作物的产量指标，反映了管理水平的高低及"水"在作物增产中的效益。

在总结工作中，可以用上述技术经济指标的实际成果与计划比、当年水平与过去比、条件类似地区相互比较，从中找出差距，还可以根据需要增加一些与用水有关的专题，进行总结，如水库各月的径流系数、塘堰的复蓄次数、渠道输沙规律，用水组织与制度等。此外，对于用水工作中出现的重大事故，还要作专门的总结报告。

第三节　排水管理

排水管理包括组织管理、技术管理和经营管理 3 个部分。位于灌区内的排水工程，一般由灌溉管理部门代管，不再另设排水管理机构，属于区域性的，不在灌区范围以内的大型排水系统，一般应按水系成立专门的管理机构进行管理工作。由于建设排水系统及经常性的维修养护都需要投入大量的资金和劳力，因此，受益地区的集体和个人应合理分摊排水费用。此外，排水系统占用的仍可利用的土地，应当充分用来发展多种经营。在排水技术管理方面，主要的任务有以下几个。

① 正确地控制运用排水系统，消除涝、碱灾害；当降雨超过设计标准时，需通过合理调度排水工程设施，使灾情降低到最低程度。

② 养护维修各级排水沟道和建筑物，保证排水系统排水通畅和建筑物完好无损。在雨季到来以前，应定期对沟道及排水建筑物进行检查养护和清淤除障。

③ 建立水文、地下水和土壤盐碱等的观测站网，及时分析整理观测资料，为正确运用排水设施，控制地下水位及调节水盐动态提供依据。

排水系统的各级沟道和建筑物，都是按照一定的设计标准设计的。因此，在排水系统的管理中，必须按照设计要求进行控制运用。如果发生超标准的非常情况，如排水沟道和涵闸的过水流量超过设计标准，甚至超过校核流量标准，就必须要采取应急措施，既要保证工程安全，又要尽量减轻灾害损失。作好排水沟道和建筑物的管理应做好以下几个方面的工作。

一、排水沟道管理

① 不均匀沉陷和裂缝。沟道地质条件变化处，沟道与建筑物连接处和施工质量欠佳处等，都是容易造成不均匀沉陷甚至导致裂缝的地方，运行中应注意检查，防止发生事故。

② 渗漏排水沟道一般都比较深，如果发现沟坡出现异常渗漏现象，应及时处理以避免坍塌溃决。故在日常管理中，应注意检查观察，监视渗漏及其形态的变化，发现问题立即处理。对有防渗设施的沟道，应按设计的技术要求进行管理。

③ 坍塌和滑坡。坍塌和滑坡多由于渗漏、沟坡太陡、冲刷和震动等原因引起。这是造成排水沟道淤积的主要原因之一。在运行期间应注意观测，停水期间应加强维修养护或进行改善，以确保沟道安全排水。

④ 淤积与冲刷。沟道在使用中有时会出现个别沟段发生淤积或冲刷现象。应针对产生淤积或冲刷的原因进行处理。例如，针对淤积的原因，可采用控制流入沟道的水流含沙量，及时清除阻碍水流的杂草、砖石、瓦块等堆积物；加大易淤段的纵坡或其他加大流速措施等。对冲刷段可加以修护，或减小纵坡，或加大断面等。

⑤ 禁止各种有碍渠道安全和正常运行的行为。禁止在排水沟道中打坝蓄水，如因抗旱需要而蓄水者，除应控制蓄水位外，并必须在排水前清除；禁止在沟道内倾倒垃圾、工业废料及其他腐烂杂物；不得在沟道内放牧、毒鱼、炸鱼。

以上各条也大多适用于灌溉渠道。

二、排水系统中建筑物的管理

各级排水沟的建筑物有节制闸、跌水、陡坡、桥涵等，在排水干沟出口，还可能修建排水闸、排水站等。暗管系统中除各种排水管道以外，还有节制闸门、集水井、沉沙井、进水口、出水口等工程。对排水工程的管理应注意以下几点。

① 各类排水工程应根据各自的技术特性，严格执行运行规程和操作细则。

② 暗管排水工程及渠下涵等，其防淤是管理工作中的主要内容。除定期清淤（尤其是排水沟道由于沟坡受大雨冲刷或因渗漏坍塌淤积）外，还应制订防淤措施及防淤运行方式，以避免淤积。

③ 对渠下涵及暗管排水中的主干管道，应注意检查四周有无集中渗漏现象，防止涵洞及管道因漏水，使基础发生沉陷，以致影响工程的安全。

④ 建筑物常见的损坏现象有沉陷、裂缝、漏水、倾斜和剥蚀等，须定期检查。如发现这些现象，应制订处理方案，及时处理。

⑤ 为了防止建筑物受到人为的损害，建筑物的闸墩、侧墙、工作桥和行人桥等，禁止堆放重物或修建其他建筑物，避免地基应力发生变化，影响建筑物本身稳定。

三、土壤水盐动态的观测与分析

灌溉排水工程建成以后，通过对土壤水盐动态监测，可对工程效果进行检验，对可能发生的次生盐碱化进行预测预报。

土壤水盐动态观测可在不同自然条件、不同工程和不同农业生物措施条件下进行，如渠灌沟排，井灌井排、排成补淡等。通过观测可以确定作物不同生长阶段适宜的防盐时间，确定地下水临界深度，确定适宜的沟深、沟距及排水工程的标准等。

为了定期监测地下水位和水质的变化情况，在灌区应设置观测井网。在明沟的出、入口安置量水设备，定期测定沟中的流量和水质。根据观测的地下水位和水质资料，以及排水流量、灌溉用水量、降雨量等，就可以定期进行灌区水量平衡计算，分析灌区地下水盐分变化动态，发现问题，找出规律，为排水系统的管理运用提供科学依据。

第四节　灌溉排水试验

一、灌排试验的内容和方法

灌排试验的内容很多，主要有田间灌溉试验、田间排水试验、渠道输水损失观测试验及田间建筑物量水试验等。

（一）田间灌溉试验

田间灌溉试验主要包括作物灌溉制度、灌水方法、灌水技术和作物需水量试验等。

1. 灌溉制度试验

灌溉制度试验是探求在一定条件下能够使作物高产、促进土壤改良和省水规律的试验。试验方法一般是根据实际需要，初步选定几种"处理"进行对比，测定各种处理的产量、植株性状、田间小气候等，并将资料进行分析、综合，得出合理的灌溉制度。所谓处理就是指试验中需要比较各种因素水平的组合。因素（或称为因子）就是影响试验结果需要进行研究比较的各种条件。因素的水平就是各种因素在试验中所获得的等级，可以是数量或状态。由于各种作物生长条件不同，试验所采取的处理也不相同。

旱作物的灌溉制度试验采取灌水深度、灌水时间和灌水定额三因素不同水平组合进行多因素试验研究。由于多因素试验技术要求高，适合于条件较好的中心试验站，一般地区可进行单因素试验。在进行单因素对比试验时，可考虑以下方案：

① 固定灌水次数与灌水时间，采用不同的灌水定额。

② 固定灌水时间及灌水定额，采用不同的灌水次数。

③ 按不同土壤含水率标准，确定不同的灌溉制度。

④ 根据作物水分生理指标，确定不同的灌溉制度。

旱作物灌溉制度与所采用的灌水方法有密切关系，对于同一种作物，灌水方法不同，灌溉制度也不同，因此，灌溉制度的试验应针对不同灌水方法进行。

水稻田分为秧田和本田。灌溉制度的试验一般以本田为主，同时也开展秧田灌溉制度试验和本田泡田定额试验。本田灌溉制度的试验应与灌溉方法和灌水技术试验综合一起进行。对于淹灌的稻田，可根据田间水分控制方式——淹水、湿润、干湿相间等田间水层深度、晒田次数、时间及不同程度等因素进行小区或大区的对比试验和处理，以确定适宜的淹灌方法、灌水标准（包括水层深度和晒田技术等）和相应的灌溉制度。

2. 灌水方法和灌水技术试验

旱作物的灌水方法有地面灌（畦灌、沟灌等）、喷灌、微喷灌（滴灌、雾灌等）和地下灌溉等。由于自然条件不同、作物种类不同，采用的灌水方法也不尽相同。因此，必须开展不同的灌水方法试验，探求省水增产的规律，满足生产的需求。具体方法一般可采用小区或大区对比试验，并以不灌水作对照处理，观测作物全生育期内田间水分变化过程、灌水次数、灌水时间、灌水定额、土壤理化性状、作物生长发育状况和产量等内容，最后通过观测资料进行分析，找出不同灌水方法和不同处理方法的灌水效果和影响产量的相关因素，为生产部门提供依据。

灌水技术试验是为了探索各种灌水方法中各个技术要素之间的关系及影响因素，以提高灌溉的质量。例如，畦灌灌水试验，可以采取不同地面坡度、畦长、单宽流量、放水时间和灌水定额之间的试验，并求得相互之间的相关关系，改进畦灌的灌水技术。一般均考虑多因素、多水平的试验，以求得较合理的结果。但也有为了试验简单，易于实施，采用固定一种或几种因素，进行双因素、2～3个水平试验。采用哪种方法可根据生产要求和当地具体条件选择进行。

3. 作物需水量试验

（1）旱作物需水量试验

旱田作物需水量试验主要包括植株叶面蒸腾量和株间土壤蒸发量试验。由于在实际观测中很难将这两部分消耗的水量分开，故一般是将叶面蒸腾和株间土壤蒸发的数值一起测出。测定的方法有筒测法、坑测法和田测法3种。除了为专门研究需水规律外，一般不用筒测法。在地下水位埋深较大（大于3 m以上），作物耗水不受地下水补给影响时可采用田测法。测坑设在田间，坑的面积一般为4～12 m²，深度视不同作物而定，如棉花1.0～1.5 m、小麦0.6～1.0 m。坑底铺设一层滤水层（一般可用砂、碎石铺成）和可以开、关的底孔。有条件时，坑外应设地面径流池，用以计算坑内有效雨量。

（2）水稻需水量试验

水稻需水量除腾发量以外，还有渗漏量，这两部分应分别测定。水稻需水量的测定同样也有筒测、坑测和田测3种方法。筒测和坑测系将水稻种在有底的测筒或测坑内进行试验；田测则直接将水稻种在田间观测。筒测由于作物生长环境与大田情况相差较多，故一般多采用田测和坑测相结合的方法进行，即用田测直接测出作物的耗水量，用坑测测出作物的腾发量，两者之差即为田间的渗漏量。

（二）田间排水试验

各地农业实践表明，雨后及时排除田间积水和降低地下水位，对防涝（渍）治碱、增加产量具有明显的效果。因此，在许多地区，特别是平原易涝地区，需要开展田间排水试验，以便进一步探索排水方法、措施和标准，为规划设计、生产建设提供依据。

田间排水试验主要包括两类：一类是排水标准试验，主要内容包括作物耐淹（即耐涝）试验和适宜地下水埋深试验，即耐渍试验；另一类则是排水效果试验，主要包括田间排水沟（管）深度与间距试验和不同类型排水设施的效果试验。除此以外，还可根据当地需要，安排一些专门性的特殊排水试验。对于排水试验的方法，大体与灌溉试验方法相同，如作物耐淹试验，主要用坑测或筒测法进行。地下水埋深试验也是采用测坑观测与大田观测调查相结合的方法进行。这里不再详细介绍。

（三）其他田间灌排试验

其他田间灌排试验包括渠道输水损失试验和田间建筑物量水试验等。渠道输水损失试验主要是测定各级渠道首、尾端的流量，以便求得各级渠道的水利用系数和渠系水利用系数，为渠道设计、运行管理提供依据。田间量水试验主要是通过特设的量水设备（如三角形量堰、梯形量水堰、巴歇尔水槽等）和渠系建筑物（如涵闸、跌水等）进行水量观测，避免配水不足或供水过多的现象，为节约用水，减少浪费以及为灌区建设和计收水费等提供必要的依据。

（四）非充分灌溉试验

在干旱或半干旱地区因水资源短缺常不能满足作物充分供水条件，为探索缺水条件下增产的规律，必须进行非充分灌溉试验。非充分灌溉试验可采用小区或测坑进行，试验方案可进行以下处理。

① 对不同生育阶段安排 3 ~ 4 个土壤水分或灌水（亏水）水平，组成双因素多水平试验。

② 安排不同的灌水周期、不同的灌水量、不同的土壤水分下限，组成多因素多水平试验。

必须指出，在安排试验时，要考虑当地的水源供应条件和作物不同生育期对水的敏感性，选择合理的试验方案，尽量在试验简化的基础上保证试验的要求。试验内容包括灌水次数、灌水日期、灌水定额、土壤含水率、作物生长发育生理指标和产量。观测对比可与正常灌溉或不灌溉情况进行对照处理。

二、灌溉田间试验设计

（一）试验误差的来源及其控制方法

田间试验因素较复杂，受许多条件的控制，试验成果的可靠程度受多方面影响，必须了解试验误差的来源，才有可能消除和减少误差，提高试验的精确度。

1.试验误差的来源

灌溉田间试验都是通过不同处理对比，取得各个处理结果的差异，如产量的高低、品质的好坏、植株的高矮、茎秆的粗细等，但是，这些差异并不一定都是因处理不同所造成的，它的来源多种多样。从田间试验的结果来分析，造成各处理差异的原因大致分为两个方面原因。

① 处理问题。例如，在进行灌水方法试验时，采用喷灌、畦灌、地下灌溉对比处理，各种灌水方法所获得的产量本质上就有差异。

② 试验误差。由于受到各种偶然原因的影响，如土壤、小气候、田间管理及试验人员操作误差等各种不同的情况给试验结果带来的误差，这些误差又称为随机误差。

2.控制误差的方法

为了保证试验具有足够的精度，应根据造成误差的各种原因，加以控制，主要方法有以下几个方面。

① 认真选好试验地，尽量减少土壤差异。一般试验地应选择在本地区有代表性的地块，如在土质、施肥水平、灌排条件、耕作栽培等都具有一定的代表性。一般要求地力要均匀一致，即试验地的前茬、施肥数量、灌溉和耕作均相同，以减少试区间的差异。如地力不均匀时，特别是因施肥造成的土质差异，应采用匀地播种的方法加以改变，即在预备做试验的地块上，利用作物具有自然调整土壤肥力的能力，播种同一

种作物1～2年，或更长时间。

② 进行合理的试验设计、进一步控制和降低土壤差异，并尽量减少其他因素造成的试验误差。

③ 除试验各种处理有差异外，其他各种措施，如田间各项作业时间、作业质量都能按要求尽量做到一致。

④ 在田间调查记载中，注意取样要有代表性，观察记载时间和标准要一致；测产取样要精确、合理、数量充足，尽量减少取样造成的误差。单收单打的小区面积必须相等，计产准确。

（二）单因子田间对比试验设计

在灌溉试验中，常常改变一种条件，而其他条件相同的试验，称为单因子田间对比试验。例如，灌水方法的试验，在其他各种条件不变的情况下，只进行喷灌、滴灌、渗灌等对比试验。这种试验只研究一种因子的效应。

1. 试验小区的设置

① 处理小区的设置每个处理设一个小区。一个试验都有两个以上的处理。例如，喷灌与滴灌就有两个处理；又如灌溉制度试验可以有3～5个处理。单因子处理数不宜超过10个，否则，占地过大，往往影响试验的准确性。小区的面积，灌溉制度试验为0.1～0.5亩，灌水方法试验为3～5亩小区的长宽比以2:1～4:1为宜。

② 设置重复试验中把一块地划分成几条，每个处理排在一条地上共同实施一次，叫作一次重复。再在另一条件下每个处理共同执行一次，又是一次重复。同样，可执行第三次、第四次重复等。一次重复也可叫作一个区组。在试验中增加重复次数是减少土壤差异的主要手段，特别是在土壤差异较大的地块上进行试验，设置重复的作用更加明显。从统计分析方面说，只有设置重复，才能应用变量分析方法估计出试验中的土壤差异和其他原因造成的试验误差的大小。

③ 设置对照每个处理都应有一个共同比较的标准，才能正确鉴别不同措施的优劣。这就需要设置一个对照区。否则试验结果就不能真正说明问题。对照区就是作为比较标准而设立的。对照也是作为一种处理，叫作对照处理。例如，在喷灌、滴灌对比试验中，可将不灌作为对照处理。

④ 设置保护区试验地四周应设置保护区或保护行，以消除边界效应的影响，防止人畜危害。保护区的面积视试验地面积及需要而定，一般为小区面积的一半左右，保护行一般宽2～3 m，或3～5行作物。

⑤ 设隔离区有些试验，如喷灌试验等。在两个处理之间要设一个隔离区，以防止不同处理之间水分互相渗透和水滴飞散对其他小区的影响。隔离区的宽度为3～5 m。在保护区、保护行、隔离区之中，均要栽培与小区相同的作物，并进行相同的田间管理和执行相同灌排处理。

2. 试验区的田间排列

试验区的田间排列应根据处理数目、试验地的土壤肥力差异来确定。原则上尽可能减少由于土壤肥力差异所造成的误差，同时又便于田间管理和观测、调查。

试验区排列方向对试验的精确性有很大影响，在试验小区面积相同的情况下，小区长边平行于土壤肥力差异的方向。也就是整个区组的长边垂直于土壤肥力差异的方向，其变异系数较小，而小区长边垂直于土壤肥力差异的方向，即整个区组的长边平行于土壤肥力差异方向，其变异系数较大。小区排列方法有下列几种。

（1）顺序排列法

参加试验的处理在田间总是按照固定的顺序排列。这种排列方法的优点是田间排列简单、不易出错，整理试验结果也比较简单。其缺点是土壤差异性混淆在处理的差异上，增加了试验的误差，这种排列方法只适用于初期的比较。

（2）对比排列法

每一个处理旁边都设一个对照区，并排排列，每个处理的产量都和相邻的对照区进行比较。对比法排列的优点是每一处理都和旁边的对照区比较，因这两小区相邻。小区间的土壤差异相对较小，处理与对照之间的差异容易表现出来，而且这种方法只需设 2 ~ 3 次重复。但对比法排列中对照区占地较多，一般约占试验地总面积的 1/3 左右，工作量较大，分析结果时，只宜用百分率计算，而不宜用变量分析法计算，成果不够精确。因此，它只适用于初期对比试验阶段。

（3）随机排列法

每个处理在每次重复中不按一定顺序，完全以随机地确定排列位置。这种方法的优点是可以避免或减少因顺序排列所造成的试验误差，而且能够应用变量分析统计方法，从处理之间排除试验误差，精确的比较出每个处理之间的差异。同时，由于每次重复中只设一个对照区，虽设有几次重复，但整个试验地并不比对比法排列占地多。因此，随机区组试验是一种较经济而又较精确的试验设计方法。它的缺点是田间排列与结果分析比较复杂，容易出错，而且处理数目不宜过多，过多时则区组面积过大，容易产生试验误差。

（4）拉丁方排列

上面几种排列只能减少一个方向土壤差异对试验结果的影响，但是一般情况，试验区土质差异既有横向的，也有纵向的。为了进一步减少试验因土壤差异带来的误差，可采用"拉丁方"排列。"拉丁方"的意思是指用拉丁字母代表处理进行棋盘格式的方形排列方法。拉丁方排列将区组分成横行与直行。

（三）多因素田间试验设计

在灌排试验中有时必须研究不同条件或技术措施在不同水平时对试验结果的影响，将因素和水平搭配成处理组合。将全部可能的方案组合在一起参加试验称为全面实施。全面实施常常需要安排处理很多，难以实现，从全部可能的方案中，抽取部分有代表性的方案进行试验称为部分实施。对部分实施运用正交试验法可以得出较理想的结果。正交试验法是各领域内安排多种因素对比试验的通用方法，目前已有一套现成的规格化的表格—正交表，用以科学地安排试验处理，达到用较少的处理而找到预期最优或较优的方案。这种方法不仅在灌排试验中采用，同时也普遍用于其他工业、环境、科技等各领域中。

第八章　不同类型地区的水利问题及治理

我国地域辽阔，地形复杂多样，各类地形的面积占全国总土地的比例约为：山地33%、高原26%、盆地19%、平原12%、丘陵10%。由于自然条件各不相同，地区性差异很大，采取水利规划的原则和治理措施也不相同。下面按不同类型地区的水利问题及其治理措施分别介绍。

第一节　山区丘陵地区的问题及治理

我国是一个多山国家，包括山地、高原和丘陵在内，广义的山地面积占全国土地总面积的 2/3。搞好山丘区水利规划与治理，对发展农业生产有着重要意义。

山丘区地势起伏剧烈，地形复杂，高差大而坡度陡，沟壑纵横，岗、冲相间；田块零碎，土壤贫薄，地高水低，引水困难；河流源短流急，洪、枯水量变化较大，一遇暴雨，汇流迅速，经常山洪暴发，产生严重的水土流失；无雨期常常因沟溪干涸而出现旱象。

总的来说，山丘区存在的主要问题是旱、洪和水土流失。但也存在有利的方面：地势起伏，峡谷众多，有利于筑坝建库，蓄水抗旱滞洪；河流坡度大，可发展水力发电和水力加工；地形坡度较大，有利于自流灌溉；宜林、宜草面积大，有利于开展综合经营。

一、山丘区灌溉系统

随着山丘区农业生产的发展，灌溉用水量逐年增加，为了解决供求矛盾，我国不少山丘区已创建了蓄、引、提相结合的长藤结瓜式的灌溉系统，做到以丰补歉，调剂余缺。这种灌溉系统包括 3 个组成部分：一是渠首引水、蓄水或提水工程；二是输水、配水渠道系统；三是灌区内部的塘堰和小型水库及小型泵站。因为渠道系统似藤，灌区内部蓄水设施似瓜，故名为长藤结瓜式灌溉系统。

（一）长藤结瓜式灌溉系统

长藤结瓜式灌溉系统具有以下特点。

① 利用山丘区河川径流和水库塘坝蓄水，能充分拦蓄和利用当地地面径流、山泉水、地下渗流等水源，供灌溉季节需用。

② 引水上山，盘山开渠，扩大山丘区灌溉面积，提水补岗，解决岗垮、田干旱缺水问题。

③ 充分发挥灌区内部塘坝的调蓄作用，互相调度、互补有无，扩大灌溉面积，并提高塘堰的复蓄次数和抗旱能力。

④ 扎"根"江、河、湖、库，水源有保证，抗灾能力强。

⑤ 分散径流，就地拦蓄，有利于滞洪与水土保持。

⑥ 把非灌溉季节的河川径流引入灌区内部塘库存蓄起来，供灌溉季节农田使用，实行"闲时灌塘、忙时灌田。"从而提高了渠道单位引水流量（1.0 m³/s）的灌溉能力。

（二）山丘区灌溉系统的形式

山丘区灌溉系统的形式，一般有以下 4 种。

① 以引为主的长藤结瓜式灌溉系统。一般在河流的中下游较多，在我国以四川都江堰工程的规模为最大。

② 以提为主的长藤结瓜式灌溉系统。常见于河流的中下游。根据提水设备的动力形式，又可分为电力提灌区、小型机械提灌区及水轮泵灌区。

③ 以蓄为主的长藤结瓜式灌溉系统。这种灌溉系统是在河流的中上游山区修建水库，调节河川径流，提高灌区供水保证率。湖南省韶山灌区、湖北沮漳河灌区、广东的青年运河灌区等大、中、小水库灌区均属于此类。

④ 多河取水、多首制联合供水的长藤结瓜式灌溉系统。该灌溉系统逐步由小变大，从一个流域向邻近流域、从单一水源向多水源联合供水，自一条河系发展到几条河系相连，为可能最大限度地合理开发利用水土资源、解决山丘区流域之间不平衡的矛盾创造条件。安徽省中部丘陵地区的淠史杭灌区就是此类灌区的典型。这个灌区以梅山、佛子岭等 5 座水库作为多河取水的渠首，通过塘堰和小水库的调节，灌溉面积 1090 多万亩，兼有水力发电与航运之利。

二、水土保持

我国山区和丘陵区历史上受复杂的自然环境和人为活动的影响，水土流失十分严重，建国初期水土流失面积约占国土面积的 1/6。新中国成立之后，在党和政府的领导下，经亿万人民的努力，水土流失防治工作取得了很大成效，但因人口剧增、城乡建设迅速发展及人们对水土流失缺乏足够认识等，尽管治理了很多，但水土流失面积并没有明显缩小。目前，每年流失土壤数十亿 t。黄土高原每年因水土流失而损失的土壤养分，约折合化肥 4000 万 t。

水土流失造成水利工程淤毁、河床抬高，大大加重了洪水的危害。严重的水土流失还使生态环境恶化，影响流失区的经济建设及人民生活水平的提高。

（一）影响水土流失的因素

水和土是人类赖以生存的基本物质，是发展农业生产的基本要素。在自然界水力、重力、风力侵蚀及人为因素的作用下，所引起的水土资源和土地生产力的破坏和损失，就是人们常说的"水土流失"。水土流失包括水的损失（蒸发、径流、深层渗漏等损失）及土体损失（即土壤损失，包括水力侵蚀、重力侵蚀、风力侵蚀、化学侵蚀及混合侵蚀等）。影响水土流失的因素有自然因素和人为因素两种。

1. 自然因素

① 降水。降水因素包括降水量、降水强度及降水量的年内分布。

② 地形。地形坡度越陡，地表径流越多，流速越大，水土流失越严重。

③ 土壤。土壤抗蚀力取决于土壤的种类和结构。结构良好的土壤，如水稳性团粒结构，团粒不易分散，因而土壤不易为径流分散，也不易流失。

④ 母质和岩基。成土母质的性状和岩基的岩性及其风化程度对水土流失均有影响。

⑤ 植被。植被覆盖率越高，植被蓄水、保土、延缓径流的作用越大，水土流失就越少。

⑥ 风。风蚀的强弱，取决于风速和土壤表面的粗糙度、土壤质地、水分等影响。

2. 人为因素

① 滥砍、滥伐、毁林、毁草。

② 滥垦、滥牧、陡坡开荒。

③ 不合理的耕作技术，如顺坡耕种等。

④ 开矿、筑路、修水利等基本建设破坏地表植被，随意倾倒废渣。

⑤ 农村掏矿、开石、挖磁土等副业生产后不填坑等。

开展水土保持工作就是为了防治水土流失，保持、改良与合理利用山区、丘陵区和风沙区水土资源，维护和提高土地生产力，以便充分发挥水土资源的经济效益和社会效益，建立良好的生态环境。

（二）水土保持的工作方针和规划原则

《中华人民共和国水土保持法》明确规定：水土保持的工作方针是："预防为主、保护优先、全面规划、综合治理、因地制宜、突出重点、科学管理、注重效益"。按照这一方针，县级以上地方人民政府的水行政主管部门，应当在调查评价水土资源的基础上，会同有关部门编制水土保持规划。根据水土保持规划，有计划地对水土流失进行治理。在山区、丘陵区治理水土流失，应首先搞好预防、保护工作，只有这样，治理才能奏效。

预防水土流失，主要是控制不合理的人为活动。要严格禁止陡坡开荒、乱砍滥伐、超载放牧等破坏地面植被的现象。开矿、筑路、开山采石和兴修水利、水电等基本建设，要尽可能减少破坏植被，并应积极采取措施保护和恢复地面植被。对已完成的水土保持工程，一定要加强管理维护，不断扩大效益。

1. 水土保持规划

（1）大面积的战略规划

以大流域及其主要支流为单元，或以省、地、县为单元，面积从几千到几十万平方公里。其主要任务是：在综合考察的基础上，划分不同的水土流失类型区，根据国民经济发展要求及类型区的自然社会经济特点，拟定出水土保持治理方向及模式，确定主要治理措施、治理指标和进度、经济效益和社会效益的预测。

（2）小面积的治理规划

以小流域、乡、村为单元，面积从几个到 200 km²。其主要任务为：根据大面积规划提出的方向要求，结合当地情况，具体确定农林牧生产用地的比例和位置，设计、安排各项水土保持措施及其进度安排和劳力、经费、物资等使用计划。

2. 制订水土保持规划的基本原则

① 坚持实事求是的原则，无论生产建设方向的确定、治理措施的布局、治理进度的安排，还是技术经济指标的计算等，都应严格按照自然规律和社会经济规律办事。

② 贯彻因地制宜区别对待发挥当地优势的原则。规划要根据各地的不同情况和特点，分成若干类型区，按类型区分别研究，确定不同的发展方向，采取不同的技术经济指标等。

③ 要遵循系统分析的原则。

④ 要正确处理好水土保持各项措施之间的关系，特别是林草措施与工程措施、治坡措施与治沟措施之间的关系，做到总体布置与实施程序紧密结合，合理安排。

⑤ 要以流域为单元进行规划。凡跨县、跨地区、跨省的流域由相应高一级的有关部门主持。这样，有利于协调上下游、左右岸的关系；有利于实现综合治理与集中治理；有利于水土保持与水利建设结合，以收到更好的经济效果和生态效益。

⑥ 做好水土保持规划与农、林、牧、水等各专业规划之间的协调工作。

（三）水土保持措施

水土保持措施可分为工程措施、生物措施和农业技术措施三大类。我国为防止水土流失所采用的工程措施为坡面治理工程、沟道治理工程及护岸工程；水土保持生物措施（也称林草措施）主要有造林种草及育林育草两种；水土保持农业技术措施主要有增加地面糙率为主（等高耕作、沟垄耕作、坑田、水平防冲沟等）的措施、增加植物被覆为主（如等高间作套种、等高带状间作轮种等）的措施及增加地面覆盖、增加土壤抗蚀能力为主的措施。下面简略介绍几种常见的水土保持措施。

1. 坡面治理工程

坡面治理工程包括梯田工程、坡面蓄水工程及山坡截水沟等，以下主要介绍梯田工程。为了保持水土，发展农业生产，把坡地改造成阶台式或波浪式断面的田地，叫作梯田。坡地修成水平梯田后，可成为保土、保水、保肥的基本农田。随着梯田数量及其单产的大幅增加，将为有计划地退耕陡坡、种草种树、改变广种薄收和农林牧副业全面发展创造条件。

（1）梯田的种类

按田面的纵坡不同，平整的叫水平梯田，外高里低的叫反坡梯田，下斜的叫坡式梯田。我国的梯田以水平梯田为主。按田坎的材料不同，分为土坎、石坎、砖砌等。坡式梯田系田面顺原地坡向外倾斜梯田，土方数量少，多为培地埂而成，水土保持效果较差，多在南方坡地的林地上采用；水平梯田的田面基本水平，标准高，土方数量多，水土保持效果显著。

（2）修建水平梯田

要先确定田面宽度、田坎高度和田坎坡度。田面宽度应考虑作物需要。

（3）修建坡面蓄水工程

为了拦蓄坡面耕地、林地、草地、荒地及其他非生产用地产生的地表径流，解决山区人畜用水及坡耕地的灌溉，可修建坡面蓄水工程，如旱井及涝池。旱井又名水窖，其作用是把地面雨水收集到人工打的蓄水井内，除供人畜饮用外，还可抗旱点种。

2. 沟道治理工程

（1）淤地坝

在水土流失地区，横筑于沟道，用以拦泥淤地的建筑物称为淤地坝。淤地坝可削减洪峰，拦蓄泥沙，控制沟床下切和沟岸扩张，以达到合理利用水土资源、变荒沟为农田之目的。由于淤积成的农田，土壤肥沃、水分充足、抗旱能力较强，可提高作物产量。如有灌溉设施，亩产可达千斤以上。

（2）谷坊

在山区、丘陵区水土流失严重的支毛沟内，为防治沟底下切、沟头前进、沟岸扩张，抬高侵蚀基准面而修建的 5 m 以下的小坝。其种类分为干砌石、插柳等透水性谷坊和土、浆砌石等不透水性谷坊。采用哪种类型，应根据工程目的、地质、经济、建筑材料、施工条件等情况而定。做谷坊规划时，要沟坡兼治。在石质山区，要先治坡后治沟，避免影响工程的安全和寿命。要注意正确选择坝址。土、石谷坊一般应布设在支毛沟中地质条件好、工程量小、拦蓄径流泥沙多、工程材料充足的地方；植物谷坊应设在坡度平缓、土层较厚、湿润的沟道内。

（3）沟头防护

为防止沟头前进，应修建沟头防护工程。一般分为蓄水式和泄水式两类。蓄水式是在沟头上方的一定距离内筑堤挖沟（一道或数道）拦蓄径流，阻水入沟，这种沟头防护工程叫作堤沟式工程；另外一种是带有消能设备，常做成悬臂式跌水将水下泄入沟，适用于来水量大和蓄水容积不足的地方。

3. 水土保持造林、种草措施

采取造林、种草及管理草场的办法，增加植物覆盖率，改良土壤，维护与提高土壤生产力的水土保持措施，也称水土保持生物措施或植物措施。水土保持林草措施，有涵养水源，保持水土，改良土壤，提供燃料、饲料、肥料和木料等效益，是促进农林牧副全面发展的有效措施。

① 水土保持林。凡具有改善生态环境，涵养水源，防止土壤侵蚀，调节河川、湖泊和水库的水文状况，从而促进农牧业生产发展、保障工矿交通建设与水利等工程安全的人工林和天然林统称为水土保持林。水土保持林是按一定的林种组成，一定的林分结构和一定的形式（片状、块状、带状等），配置在水土流失地区不同地貌部位上的林分。由于水土保持林的防护目的和所处的地貌部位不同，可将其划分为分水岭地带

防护林、坡面防护林、侵蚀沟头防护林、侵蚀沟道防护林、护岸护滩林、池塘水库防护林等林种。

② 水土保持种草播种草本植物是水土流失综合治理措施之一。水土保持种草，除蓄水保墒、防止土壤侵蚀外，还可以改善土壤物理性质，提高土壤肥力，提供三料（饲料、肥料和养料），开展多种经营，发展畜牧业，为建设牧业基地奠定基础。

各类措施特别是工程措施与林草措施之间，始终存在相辅相成的关系。例如，由工程措施造成的农田，需要有机肥料才能高产，而有机肥料要靠造林种草发展畜牧业来提供。在水土流失严重的陡坡上造林，必须同时修建鱼鳞坑、水平沟等蓄水保土，才能促进林木成长。因此，必须做好规划，进行综合治理。

第二节 南方平原圩区的问题及治理

我国南方平原圩区主要指沿江（长江、珠江等）、滨湖（太湖、洞庭湖等）的低洼易涝地区及受潮汐影响的三角洲。这些地区土壤肥沃，水网密布，河湖众多，水源充沛，一般年份雨量较多，气候温暖，自古以来，人民就在江河两岸和沿湖滩地筑堤建圩进行围垦，逐步形成圩垸地区。

平原圩区的特点是地形平坦，大部分地面高程均在江、河（湖）的洪、枯水位之间；有的圩区地形四周高，中间低，状似锅底。每逢汛期，外河（湖）水位常高于农田地面，以致圩内渍水无法自流排出，易涝易渍；特大洪水年份，圩堤常决口成灾，造成外洪内涝。圩内地下水位高，有的农田常年渍水冷浸，对作物生长极为不利。另外，由于年内降雨分布不均，也经常出现干旱。

新中国成立以来，在党的领导下，对圩区进行了治理，初期以防洪为重点，实施修堤建闸，联圩并垸。继之建立排灌系统，大力发展机电排灌，内排外引，并进行治河撇洪，有计划的围垦，提高了防洪、除涝、抗旱能力。目前，平原圩区有部分耕地能够旱涝保收、高产稳产，已成为我国商品粮生产基地。同时在灭螺、消灭血吸虫病方面也取得可观的成绩，圩区面貌有较大的改变。多年来，我们积累了不少成功经验。例如，江苏省实行"四分开、两控制"的治理原则，即内外水分开、高低地分开，灌、排系统分开、水旱作物分开，以及控制内河水位和地下水位。湖北省在平原湖区采用河流改道，撇洪入江、河湖分家的办法。这既有利于圩境地区的防洪、除涝、抗旱、降低地下水位，也给围垦创造了条件。

圩垸地区治理虽然已取得很大成效，但仍有不少圩区的洪、涝、旱、渍灾害尚未彻底消除。有些圩区洪水出路尚未解决，一遇暴雨，涨水快而猛，加以圩堤防洪标准不够，隐患多；还有些圩区由于配套工程未跟上，不能充分发挥工程效益，有的围垦无计划等。极需尽快解决这些问题。其他在多种经营，如交通道路、航运、水产养殖、绿化造林和村镇建设等方面的工作都有待加强。因此，平原圩区的规划治理必须在防洪的基础上，主攻涝渍，搞好农业水利建设，做到能排、能蓄、能灌，为农业生产的发展创造良好的条件。

平原圩区的治理内容包括防洪、除涝、排渍和灌溉等方面。下面着重介绍圩外防洪规划、圩内除涝规划和中低产田的改造治理等三方面的经验和方法。

一、平原圩区的防洪规划

平原圩区防洪规划，必须在流域规划的基础上，合理安排蓄、泄、分（撇）等综合治理措施，正确处理流域和地区、干流和支流、上游和下游、左右岸，以及洪、涝、旱等方方面面的矛盾，进行统筹安排、全面规划，以抗御设计洪水。

（一）整修堤防

堤防是抗御江河洪水入侵的重要工程措施。历史上形成的圩垸，堤防标准很不一致。通过规划，应按水系、地区依照规定标准加以修整，消除隐患，提高抗洪能力。

（二）联圩并垸

联圩并垸的主要作用有：缩短堤线，减轻防洪负担；堤线缩短后，可以减少圩堤渗漏，从而也可减轻排水负担，有利于控制圩内水位；联圩后，把一部分原是外河的水面包进了大圩内，增加了圩内水面面积与圩内河网的调蓄能力，因而提高了排涝作用。

联圩并垸的规划，必须处理好如下一些问题。

① 根据地区原有河道、湖泊的位置，确定联圩范围，联圩时，不要截断主要河道，特别是不可打乱原有主要的引、排、蓄系；圩外一定要有足够的排水通路，而且要较为顺直，以利调蓄和排水，并便于交通运输及抽水灌溉或排水。联圩规模要因地制宜，江苏省太湖圩区、里下河圩区，洪枯水位变幅较小（1.0～1.5 m），当地认为联圩面积以 3000～5000 亩为宜；湖南、湖北、广东等地由于洪枯水位变幅在 10 m 以上，从考虑防洪及海口防止咸水入侵及控制地下水位出发，倾向大联圩方案，联圩面积达几万至几十万亩。

② 确定适宜的圩区水面率，即圩垸内湖泊和河沟的水面面积占总面积的百分数。研究确定圩内最优水面率，合理确定河湖滞涝容积和排水泵站装机容量及运行管理办法，是圩区规划的重要问题。一般圩区水面率以 10%～15% 为宜，新挖河网区的水面率可小些，取 5%～10% 为宜。

③ 圩区大小应适应地形条件。联圩时尽量不要把地面高差过大的圩联并在一起，地面高差大的，联圩宜小，反之可联得大些。一般圩内高差以低于 1.0 m 为好，同时还要注意圩形的方整。

④ 适当考虑行政区划，尽量避免一圩多乡，大集镇也不宜包在圩心内。

此外，联圩取水以尽量少挖废耕地为原则，可结合整治圩外河道，开挖环圩河、结合挖鱼池和平整土地等。

（三）撇洪

在山坡地傍山圩田修建撇洪沟或覆水沟，拦截山坡或河流上游的洪水起到等高截洪、撇走山水的作用。山、圩水分家，高、低水分开，减少山洪对山坡地的冲刷，在减轻洪涝威胁的同时还可利用截蓄的山洪进行灌溉。进行撇洪沟规划时，要注意以下几个问题。

① 撇与蓄的关系撇洪沟一般要环山布置，在沟下侧单面筑堤。撇洪沟沿线要与蓄洪、滞洪等工程构成统一的体系，做到以撇为主，撇蓄结合。

② 在地形条件允许的情况下，为减少占地节省工程量，不宜集中，可采取适当分散的分段方式，开挖撇洪沟。

③ 撇洪沟的出口，一般应比外江（河）水位高，以避免受外水顶托，并便于自流排水。在线路选择上，撇洪沟应尽可能沿等高线适当取直开挖，这样既有利于泄洪，也有利于蓄水滞洪，为上、下游的防洪除涝创造有利条件。另外，撇洪沟的位置应尽量避免石方、高填深挖，并应避免修建过多的交叉建筑物。撇洪沟出口位置过低，应建闸控制，以防止外水倒灌。

（四）分洪与蓄洪垦殖

分洪与蓄洪垦殖是江河中下游重要的措施。目前平原圩区现有堤防防洪标准不高，一旦发生特大洪水，必须预先有计划地采取分洪蓄洪措施，牺牲局部地区以确保江河沿线广大圩区的安全，将洪水灾害减小到最小范围之内。新中国成立后，长江中下游先后兴建了荆江、大通湖、武湖、华阳河、白湖等一系列蓄洪垦殖工程，效果十分显著。

蓄洪垦殖，就是通过建闸，对江湖分开控制，在滨湖的滩地上进行围垦。一般年份，江河流量不超过下游堤防所允许的安全泄量时，保证围垦区内的农业生产；大水年份，利用围垦区洼地作为调洪容积，滞洪蓄水，削减洪峰。这种措施，被称为蓄洪垦殖工程。分洪蓄洪工程规划应在流域规划的基础上进行，同时要注意以下各点：分洪区的位置应尽量选在被保护地段的上游；尽量选择圩内洼地，蓄洪容积大，淹没损失和筑堤费用少的地段分洪；在工程布局上要抓住主体工程（如进洪及排洪闸、分洪道、蓄洪区等）的规划。

二、圩区内部的除涝规划

防涝是圩区的治理重点。圩区人民在长期的治水斗争中积累了不少经验，主要有以下几条。

（一）洪涝分开、综合治理

在洪涝灾害并存的地方，必须按照洪涝分开，防治结合，因地制宜，综合治理的原则，采取蓄泄兼筹、调整水系、整治骨干排洪河道、扩大洪水出路、巩固防洪堤防等措施。洪涝分开，将高水河规划为行洪河道，低水沟定为排涝河道，把洪水干扰排除在外。

（二）坚持预降，蓄洪滞涝

预降内河水位，腾出一定的河槽容量，承接暴雨，可避免圩内水位猛涨成灾，达到除涝目的。如圩内水面率为10%时，预降水位1 m，则腾出河槽的容积约可容蓄90 mm降雨量（假定河槽容量边坡折算系数为90%）。滞涝预降标准一般定为低于最低田面1.0 m左右。如需控制地下水位，还应再低一点。适宜的预降深度应因时因地而异。

（三）高低分开，分片排涝

圩内排水要将高地和低地分开，勿使高地径流侵入低地，加重低地灾害。要尽可能使抽排面积最小，并应充分利用外河低水位时抢排圩内涝水，以减少抽排运行管理费用。因此规划时除建立河网系统外，还应考虑在高低地分界处划分梯级，建闸控制，等高截流，做到高低分开、分级控制，分片排涝，使各片既能自成水系，又能灵活调度排泄，达到高水高蓄高排，低水低蓄低排。

（四）自排抽排并举，相继抢排

在汛期，圩区的外河（江）水位高于地面时难以自流排涝，需要配备机电动力进行抽排。规划时，应尽量利用和创造自流排水的条件，缩小抽排范围，以减少机电动力设备和抽排费用，力求自排抽排并举，相继抢排。为了做到自排抽排并举，在布设排涝站的同时，要修建自流排水涵闸或保留现有排水闸涵。

（五）降低地下水位

这是圩区排水的另一项重要任务，其主要措施如下。

① 田间灌溉渠和排水沟应建成两套系统，使排水沟经常保持较低水位，发挥控制地下水位的作用。

② 水稻及旱作物分片种植，并在水、旱田交界处开挖截渗沟，以免稻田渗漏对旱作物产生不利的影响；合理确定排水沟（管）的深度与间距，以便有效的控制地下水位和调节土壤水分状况。此外，圩内原有湖泊水网不要盲目围垦。

三、平原圩区中低产田的改造治理措施

1987 年全国农村水利工作座谈会确定，为增强农业后劲，农村水利要围绕改造中、低产田和提高高产田的经济效益，巩固改造并适当发展的指导方针。在这方面，水利工作是大有可为的，农业增产潜力大的是改造治理低注、渍害、盐碱等低产田。

据粗略统计，在南方平原圩区有渍害低产田近 1.1 亿亩，已初步治理 5200 万亩，尚有 5700 万亩有待治理。这些农田产量低有多种原因，其中重要一条是水利问题，主要是解决排水问题。南方各省在梅雨季节和汛期涝渍对农业生产有严重影响。

渍害低产田主要分布在沿江滨湖、滨海和江河下游低注平原、水网圩区及山丘冲垄盆地等地区。

渍害低产田主要是土壤过湿，水温太低。其成因有二：其一，自然因素，主要是降雨太多，地下水位过高，土壤黏重，地势低注，排水不畅，犁底层板结滞水等；其二，人为因素，主要是重灌轻排、只灌不排，或者是灌排工程不配套、灌溉方法不当、串灌串排、耕作制度和耕作方法不合理等，致使地下水位升高。

由于形成渍害低产田的原因是复杂的，所以渍害低产田改造是一项多元化的系统工程，必须因地制宜，综合治理。具体治理措施简介如下。

（一）排水降渍

渍害低产田治理的基本措施是排水。江苏省平原地区开挖好农田一套沟，深沟密网，排水降渍，结合秋播高标准地挖好田内的三沟，即竖墒、横墒、腰墒，沟深 0.4 m，

田块中心开挖的墒沟深达 0.6 ～ 0.7 m，以及田外的隔水沟、导渗沟、排水沟，达到"一方麦田，两头排水，三沟配套，四面脱空"的标准，将地下水位降至地面以下 1 m 深度，排水迅速，渍害防治效果显著。

（二）鼠洞排水防渍，控制土壤水分

近几年来，我国不少省份都在积极推广鼠道排水防渍技术。

（三）实行灌排分开，水旱分开

灌排两套系统各自独立，既能保证浅水勤灌、提高灌水质量，又能控制降低排水沟道水位、改善土壤中的水分状况。

水旱分开，就是水、旱作物实行分区、分片集中种植。其具体措施是以农沟（或小沟）为界统一茬口布局，每隔 3 ～ 5 块田，间距 80 ～ 100 m，布设一条隔水沟（或称轮作沟），沟深 1.0 m，沟底宽 0.3 m，边坡视土质而定；一头通入农沟，随时排除渗入隔水沟中的水。这样便可统一隔水沟之间的田块作物布局，做到水旱分开，防治渍害。

（四）加强水利管理，控制河网水位

平原圩区农田要求控制地下水位，须从控制河沟水位入手。河沟水位一般应比棉、麦各生育阶段的适宜地下水埋深至少再低 0.2 m，即冬季一般控制在麦田田面以下 0.7 ～ 1.0 m、春季 1.2 ～ 1.5 m；棉花苗期 0.7 ～ 1.0 m、蕾期 1.4 ～ 1.7 m，花铃期到成熟期 1.7 m。为此，必须加强水利管理，控制好河网水位。

（五）搞好工程配套，保证排水通畅

排水工程只有全面配套，才能发挥效益，应力求从大中型闸站、桥梁到农田一套沟，充分发挥其排水、防渍的作用，才能保证排水畅通无阻。

（六）建设农田林网，生物排水降渍

据测定：在林网保护范围内，平均风速降低 30%，气温降低 1 ～ 2 ℃，而且还有涵养水源、防治风沙、保持水土、提高农田抗御自然灾害的能力。因此，建设农田林网是农业高产、稳产的一项重要措施。

（七）合理耕作，秸秆还田，改良土壤结构

对于低洼易涝易渍低产田土壤，应增施新鲜有机肥，保持原有养分含量，促进老化了的有机质活化更新，提高土壤熟化程度和供肥能力。秸秆还田、人工积肥及合理使用磷肥，可以改变土壤的物理性质。此外，因地制宜推广免（少）耕、机械开摘等新技术，效果也好。免（少）耕技术，可以减少机械耕翻、碾压，少破坏土壤团粒结构，增强土壤渗透性能，从而减轻了渍害。据调查：免（少）耕稻田增产不显著，但免（少）耕麦田可以早播、早发、增产。

第三节　北方平原地区的问题及治理

北方平原地区，一般泛指淮河、秦岭以北 17 省市的广大平原地区和地势比较开阔的山间盆地。例如，以农业水利区划来区分，则中国农业水利区划中，东北山丘平原区及黄淮海山地平原区，两区的广大平原；内蒙古草原区中的局部平原和山间盆地；西北黄土高原区的宁蒙河套平原，伊洛、沁河平原；西北内陆区的内陆盆地、河西走廊平原等都属于北方平原地区。

北方平原地区的年降雨量与南方相比，明显偏少且年内分配不均，不少地方还受土壤盐碱化的威胁。长期以来，当地人民同洪、涝、旱、碱等自然灾害进行了持久的斗争并取得了很大的成绩，但认识自然、改造自然的任务还远远未曾完成，仍需做大量的工作。以下分别介绍这一地区的特点和治理措施。

一、北方平原地区的特点

我国北方平原地区，地域辽阔，各地自然条件差别很大，发展农业的水利条件也不相同。现分别介绍如下。

（一）东北平原

包括"东北山丘平原区"的三江低平原、兴凯湖平原、中部松嫩平原及南部的辽河平原，总耕地面积约 1.8 亿万亩，是我国重要的农业地区之一。东部三江、兴凯湖平原多年平均降水量 500～600 mm，无霜期 120～160 天；松嫩平原多年平均降水量 400～450 mm，无霜期 120～150 天；辽河平原区内，辽河中下游多年平均降水量 550～750 mm，无霜期 160 天，西辽河平原降水量只有 300～400 mm，无霜期 140～160 天。

东北平原地区农业自然条件的特点：土地资源比较丰富，区内拥有大面积质量较好的宜农荒地。河川径流和地下水资源，在北方平原地区各分区中相比较，是丰富的，但热量资源较差，冰冻期长，适于农作物生长的季节比较短。中部松辽平原对发展农业机械化十分有利。该平原的二、三级阶地，表层覆盖有不同厚度的黄土质黏土，透水性差，容易造成上层滞水，不少地方存在积水洼地。区内地下水的矿化度一般不高，但含有苏打。

这样的气候条件与水文地质条件，易导致沼泽土和苏打盐渍土的形成。

本区主要自然灾害是洪、涝、旱、碱、低温冷害等。农田水利的重点是：以防洪治涝为重点，同时要开源节流，充分利用河川径流，合理开发利用地下水，发展灌溉，井渠结合，灌排结合，防治土壤盐碱化。

（二）黄淮海平原

包括海河平原区、淮北平原区、南四湖湖西平原区及沂沭河下游平原区，地跨京、津、冀、鲁、豫、苏、皖等五省两市，总面积 30.3 万 km²，耕地 2.7 亿亩，是我国重要的农产区。

黄淮海平原地理位置优越、交通方便、光照充足、气候温暖、无霜期长、热量资源丰富，除北部少量地区外，热量均可满足一年两熟的要求。区内土地资源尚为丰富，地势平坦、土层深厚，开发历史悠久，耕作技术精细，这些条件对发展农业生产是非常有利的。

本区多年平均降水量一般为 500～900 mm，其中海河平原 500～600 mm，滨海平原 500 ～ 650 mm，淮北平原 600 ～ 900 mm。降水年内，年际分配很不均匀，年降水量的 70% ～ 80% 集中在 6—9 月，上游山区山洪暴发，平原地区河床宣泄不及，常受洪水威胁，低洼地区排水不畅，易生渍涝灾害。区内约有 1/3 土地面积的土壤和地下水含有一定盐分，干旱季节蒸发强烈，地下水埋深较小的地区，易发生土壤盐碱化。此外，因地面径流少，亩均、人均占有量不到全国平均的 25%，地下水也不丰富，水资源不足已严重限制了农业生产的进一步发展。

黄淮海平原存在的主要问题是：洪涝威胁依然存在，特别是主要河道一旦出险，广大平原将蒙受巨大损失；水资源短缺日趋严重，尤其是平原北部地区，水资源供需矛盾已相当突出，抗旱任务艰巨；区内尚有 2200 余万亩盐碱地、3000 余万亩砂姜黑土地、2000 余万亩风沙地等低产地；面积约占黄淮海平原总耕地面积的 1/3；农业结构有待改善，林、牧、副、渔业也比较薄弱。以上问题的解决，将会使农业生产潜力进一步发挥。

（三）内蒙古和宁夏河套平原

位于西北黄土高原区内，包括宁夏和内蒙古的黄河河套平原及大黑河平原，总耕地约 1700 余万亩，土地资源丰富。本区严寒少雪，夏季高温干旱，降雨少、蒸发大，属于干旱荒漠气候。日照充足无霜期 120 ～ 180 天，年降水 130 ～ 215 mm，是黄土高原区降水量最少的地区。本区自产径流很少，黄河水是本区主要的灌溉水源。地下水可开采量约为 48 亿 m³。

本区自然灾害很多，旱、碱、洪、霜、风沙俱有，以旱、碱影响最大，目前盐碱地面积约有 600 万亩，占引黄灌区耕地面积的 48%，灌区次生盐渍化的发展，严重影响农业生产的提高。

（四）晋、陕、豫山谷盆地

位于黄土高原区的东南部，地跨山西、陕西、河南三省，有耕地 5000 余万亩。各盆地间自然条件有较大差异。

西部主要由太原、晋南、关中三大盆地组成，耕地 4000 余万亩。本区年均气温 8 ～ 15 ℃，无霜期 160 ～ 240 天，农作物可二年三熟或一年两熟。多年平均降水量 420 ～ 770 mm，由北向南递增，60% ～ 70% 集中在 7—9 月，多以暴雨形式出现，易暴发山洪，危害农业生产。区内有汾、泾、洛、渭等黄河支流，因地区周围的山区、丘陵区和黄土阶地，水土流失严重，致使下流河流挟带大量泥沙，给平原地区的灌溉引水造成困难。当前存在的主要水利问题是：水资源不足，分布不均，按三大盆地耕地面积计算，每亩平均水量只有 170 余 m³。因此，干旱是本区的主要自然灾害，但土壤盐渍化威胁及除渍工作，也不可轻视。

东部平原面积较小，晋东南黄河北岸沁河中上游有小面积冲积平原，黄河南岸伊洛河纵贯豫西，山丘河谷，平川和盆地相间。本区冬季雨雪稀少；春季多风干旱；夏季水汽充沛，雨量集中，且多暴雨。无霜期为 150 ～ 230 天，大部地区农作物可两年三熟或一年两熟。平原地区年降水量一般为 550 ～ 650 mm，最少时只有 200 mm，时空分布不均，夏秋季节常常既有洪灾又有伏旱威胁。干旱、洪水是本区经常出现的自然灾害。

（五）西部内陆盆地

位于西北内陆区内，从贺兰山以西起，包括甘肃的河西走廊、青海的柴达木盆地、新疆天山南北的塔里木盆地和准噶尔盆地等。本区有耕地约 5870 万亩，另有宜农荒地近 2 亿亩，土地资源丰富，有草场 12 亿余亩，是农牧业生产潜力较大的地区。

因地处大陆内地，周围受高山阻隔，气候特别干燥，属干旱荒漠地带。除兰州、塔城和伊犁谷地外，其年雨量为 25～200 mm，最干旱的塔里木盆地多年平均雨量为 50 mm，有的地方终年不雨。该地区蒸发量很大，多年平均水面蒸发量，大部分在 1400～1600 mm，个别地方超过 2600 mm。这里湿度小、风沙多，是我国最干旱的地区。

该地区的河流俱为内陆河，多年平均河川径流量约 1000 亿 m³，若按现有耕地计，亩占有水量不低；若按总可垦地计算，亩占有水量就很低了。河流的下游，以内陆湖泊为归宿，或没入沙漠中。湖泊无出口，主要的排泄出路是蒸发，所以形成大量的咸水湖。冲积平原上部地区，地下水埋藏较浅或出露地面，水质尚好，处于冲积平原下游的盆地中部，往往为沙漠地带，该处地下水的矿化度较高，全区地下水可开采量约为 260 亿 m³。本区是灌溉农业区，无灌溉就无农业，耕地主要分布在水资源开发条件较好的平原，现有灌溉面积 4800 余万亩，占现有耕地面积的 82.2%，另有草原灌溉面积数百万亩。本区自然灾害是旱、碱、风沙、寒流，局部有洪灾。

（六）内蒙古中部平原

位于内蒙古草原区，有耕地约 2100 万亩，其中 86% 分布在阴山北麓盆地，农田灌溉面积不足 200 万亩。内蒙古草原区地广人稀、草原辽阔，畜牧业占绝对优势。平原区发展牧业的条件一般也优于种植业。本区多年平均降水量，由东南部的 400～500 mm 向西部递减为 100～200 mm，春季风大、风多，干旱少雨，春旱严重。因此，充分利用河川径流、合理开采地下水，发展农田灌溉，提高单产是平原区水利的主攻方向。

二、北方平原地区综合治理的原则

北方平原地区有耕地近 6 亿亩，约占全国总耕地面积的 40%，是我国的重要农产区。多年来，北方平原中有不少耕地已建成为旱涝保收、高产稳产农田，如黄河下游灌区、甘肃河西走廊、内蒙古和宁夏河套地区及各地大中型灌区和大量井灌区，已成为我国的重要商品粮基地。但由于本区内洪、旱、涝、碱、渍、风沙等自然灾害的影响，加上不少地方土壤瘠薄，因而北方平原中有大面积中低产田，致使农作物产量低而不稳。因此，对北方平原中低产田的改造，是本地区亟待解决的问题之一。

新中国成立以来，北方平原不仅修建了大量水利工程，而且积累了正反两面的丰富经验。已经从过去单一采用防洪、除涝、抗旱、治碱等措施，逐步发展为因地制宜的综合治理措施。在正确处理排、灌、蓄方面，也摸索出一系列行之有效的技术措施。更为可喜的是，在治理过程中，将水利措施与环境、生态、农、林、牧、副、渔结合起来综合考虑，取得了良好的效果，并把农业水利技术水平提到新的高度。以上通过实践积累的经验是十分宝贵的，应作为北方平原地区治理的原则来对待，具体内容如下。

（一）因地制宜

北方平原地区虽然有很多共同点，但由于各地的具体条件不同，各地存在的问题也各不相同。例如，东北平原主要的威胁是洪与涝、旱与碱次之；黄淮海平原除受洪、涝、旱威胁之外，对盐碱地、砂姜黑土地、风沙地等低产地的改造任务也很大；西北内陆盆地及河套平原主要的问题是干旱和土壤盐渍化。即使在同一地区，不同部位，由于地形地貌条件、水文地质条件和水资源分布情况不同，存在的问题也有很大差异。

例如，山前平原和平原河道的上游地区地势较高，地面坡降较大，排水通畅，洪、涝、碱的威胁并不严重，而干旱问题则比较突出，但若上游建有水库、塘坝等蓄水工程，则灌溉水源反而比较有保证，旱情也随之缓解；冲积平原和河流中下游平原地区，涝碱威胁较上游为重，若河流上游无大量蓄水、拦水、引水工程，则干旱现象较山前平原和平原河道的上游地区轻；沿河湖洼地和滨海地区，地势低洼、排水不畅，涉碱问题则是地区的主要矛盾。

为此，必须根据各地区不同部位的具体自然条件及已有水利工程情况，因地制宜的分类治理。

（二）综合治理

洪、涝、旱、碱是在自然条件综合影响下产生的。它们之间不但是紧密联系的，而且存在着因果关系。洪涝补充地下水，盐分随地下水向下游汇集，常形成地下咸水，盐碱地往往与成水相伴发生。干旱季节，在强烈蒸发条件下，如果地下水埋深较浅，则盐分又随土壤水上升到地表，水分蒸发消失，盐分积聚在土壤表层，因此，洪、涝、旱是促成土壤盐碱化的主要根源。由于旱、涝是引起盐碱的原因，而盐碱又能加重旱涝灾害，所以旱、涝与盐碱之间存在互为因果、互相制约的关系，单一的治理措施很难全面解决治水与改土问题，有时反而会产生不良后果。

例如，为了解决干旱问题，只注意灌溉而忽略了排水，有灌无排或排水标准很低，一遇大雨很容易引起地下水位上升，招致土壤盐碱化；如只注意蓄水抗旱，忽视排水或蓄水位过高，不仅会引起土壤次生盐渍化，也容易加重洪涝灾害。又如，为了除涝治碱，在强调排水，降低地下水位的同时，必须重视蓄水保水，否则土壤会失墒过多导致墒情不足，干旱问题就会突出。因此，平原易涝易碱地区，对洪、涝、旱、碱等灾害必须贯彻综合治理的原则。

在综合治理洪、涝、旱、碱过程中，常常会涉及妥善安排蓄、灌、排之间关系的问题，可通过采取对应措施来予以解决。

为了调蓄洪、沥水，常在泄洪或排涝河道和沟渠中建闸蓄水，在规划设计中，应使工程有足够的尺寸以保证河、渠具有及时排洪除涝的能力，以免产生洪涝灾害。

在有地下碱水的易碱地区，就要解决好蓄水抗旱和排涝排碱的关系，以引水或蓄水灌溉为主的沟道，亦应将水位控制在临界深度以下，以防止土壤产生次生盐碱化。

利用雨水和汛期地表水补充而建立的地下水库，在规划设计和管理运用中，也应正确处理排、蓄、灌的关系，如汛前通过井灌发挥井排的作用，降低地下水位，腾空地下库容以蓄存汛期雨水和地表入渗水，在地下水位过高时，则应将多余地下径流通过沟渠或水井排除。

（三）治水改土结合

为了做到旱、涝、碱兼治，治水改土结合，达到农业增产的目的，水利措施必须与农业措施、林业措施等密切配合。在盐碱较重地区，如不是水利措施先行，排水淋洗盐碱，不仅作物难以保苗，连种树都很难成活。挖沟、开渠、建涵闸、打井、平地都是为了改变生产条件，建立起具有较强抗灾能力的、能保障农业稳定增长的农田生态环境。但只使用水利措施，即便土壤脱盐，不旱不涝，也不能解决土壤瘠薄问题，还是达不到持续增产的目的。植树造林，种植绿肥、牧草，发展畜牧，科学耕作等措施如能和水利措施有机结合，才能不断提高土壤肥力，再辅以多种经营，农、林、牧、副、渔全面发展的目标才能实现。

总之，综合治理旱涝盐碱的中心问题是合理调控水的运动，不但要有完善的灌溉系统及田间配套工程，还需有通畅的排洪、排涝、排咸出路。为了增加灌溉水源，除利用各种蓄水工程拦蓄雨洪径流及河道弃水，增加地面淡水的蓄存外，还应相机补给地下水，搞好土壤的蓄水保墒。在综合治理旱涝碱咸及合理安排蓄、排、灌的同时，坚决实施与农、林、牧业措施相结合，最终的目的是建立良性循环的农田生态系统，为农业稳产、高产提供坚实的基础。

三、北方平原地区综合治理措施

我国在农田水利建设方面已经修建了大量的水利工程，这些工程对农、林、牧、渔的发展起到了极其重要的作用，当前的主要问题是如何维修好、管理好、利用好、改造好已有的工程，进一步挖掘潜力，提高设施效益，并在此基础上，根据各地区的具体需要与技术、经济上的可能，增建新的水利措施。根据上述指导思想，对北方平原地区普遍存在的水资源短缺问题，首先应采取综合节水措施，挖掘地区内部水资源潜力，并争取外来水源。对另一个较普遍的"中低产田改造"问题，也应根据上述指导思想，采取综合性的改造措施。

下面针对北方平原地区综合治理中带有普遍意义的两项技术措施，即"涝渍盐碱中低产田治理"与"农业灌溉节水技术"，分别予以介绍。

（一）涝渍盐碱中低产田治理

我国北方平原地区有大面积中低产田，其产量之所以低，主要是干旱、涝渍、盐碱等自然灾害所致，不能使水土和光热资源发挥应有的作用。兴修水利、改造中低产田，历来是北方地区发展农田生产的有效途径。据1987年统计，北方平原涝渍、盐碱低产田的面积约1.69亿亩，其分布和治理情况大致为：东北平原低洼易涝低产田（包括盐碱地）为9108万亩，达到5年一遇治理标准的面积为3900万亩，还有5208万亩待治理或需提高治理标准；黄淮海平原、黄河中游地区、西北内陆河流域，洼涝盐碱低产田7778万亩，已治理面积为489万亩。东北平原中的三江平原及黄淮海的洼涝盐碱耕地，是我国近期的重点治理区。

综合考虑各地情况，可将北方平原中的涝渍盐碱中低产田分为涝渍区和盐碱区两种类型。涝渍区指无盐碱危害的满渍中低产田区，如东北的某些涝区和沼泽地，安徽、河南两省淮北地区的砂姜黑土地等。盐碱区分两种情况，一种是无涝渍危害的盐碱中低产田区，如西北干旱地区的盐碱地等；另一种是既有涝渍又有盐碱危害的中低产区，如黄淮海平原等地区。

现将上述两种类型区治理措施的基本要点，简要介绍如下。

1.涝渍区治理

（1）地区特点

砂姜黑土区，砂姜黑土是黄淮海平原中低产土壤之一，主要分布在我国南北过渡带的淮北平原上。本地区涝旱灾害并存，且发生频繁，而涝灾出现的机会大于旱灾。砂姜黑土的质地黏重、有机质含量低、物理性能差，遇雨很快吸水膨胀使土壤表层渗透性能减低，雨水难下渗，极易产生涝渍。土壤毛管性能弱，一般上升高度只$0.8 \sim 1.0\,\mathrm{m}$，土壤易干旱。本区地下水较丰富，水质好，埋深较浅，有利于抗旱使用。区内地形低洼，且有许多封闭洼地，自然排水条件差，加以河道排水标准低，一般很难将地下水位降得很低。土壤有机质及矿质养分（主要是有效磷）含量低是限制作物生长的重要因素。

（2）"治水改土"措施

根据砂姜黑土易旱、易涝、土壤物理性能差、有机质及矿质养分低等特点，应采取水利措施与生物措施相结合的办法"治水改土"以达到旱、涝、渍综合治理的目的。在水利措施方面，应建立配套完整的排水系统，田间排网设计时应在实验的基础上因地制宜地确定沟深、沟距。淮北地区采用中沟深$3.0\,\mathrm{m}$、小沟深$1.5\,\mathrm{m}$、毛沟深$1.0\,\mathrm{m}$，中、小、毛沟的间距分别为$600\,\mathrm{m}$、$200\,\mathrm{m}$、$130 \sim 150\,\mathrm{m}$（中沟小沟相当斗沟、农沟），除涝防渍效果很好。在完善排水系统的前提下，除利用地表水灌溉外，应积极发展井灌，做到井渠结合，效果更佳。

（3）改土方面

采用增施有机肥结合深耕深翻，大力发展绿肥，有条件的话实施秸秆还田，对土壤理化性状的改善效果很明显。此外，增施化肥，实行氮磷配合施用技术以增加土壤肥力，增产效果十分明显。

（4）涝渍区和沼泽地

涝渍一般有3种类型，即沼泽型，系指地面长期积水，严重影响作物种植而成为低产田，如沼泽和洼淀周边的耕地；雨涝型，系指作物生长期因雨涝积水而受淹减产者，如平原地区因排水出路不畅的低洼地等；暗渍型，系指地下水位过高影响作物正常生长而减产者，如东北的"哑涝"耕地及山前泉水溢出带等。

2.盐碱区治理

我国盐碱地主要分布在西北内陆盆地和华北、东北及滨海地区，总面积约2亿亩，其中已耕地面积约占一半，为近期治理的重点。南方滨海地区也有部分盐碱地。

（1）基本措施

盐碱区治理最基本的措施是排水。因为土壤盐渍化是个相当活跃的过程，盐化和脱盐、碱化和脱碱与水分状况的变化密切相关，已经盐化或碱化的土壤经过治理脱盐或脱碱了，但如未控制好水的运动，会引起次生盐渍化。以冀鲁豫三省为例，新中国成立以后经过大规模治理，盐碱地面积在50年代中期约为2800万亩；1958—1961年，因缺水大搞蓄水工程忽略了排水，引起土壤次生盐碱化，三省的盐碱地面积发展到4800万亩；后来开挖了排水沟道，到1972年，三省盐碱地面积减为2100万亩。此后，因大旱有的地方在河道内建闸蓄水。因此，建立完善的排灌系统，将地下水位控制在临界深度以下，是盐碱地治理的关键。

（2）措施分类

根据北方平原地区盐碱地的特点，治理措施可归纳为3种类型。

第一类是华北、东北地区盐碱地。这一地区由于受季风影响，经常春旱秋涝，土壤中盐分的聚集有着明显的季节性和表聚性，而且很多是属于经过长期不合理灌溉后生成的次生盐渍土。治理措施：合理控制浅层地下水，做到排灌配套、井渠结合；同时采取精耕细作、增施有机肥料和种植绿肥等农业措施及营造农田防护林网，并结合化学改良土壤措施，进行综合治理，以降低土壤特别是表土层的含盐量。

第二类是西部内陆盐碱地。该地区的盐碱地多处于封闭性和半封闭性的内陆盆地，由于缺乏排水出路，加上不合理的灌溉和强烈的蒸发，加剧了土壤表层的积盐过程。治理措施：解决排水出路，建立排水系统，积极营造农田防护林，有些地方明沟排水困难，则采用竖井排水、暗管排水，辅以生物排水。

第三类是滨海盐碱地。该地区盐碱地的土壤含盐量大，加以有潮水顶托，排水困难。治理措施：首先是筑堤建闸，防潮水入侵，然后在内部修建灌排系统，进行引淡排咸，洗盐种稻，结合农业、林业措施加速土壤脱盐过程。

总之，多年的治碱经验表明，任何一种单项治碱措施都很难获得满意的效果，同时也不应把综合治理的要求规定在一个固定的模式里。以综合治理与合理种植相结合而论，就要根据不同的自然条件宜粮种粮、宜草种草、宜林造林、宜苇植苇、宜稻栽稻，因地制宜建立各种类型的种植利用方式和建立最合理、最经济的各种生态类型。

（二）农业灌溉节水措施

我国水资源紧缺，将是一个长期存在的难题。水是困扰我国农业发展的主要问题，因此，大力发展节水农业绝非权宜之策，而是长期任务。农业节水措施一般包括农业措施、水利措施和管理措施。

1. 农业措施

农业措施包括节水型农业结构调整，合理耕作制度，保墒技术、旱作农业，雨养农业等。为了充分利用当地的光、热及降雨资源，近年来，全国很多地方推广农业结构调整与旱作农业，已取得了丰富的经验。

神池县是山西省有机旱作农业示范县，2018年重点打造了烈堡乡莜麦、胡麻，长畛乡谷子、黍子、八角镇谷子、黑豆3个千亩封闭示范片，共计3855亩。2019年在7个乡镇13个村，创建了7个封闭示范片，总面积6805亩。2020年打造"两核一村五片"3万亩有机旱作农业核心示范区。同时，杂粮机械化生产达60%以上，地膜覆盖、配方施肥、杂交品种得到了有效推广，其中渗水地膜谷子种植成为全省引领三新技术的典型。2019 年，县域农产品加工企业销售收入达到 48430 万元，同比增长 8.1%；全县年销售 100 万元以上的农产品加工企业已发展到 20 个，总资产 2.1 亿元，固定资产 8900 万元。目前神池县有机旱作农业技术覆盖面达到 65 万亩，占种植面积的 92% 以上，农产品加工产值达 5 亿元以上，品牌建设工作上也取得一定成绩，通过大力发展有机旱作农业，带动农民增收、农业增效和农村富裕，有力促进乡村振兴。

依据多年实践分析，进一步发展农业，近期内仍需在有灌溉的耕地上做文章。实践表明，凡是获得高产的灌溉耕地，全是农业、水利措施紧密结合的。节水型农业措施既能节水又能高产，但也必须和水利措施相结合，才能事半功倍。但应注意，水利、农业措施不能偏废也决不能互相代替。

2. 管理措施

管理措施包括管理制度、管理技术、管理经济等方面。无论农业节水措施还是水利节水措施都需要通过科学管理来实现。例如，严格执行计划用水，推行有偿供水，实施依法（水法）管水，推广农业节水技术，调整农业结构，实行节水灌溉制度等，都要靠加强管理、科学试验、典型示范等手段来解决问题。

3. 水利措施

水利措施包括综合利用水资源、实施节水型灌溉、减少输水损失等。近年我国采用的节水措施大致如下。

① 在进行流域和地区水利规划时，因地制宜地制订水资源综合开发利用的优化方案，使地表水、地下水、外来水、区间水都能得到较充分的利用，收到一水多用和多水统用的效果。北方平原地区的井渠结合工程，以地下水补灌溉期间地表水源之不足，并利用非灌溉期和丰水期渠道余水补充地下水源，使灌区水量长期处于相对平衡状态，同时有效控制地下水位，提高土壤蓄水能力，兼有防碱作用。1989 年北方平原灌区井渠双灌面积已达 3000 万亩。

② 推广渠道防渗和管道输水以减少输水损失。渠道防渗措施是我国 70 年代以来推行的一种节水技术。由于采用防渗措施后，渠道渗漏损失可减少 50% ～ 90%，因此，在缺水地区和土质较差、渗漏较重的地区发展较快。北方井灌区，1989 年渠道防渗总长 10 万多 km，浇灌农田面积达 1900 多万亩。

低压管道输水是近年来在北方井灌区迅速发展起来的一种减少渗漏和蒸发的节水设施。

③ 地面节水灌溉技术，我国很早就注意节水灌溉。自 20 世纪 50 年代开始推行用水计划，提倡大畦改小畦、长沟改短沟、串灌改块灌，以及平整土地、搞园田化建设。陕西省洛惠渠，采取长畦改短畦，宽畦改窄畦，大水漫灌改小畦浅灌；配套方面做到田间渠道齐全，棉田和秋田泡田灌水定额降低 27% ～ 50%，作物生长期灌水定额降低 17% ～ 35%。近年来，北方半干旱地区还推广"长畦分段灌溉法"和"地膜灌溉法"节水效果显著。北方水稻灌区进行的"水稻旱种"试验，效果很好，已开始在一些地区推广。上述地面节水灌溉技术对解决水源不足起了很大的作用。

④ 发展喷灌、滴灌等节水灌溉技术。喷灌是利用动力把水喷到空中，然后像降雨一样落到田间进行灌溉的一种先进的灌溉技术。喷灌设备由进水管、抽水机等部分组成，可以是固定的或移动的。喷灌技术的优点：喷灌具有很多优点，主要是省水、不破坏土壤结构、能调节田间小气候，并且不受地形限制，因此大大节省平整土地的工作，同时可以不修或少修灌溉渠道。滴灌是利用铺设在田间的输水管道，通过管道和滴嘴将水缓慢地点滴地直接引向作物根部的一种灌溉方法。滴灌技术优点：降低肥料、养分和水的损失；让区域内的水分可以保持在田地容量内；减少杂草生长；水通过每个喷嘴的输出来控制，分配的均匀性高；劳动力成本低于其他灌溉方式；变化的供应可以通过调节阀和滴头进行调节；令叶子保持干燥，减少疾病的风险；压力通常比其他类型的加压灌溉更低，是能源成本较低的方式。

⑤ 节水型灌溉制度。在北方干旱缺水地区，各种作物均可采取浇关键水、减少灌水次数、降低灌溉定额等措施达到节水保产的目的。据试验证明：冬小麦有 3 个需水关键期，一是越冬期，二是拔节孕穗期，三是灌浆前期。在水资源不足地区，湿润年及平水年灌三水，丁旱年灌四水，冬小麦产量接近正常灌溉条件下的产量；在水资源短缺地区，只浇关键水，即冬前土壤水分不足时，浇冬水及拔节（或孕穗）两水，如前期土壤水分充足时，宜灌拔节（或孕穗）、灌浆两水。灌两水的比灌四水的减产 6.2% ~ 8.7%；如只浇一水（拔节或孕穗）则比灌四水的减产 26.8% ~ 31.8%。总之，浇关键水虽然减产，但仍能保证一定的产量。

第九章　灌排系统水体污染与治理

环境污染已经成为世界性公害之一，其中包括水环境污染。由于灌排水体遭到污染后，使北方地区的水资源更加短缺，因此，防止污染与治理污染已经成为当前一项十分迫切的工作。本章重点介绍灌排水体污染的基本概念、污染物质分类及危害、灌排水质标准与评价废水和废污水产生的影响及治理等内容。

第一节　水体污染的基本概念

一、水体污染

一般水体是指自然界河流、湖泊、沼泽、水库、冰川和海洋等地表贮水体的总称，其含义包括水中的悬浮物、底泥和水生生物等自然综合体，如进一步按区域划分又可将水体分为海洋水体和陆地水体两大类。水体与水质的概念并不相同，一般水质包括水体中含有物质的浓度、水的温度和外观等状态。

（一）概念

水体污染指进入水体中污染物质数量和对水体本身造成的危害程度。具体污染有两种情况：一种情况是水在自然循环中，不断接触各种物质，这些物质又以各种形式（如溶解、沉淀和扩散等）溶解在水中形成天然的水质又称本底，本底受到污染时称为本底污染；另一种情况是由于人类的生产活动使天然水质另外增加了污染物质使水体遭到污染。

因此，从不同的角度出发，对水体污染有两种解释：一种解释为外来物质进入水体的数量超过了该物质在水体中本底的含量称为水污染；另一种解释为在确定的时间内，进入水体一定水域中的污染物含量（包括热量）超过了水体的自净能力，使水体失去了原来的使用价值称为水污染。前者强调水体本底受到的影响，后者强调水体自净能力受到的影响。

（二）污染情况

水在自然循环中其过程是极其复杂的，因此，被污染的情况也分为多种。

1. 水体污染

① 由于自然地理因素引起的，称为自然污染，如水流经过特殊的地质单元使某种化学元素大量富集，或天然植物在腐烂中产生的某些有毒物质污染了水体。

② 由于人类活动向水体中排泄了大量的污染物质而使水体遭到了污染，这种污染称为人为污染，人为污染是当前环境保护和治理的重点。

2. 污染物来源形式

① 点源污染，即废污水是以某地点集中排放的形式使水体遭到污染，如工厂、矿山、城市的排污口均为点源污染。

② 面源污染，即污染物质来源于水体的集水面上，如农业污水灌溉、工厂、矿山排泄物造成的酸雨污染等。

3. 水体被污染后的变化

① 化学性污染，即水体中含有人量的有机、无机化合物，使水体中溶解氧减少，溶解盐增加，酸性发生变化，以及出现毒性物质等。

② 物理性污染，即使水体发生诸如颜色、温度、浑浊度的变化及放射性物质的增加等。

③ 生物污染包括水体中出现大量微生物和细菌类生物等。

从以上情况可以看出，水体遭受污染的情况是非常复杂的，因此，对水体污染的治理也必须区分不同的情况加以处理，才能收到较好的效果。

（三）水体的污染特点

1. 河流水体

河流水体大多数是工厂、矿山的废水排入而使水体遭到污染，这种污染的特点如下。

① 水流流动快，污染物扩散快，上游受污染的水体很快传到下游。

② 河流供水范围广，影响面积大。

③ 河流是鱼类和各种水生生物栖息的地方，遭污染后对这些生物危害极大，污染物质进入这些生物体内，有些物质得不到分解，人食用后继续转入人体，使人体遭受污害。

④ 河流遭污染后其污染程度可随径污比而变化，径污比大，危害重，反之则轻，且河流有一定的自净能力，污染后治理较容易。

2. 湖泊水体

湖泊和水库属于陆地上交换缓慢的自然水体，这种水体遭到污染的特点如下。

① 污染物种类多、来源广，有工业废水、田间农药残留物、生活污水及湖泊中生物残体等，增加了治理的难度。

② 湖水稀释和搬运能力弱，不能使污染物较快的混合或分解，沉淀后形成长期的次污染源。

③ 湖水流动慢，氢氧交换能力低，自净能力差。

④ 湖水对污染物质的生物降解、累积和转化能力强，这是由于水中不少生物具有富集铜、铁、钙、硅、碘等多种元素的能力，可溶解的浓度比未污染的水体浓度大几千倍甚至几万倍，这是湖水降解的最大特点，氧化塘即利用了这个特点对污水进行治理。

3.地下水体

地下水体的水流处于掩盖环境，且水流十分缓慢，污染不易发现，其特点如下。

① 遭受污染分直接与间接两种情况：直接指污染物直接来自污染源，在污染过程中污染物的性质不变，这是地下水的主要污染方式；间接污染指污染物作用于其他物质，然后这种物质又进入地下水使水体遭到污染，这种污染比较复杂，也难于治理。

② 地下水受污染的途径比较复杂，包括间歇入渗型——雨水或灌溉排水通过非饱和带使污染物随水流间断的渗入含水层中属于这种类型，如淋滤固体废物堆而造成地下水污染；连续入渗型——污水聚集地（污水池、污水渗井等）和受污染的地表水连续的渗入含水层；越流型污染——此类污染表现为污染物通过越流方式从已受污染的含水层转入未受污染的含水层，如通过破损的井管污染了潜水和承压水便属于这种情况；径流型污染——该污染指污染物通过地下径流进入含水层。

地下水被污染后难于治理，一般需要几十年甚至上百年才能使水体得到净化，地下水又是城镇居民用水的主要水源，因此，重视与保护地下水不被污染，十分重要。

二、污染物质分类

污染物质种类繁多，因而水体污染分类的方法也很多。下面介绍一些常见的分类方法。

（一）按水体性质变化分类

水体性质变化指水体遭污染后其物理性质、化学性质和生物现象均发生了变化，据此而鉴定污染的程度如表 9-1-1。这是比较普遍的应用方法。

表9-1-1　水污染后其性质变化

物理变化	化学变化		生物变化
	无机的	有机的	
水温 色度 浑浊度	pH 溶解度 硬度	化学耗氧量 总有机碳 需氧量	生化需氧量、大肠菌群数、细菌总量等
导电度 悬浮固体 可溶性固体	碱度 酸度 金属	油脂 酚类 烷基苯磺酸盐	
嗅味 泡沫 放射性等	气 硫 氯化物等	氯仿提取物 灭藻剂 农药等	

（二）按污染毒性分类

此种方法可分成以下两类。

① 能在环境或动、植物体内蓄积，对人类健康产生长远影响的有害物质，如汞、镉、铅、六价铬化合物等。

② 长远影响小于①中的物质，如五天生化需氧量、化学耗氧量、硫化物、挥发性酚、氰化物、有机磷、石油类、铜及其化合物、锌及其化合物、氟的无机化合物、硝基苯类和苯胺类等。此种分类方法主要为了严格控制工业废水排放最高允许浓度标准，以减轻对环境和人体的危害。

（三）按污染物本身性质分类

按污染物本身性质分类可分为 10 类：耗氧性有机类，可溶性盐类和酸碱，悬浮与漂浮固、液体物质，重金属物质，有毒化学品，酚、氰类化合物，植物营养物质，致病微生物，放射性污染物，工业废热水类等。

第二节　污染物质的分类及危害

水环境被污染后将造成各种危害，对环境、社会和人体健康都带来很大损害。因此，了解各种污染物质所造成的危害十分重要。下面按污染物本身性质分类介绍其危害情况。

一、耗氧性有机类的危害

水体中的有机物在其分解过程中需要消耗大量的氧气，如蛋白质、脂肪和木质素的分解、要消耗水中的溶解氧（DO），当溶解氧快被耗尽时转向嫌气条件下分解，从而产生大量甲烷、氨和硫化氢等有毒物质，使水质恶化，颜色变黑，并发生臭味而遭到耗氧性污染。污染较轻时，水中生物可产生窒息状态，污染较重时会死亡。与此同时，污染后有机物分由于解释放出来的养分过多而形成富营养化，造成的泡沫、浮垢常引起水体浑浊、恶臭，危害自然环境，人呼吸后也将受到一定程度的危害。

二、可溶性盐类和酸碱的危害

可溶性盐类包括硫酸盐类、碳酸盐类、硝酸盐类和磷酸盐类等，这些盐类主要来自工业废、污水。其主要危害为使水质变硬、使用后产生水垢，对纺织、食品、供水等工业影响很大，使产品质量降低，费用增高；酸碱废水彼此中和后又可产生各种盐类、一些盐类与地表物质反应后生成一般无机盐类，因而酸碱污染必然伴随着无机盐的污染。酸碱污染的危害可抑制细菌和微生物的生长，从而影响和减弱水体的自净能力；还可造成腐蚀管道、锅炉和船体的危害，对工业、航运企业等带来损失。

三、悬浮与漂浮固、液体物质的危害

悬浮固体指在水中呈悬浮的游离物质，主要来自厂、矿与农田污水。这些物质可截断光线，浓度含量很大时，可沉到河底淤塞河道，甚至改变河底高程，影响通航或导致洪水泛滥。一些河湖悬浮物达到 $100 \sim 300$ g/L 时将产生很大危害。漂浮物指石油、油脂类物质，一般在水面常形成薄膜或油膜，可减少阳光照射和水流通气，抑制水生生物呼吸，散发的恶臭味可导致大气污染，严重时将影响人体健康，在旅游区发生这种状况会破坏旅游环境，降低旅游价值。

四、重金属物质的危害

重金属是指相对密度在 4.0 g/cm^3 以上的金属，这种金属在化学元素中有 60 余种。对环境污染影响最大的有汞、镉、铅、铬、砷 5 种，或称为"五毒"，其次有锌、铜、钴、镍、锡等。重金属污染的特点是在水中不能被微生物降解，只能进行迁移（如沉淀作用），一些重金属生成氧化物、磷化物或碳酸盐沉淀后变成长期的次生污染源。重金属的危害主要表现在以下两个方面。

① 在天然水体中只要有微量浓度，即可产生毒性效应，如汞、镉浓度在 $0.001 \sim 0.010$ mg/L 时，即可致毒。一般金属浓度在 $1.0 \sim 10.0$ mg/L 时也可致毒。

② 重金属可以在高级生物体内成千成万倍的富集，然后通过食物链进入人体造成慢性中毒。

③ 一些重金属在水中微生物的作用下可转为毒性更强的金属化合物，如汞的甲基化称为甲基汞，毒性危害更大，因此，对重金属造成的危害，不容忽视。

五、有毒化学品的危害

有毒化学品包括有毒的有机和无机化学品。例如，农药一方面在防治病虫害与草荒方面起着积极的作用；另一方面长期和大量的施用后对土壤和地下水体均可造成污染。我国常用的农药有有机氯农药、有机磷农药等。有机氯农药性质比较稳定、不易分解，可长时期残留在土壤中被作物吸收并进行积累，生物食用后，又会在生物体内积累，这样经过食物链的逐级积累，浓缩后将造成严重的危害，滴滴涕（DDT）和六六六均属于这种农药。有机磷农药品种较多，按毒性大小可分为剧毒类，如硫磷（1605）、内吸磷（1059）等；中毒类，如敌敌畏；低毒类，如乐果、敌百虫等。其毒性主要抑制体内胆碱酯酶的活性，危害神经系统。此外，含铅、砷、汞等重金属农药，在土壤内的半衰期较长（一般为 $10 \sim 30$ 年），大量使用后，会造成很大危害。

六、酚、氰类化合物的危害

酚、氰类化合物主要来源于冶金、煤气、炼焦、石油、化工、塑料等工业废水。因其原料、制造工艺不同，其浓度、成分均有所不同。例如，煤气站含酚废水中高浓度挥发酚为 $2300 \sim 3000$ mg/L，含不挥发酚 $700 \sim 2000$ mg/L；低浓度挥发酚为 $40 \sim 60$ mg/L，含不挥发酚 $10 \sim 20$ mg/L，相差很大。另外，粪便与含氮有机物在分解过程中也会产生少量的酚，因此，城市污水也是酚污染的来源。酚类化合物的主要危害是慢性中毒，超量后发生呕吐、腹泻、头痛、头晕与精神不安等症状。水中含酚量为 0.1 ～ 0.5 mg/L 时，鱼肉有异味而影响食用；水中含酚量只要超过 0.002 ～ 0.003 mg/L，虽用氯法消毒，仍带酚臭味，而不能饮用。

氰化物主要来自化学、电镀、炼焦等工业废水。氰化物为剧毒性物质，一般误服 0.1 g 左右（氰化钾或氰化钠）便立即死亡。当水中 CN⁻ 含量为 0.3 ～ 0.5 mg/L 时，鱼将死亡。生活饮用水氰化物含量不许超过 0.05 mg/L，地面水体氰化物最高容许浓度为 0.1 mg/L。有利的是水体对氰化物有较强的自净作用，一般通过挥发性排出可占自净量的 90%。

七、致病微生物的危害

制革、屠宰、洗毛及医药部门工业废水均含有各种病原微生物，如病菌、病毒和寄生虫等。病菌是指可以引起各种疾病的细菌，如大肠杆菌、痢疾杆菌和绿脓杆菌等。病毒是指没有细胞结构，但有遗传、变异、共生和干扰等生命现象的微生物，如麻疹、流行性感冒、传染性肝炎病毒等。寄生虫是指动物寄生物的总称，如疟原虫、血吸虫、蛔虫等。

以上这些致病微生物污染水体后，传染快，发病率高，危害大，影响范围广，如不及时防治将造成大的灾害。

八、植物营养物质的危害

植物营养物质主要指氮、磷、钾、氨及其化合物。这些物质对植物均起着增肥增产的作用，但施用过量反而会造成危害。例如，地表水体中含氮化合物与含磷化合物的总量一般不超过百分之几至十分之几毫克每升，超过时将使水体富营养化，导致各种藻类繁殖，使溶解氧大量减少、严重时鱼类将死亡。

九、放射性污染物的危害

大多数水体在自然状态下都有极微量的放射性，近代核工业的发展使放射性元素在化工、冶金、医疗等部门使用后，其排泄物使水体中放射性元素有所增加，这些元素包括有 ^{90}Sr、^{137}Cs 等，其共同特点是半衰期很长，水体被污染后可随之进入人体。在一定部位积累后增加了人体放射性照射，可引起遗传变异或癌症。据国外资料，大型原子反应堆废水排入水体中，浮游生物所含的放射性物质比一般河水高 2000 倍，小鱼的含 ^{32}P 量比一般河水中小鱼的含 ^{32}P 量高出 15 万倍，因而不能食用。

十、工业废热水的危害

工业废热水主要来自发电厂、钢铁厂、焦化厂等厂矿的排放水，其主要危害是导致水温增高、水中溶解氧减小、有机物分解加快、细菌活动性提高，影响一些水生生物繁殖，温度过高时可导致死亡。

第三节 灌排水质标准与评价

一、灌排水质标准

灌排水质是指灌排水体中含有各种物质及其在浓度、温度等各方面表现出的综合性质。具体衡量这些综合性质尺度的依据称为标准或称指标。

（一）水质度量单位

灌排水质的单位通常采用浓度单位来表示。浓度单位主要采用 1 L 水中含有各种离子的毫克数或微克数来表示，即 mg/L 和 μg/L。有时也常用百万分率或十亿分率来表示，写成 ppm 和 ppb。以上两种度量的换算为：1 mg/L 为重量与体积之比，1 ppm 表示在 1 kg 水样中含有 1 mg 被测物质，用物质与水样重量的百万之一来表示，即 1 mg/kg，所以得到：1 mg/L=1 mg/1 000 000 mg=1 ppm。天然水体中含有杂质比重近似等于 1，故 mg/L 与 ppm 近似相等。同理，1 μm/L 也用 ppb 来表示。

（二）灌排水体的水质标准

灌排水体的水质指标可分为物理指标、化学指标和生物学指标 3 种。

1. 物理指标

物理指标包括分散系物质、温度、臭味、固体物和悬浮物等指标。分散系物质指水体中各种细小的物质，由不同的粗细微粒分散相与液态分散介质组成，由微粒的粗细、形态和性质决定水质分散系的类型和性质，分散系常影响灌排水体的总固体物、悬浮物、浊度和颜色等物理性质。温度是灌排水体常用的指标之一，水温与土壤温度关系非常密切，不同的作物对土壤温度与水温的要求不同，灌溉水质标准规定，水温不超过 35 ℃。臭（嗅）与味一般难用定量的方法确定，常用感官的适度来表达其强度等级。

固体物指水中所含各种杂质，分为以下 4 种。

① 总固体，指水中在一定温度下蒸发干燥后所残余的固体物质总量，又称蒸发残余物。

② 悬浮性固体，指水样过滤后，滤后截留物蒸干后的残余固体量，也就是总悬浮物质的含量、包括溶于水中的泥土、有机物、微生物等。

③ 溶解性固体，指水样过滤后，滤液蒸干后的残余固体量，包括可溶于水中的无机盐类及有机物质。总固体量是悬浮性固体和溶解性固体之和，此外，还有沉降固体和固体的灼烧减重指标。

④ 悬浮物（SS）又称浮游物，是指灌排水体中 0.2 ~ 1000.0 mg/L 的物质，水中 SS 过高，浊度增高，透明度降低，SS 与土壤容重、孔隙度和空气孔隙的减少有关，引用高 SS 的水进行灌溉，会导致土壤中空气含量下降，影响根系呼吸作用而使作物减产。

2. 化学指标

化学指标包括无机物质、有机物质和其他物质 3 类指标。

（1）无机污染物质及其指标

包括离子态有害物质（酸、碱、盐）、无机有害物质（烃、氟、硫化物）、硫与氮氧化物（二氧化硫、氮氧化物）和一般离子态物质（铁、锰、硼）等。

（2）有机污染物质及其指标

灌排水体中有机物包括含氮和含磷耗氧有机物、油脂类或有机有毒物质。含碳耗氧有机物、油脂类其综合指标有化学耗氧量（COD）、生物化学耗氧量（BOD）、总需氧量（TOD）和总有机碳量（TOC）等；含氮耗氧有机物、油脂类主要指蛋白质、尿素等；有机有毒物质主要指酚类化合物、有机农药、取代苯类化合物及多氯联苯（PCB）和稠环芳烃（PAH）等物质。这些物质进入水体都会造成严重危害。

（3）主要重金属指标

对环境和水体危害最大的重金属有汞（Hg）、镉（Cd）、铅（Pb）、铬（Cr）、砷（As）等5种。在微量元素中有铜（Cu）、和锌（Zn）等。灌溉水质对这些物质均做了严格的规定，对水田其含量不允许超过 0.05 mg/L，对旱田应 < 0.1 mg/L。

3. 生物学污染物指标

包括溶解性气体、放射性物质和一些生物学指标等。例如，二氧化碳（CO_2），对地下水环境和土壤的化学状况都有一定的影响，因此，在地表水体中规定不应超过 20 ～ 30 mg/L，在地下水允许达到 10 ～ 15 mg/L；又如，氧（O_2）易溶于水中成为溶解氧（DO），在常温下氧在水中溶解的最大量为 9 mg/L。此外，对放射性物质、生物指标也都有相应的规定。

根据以上所述各种污染物在水中危害的程度，国家制定了各种水质标准，包括《农田灌溉水质标准》《地面水环境质量标准》《食品加工制造业水污染物排放标准》《钢铁工业水污染物排放标准》《纺织工业水污染物排放标准》《制革及毛皮加工工业水污染物排放标准》《制浆造纸工业水污染物排放标准》《石油炼制工业污染物排放标准》等，用以控制水质免遭污染。这些标准都是结合我国的具体情况制定的，具有很强的科学性、合理性与实用性，这些标准可作为制定法律规定或实施条例的依据。

二、灌排水质评价

进行灌排水质评价是为了了解与掌握建设地区的环境质量变化与发展规律，为环境建设、环境治理和环境管理提供依据。评价的方法一般有回顾评价、现状评价和影响评价等。评价的内容有单要素评价、单项评价和综合评价。评价的精度可根据评价的目的、评价的对象而不同。早期的评价多采用各种污染物的浓度值来描述水体被污染程度（包括由统计得出的各种特征值、平均值、最大值、超标倍数和超标率等）。近年来，常把监测的数据，经计算处理后得出水质指数（或称水污染指数）来进行评价。下面介绍灌排水质和污染源的评价方法。

（一）灌排水质评价方法

灌排水质的评价主要是根据国家公布的农田灌溉水质标准进行，将实际监测的水质数据，将各种污染的含量对照规定的水质标准，一一对比，检查是否超过标准，如果某种物质的含量超过了国家规定的标准，即说明水体受到了该种物质的污染，其污染程度由该种物质在水中的含量来确定，随后提出治理意见。这里需注意的是对灌排水质的评价，必须考虑灌排水进入农田的污染物在土壤和粮菜体内积累起始值作为衡量该灌排区土壤、作物被污染的基本临界值，这也是评价灌排水质重要的数据之一。

灌排水质的评价方法除采用上述直接参照水质标准用对比的方法评价外，也可采用综合指数评价方法，即先按公式计算出各种污染物的指数，然后再据指数分成几级，依此作为评价依据。

（二）污染源评价方法

灌排水体被污染，大部分来自工矿企业排出的废水和城市污水，这些排水地点为污染源。查明污染源含污染物的数量、性状、浓度、排除方式、排除时间和排除过程，对防治灌排水体十分重要，为此，要对污染源进行调查、监测和评价，以确定污染源的类型和选择防治的措施。污染源的评价一般有类别评价和综合评价两种。

1.类别评价

类别评价是以各类污染源中某一污染物的相对含量（浓度）和绝对含量（体积或重量）的统计指标（包括检出率、超标率、超标倍数、标准差、概率加权值等）来评价污染程度，常用的几项指标有浓度指标、排放强度指标、统计指标（检出率、超标率和标准差等）。

2.综合评价

此法考虑了污染物的种类、浓度、绝对排放量、积累排放量和排放途径、场所及环境的功能。计算步骤：首先，选择评价参数；其次，确定评价系列和标准；再次，按照各种评价方法建立数学模型计算；最后，根据计算结果进行评价。

（1）评价参数的选择

对于排放复杂的污染源，首先，要仔细研究各项工艺流程，找出各个流程中可能存在的排放源；其次，把从进料到伴随的介质及所有的元素和化合物进行详细的计算和分析，找出可能产生的排放物及其数量；再次，根据各排放物对环境或人体健康的影响列出可能的污染物；最后，假定这些污染物被全部排入水中（或大气中）再与有关的水（或气）相比，按比值大小顺序排列，定出优先考虑的污染物。

（2）评价系列和标准的选择

应根据"功能分区"和"多用途环境目标"的原则选择多个标准参与评价。例如，评价废水，可供选用的标准有毒性标准、感官标准、卫生标准、生化标准、污灌标准、渔业标准和排放标准等。

（3）评价方法

可以采用等标指数法、排毒指数法和经济技术指数等方法，具体计算可建立数学模型。等标指数法是以排放标准作为评价标准，用超标倍数反映污染程度；排毒指数法是以排毒标准作为评价标准，其中还可分为急性、亚急性和慢性中毒标准，根据需要来选定，在计算中还可求出排毒当量指数和累积排毒当量指标。

第四节　废污水产生的影响及治理

一、废污水产生的影响

1. 污灌对土壤质地的影响

城市污水含有大量的有机物和悬浮、固体物质，这些物质进入田间后，随着下行水的移动，逐渐沉积于土壤中，造成土壤孔隙堵塞。据观测资料，未经污灌的土壤（简称清土）和已污灌20年的土壤（简称污土），同时用清水和污水进行对比灌溉。

田间试验，污灌比清灌气相率减少15.4%，室内试验则减少25.7%。由于气相所占比例偏低，导致土壤透水通气减弱，处于缺氧状态。土壤总孔隙度一般为52%～56%，而污灌的土壤偏低，使作物根系发育不利，另外，污灌使土壤胡敏酸（HA）下降，富里酸（FA）增多，因而使腐殖质活动性能增强，不稳定与下移能力增加，出现有机质下移现象。同时，长期污灌还会改变土壤微结构和吸水作用，以至改变土壤的含水状况等。

2. 污灌对作物生育进程的影响

污灌对作物生育进程的影响，随作物不同而异，小麦好于水稻，但多年污灌后，效应变坏。试验表明，新污灌水稻，从插秧到抽穗比清水灌延缓4天，老污灌区则延缓9天，灌后水稻根系密集层浅，根体小、数量少，根系密集层厚度比清水约减少20%。污灌小麦，植株高度与分蘖数均小于清灌，但成熟期高度却高于清灌，在小麦苗期污灌后易受抑制，不能正常生长。

3. 污灌对产量和品质的影响

污灌对产量的影响随污水的程度而不同。新灌区污灌产量可增加二至四成、随着灌期的延长，增产效果逐渐下降；老污灌区一般比清灌区减产一至二成。污灌后的品质一般出糙率、死米率和碎米率提高，净米率下降。

污灌小麦外观色泽度、出粉率及面筋含量均下降，蛋白质含量下降6.8%。同时导致氨基酸减少，品质降低。因此，对长期污灌的老灌区必须进行改造和治理，以便改善环境条件，提高品质，增加产量。

二、废污水治理

由上所述，废污水可以利用，但必须坚持治理。废污水治理的方法目前分高标准处理与低标准处理，对于老污灌区从长远的观点和利益出发，必须进行高标准的处理，并应将其处理费用纳入基本建设计划。

（一）废污水高标准处理

对废污水采用物理和化学的方法除去水中不需要的物质称净化处理。依净化的程度分成高标准处理和低标准处理。一般把水在使用前的处理称水处理，使用后的处理称废水处理。高标准技术处理按去除水中颗粒大小进行分类。

（二）废污水低标准处理

通常把废污水放入大而浅的池塘中，通过细菌和藻类的综合代谢作用使污水得到相应的净化称为池塘处理系统。这种处理系统比上述处理简单，因而常称它为低标准处理。实际从当前来说池塘处理系统很实用，各个国家对废污水的处理也大多是从池塘处理系统开始的，这种系统尤其适用于我国的现状。用较少的投资取得适当的效果，目前，我国不少地方已选择这种处理方式，如河北省石家庄市西三教氧化塘已建成多年，实用效果较好。

1.氧化塘处理

氧化塘处理是利用自然坑塘和专门修建的池塘放入废污水，通过水中细菌和藻类之间的共生关系和作用将有机物转化为无机物，达到净化的目的。氧化塘的细菌利用废水中的有机物作为食料和能量，部分有机碳经过氧化变为二氧化碳，释放能量，二氧化碳与由于水解作用释放的氨和其他含氮分解产物，被用于藻类生长（光合作用）。藻类生长过程中产生的氧，引起更多的细菌氧化作用，这样在细菌与藻类的相互作用下，一个以浮游生物为主的捕食群体便可以生存和发展，因此，在氧化塘中出现一种稳定而完整的生态系统通过这个系统的吸收和代谢作用使水中有机物转化成无机物，使水得到净化。

氧化塘中净化的过程十分复杂、既有化学的关系也有生物的作用，因此，对氧化塘的理论设计带来一定的困难。目前，氧化塘尺寸的确定，一般根据废污水处理流量的大小、在池中停流的时间等因素考虑，可取宽 20～30 m，长 50～60 m，为充分利用太阳能进行光合作用，一般不宜太深，深度可选择 1.0 m 左右，如果氧化塘与曝气池相结合，深度可达到 2.0 m，为取得较好的净化效果，氧化塘可制成 2～3 级或多级：在污水进入氧化塘之前，最好先进行曝气处理，或结合第一级氧化塘进行曝气处理。

2.废水稳定池

当池塘的设计与运行处在厌气或厌气和好气交替条件时，这种池塘称为废水稳定池。废水稳定池可用于处理含有可沉固体的废水，沉到底的固体物质可进行厌气分解，废水中不沉淀的物质，根据废水的特性可进行好气分解或厌气分解。可沉物质大部分堆积在进水管附近。稳定池内有机负荷很高，消耗氧很大，因而在白天，池中发生的混合作用很小，表面形成好气区和厌气区。光合作用多数发生在好气区，光照强的时候好气区的深度可达 30 cm 以上。在晚间好气区可完全消失。细菌分解大部分发生在厌气区，厌气分解的产物进入好气区后再进一步分解或形成气泡逸出到大气中去。稳定池对废水的处理效率可达 90% 以上（指BOD_5），对 COD 的去除率可达 50%～60%。池的尺寸设计按照在主要时间内稳定的使去除物得到平衡来考虑。

三、废污水管理

随着工农业用水的增加，排放物质也发生了很大变化，不少灌区地面水质某些元素超过规定的标准，并产生了水质污染。工业废水所带给河流的长期次污染源也影响到灌溉水质和灌溉作物。例如，松花江上游沉入河底的无机汞所形成的次污染源，已经影响到灌溉水质的要求，因此，加强水质的管理和制定防治措施已经成为当前一项十分重要的工作。加强水质管理包括两个方面的工作：一方面要加强国家行政管理工作，包括制定国家水质政策、法规、标准，建立健全监督检查机构、做好宣传教育、推广先进经验及奖罚违犯规定的事件等；另一方面要加强技术管理工作，主要包括布设监测站网，做好污染调查，进行水质规划和预报等项工作。

（一）水体水质管理标准

水体水质管理标准是水体水质管理的基础，是实施环境保护法中水源保护的依据。水质管理标准应包括水环境质量标准和水污染物排放标准，两种管理标准反映两个不同的侧面。

1. 水环境质量标准

主要从保护和改善水体的水质要求出发，依据水资源多种用途的特性，以其对环境不产生直接和间接的不良影响和危害的最低要求，对水中一些主要物质规定出一个允许的含量。水环境质量标准的另一个特点是允许水质含量和水域用途有关，可以根据不同的水域用途制定不同的标准。因此，水质标准又可分为国家水环境质量标准和地区水环境质量标准。国家水环境质量标准是从全国要求出发衡量的水环境好坏的尺度，是各地进行水质管理的准绳和水质评价的标准。它明确规定了水环境在一定时间（分期）和空间（分区）内应达到的目标值，约束有关部门在有限期内实现环境质量的要求。地区性水环境质量标准是按照国家的标准，参照地区水域的特点和用途制定的补充性标准。

2. 水污染物排放标准

该标准是从污染源角度出发，采取的一种控制手段。排放标准同样可分国家标准和地方标准，已公布的"工业企业三废排放试行标准"为国家级标准，国家级标准还可根据不同行业的特点和要求制定行业的排放标准，如《制浆造纸工业污水排放标准规范》《钢铁工业水污染物排放标准》等。地方上也可以根据本地区的一些要求，制定出一些补充性的标准，如上海市制定的《上海市工业废水排放补充标准》等。总之，水质标准的制定，要从实际情况出发，考虑水质污染的具体情况、水处理技术水平及经济条件等因素，才能制定出比较合理的、科学的、可行的和符合近期与长远利益的水质标准。制定后还要通过实践，不断地进行总结、修订、补充，才能真正起到指标的作用。

（二）水体水质管理内容

主要介绍水质监测、水质调查和水质预报 3 项。

1. 水质监测

水质监测是根据不同的任务和目的在不同的水域（或区域）布置的水质监测网站，通过监测（包括长期的、短期的或临时性的）提出水的质量和影响水质的因素，为利用和评价提供依据。水质监测项目包括物理性的、化学性的和生物学的各项影响水质的因素。

监测站网必须有国家规定的仪器、设施和传导工具，以满足监测工作的要求。监测站网的布置要根据水管理的要求并结合环境、卫生防疫等部门的工作统筹考虑，一般可分为水底本底监测站、水质污染监测站、实验研究监测站和国际水质监测站等。水质监测方法按照国家和部门规定的规范和操作规程进行，监测成果按期整编上报。

2. 水质调查

水质调查分工业污染源调查和农业污染源调查两大部分，水质调查内容和元素可根据不同要求拟定，调查可分定点调查、定向调查、单项调查和全面调查等。

3. 水质预报

随着管理工作的科学化和工作的需要，水质预报已经成为重要的管理手段，不少国家已经开展了按流域进行水质预报的工作，并已取得显著成效。预测预报可以广泛应用于突发性事故、枯水期污染和水质未来污染变化等各个方面。预测预报方法一般采取搜集、调查站网资料、选定基本参数、建立数学预报模型方法进行。

第十章　农田水利供给的有效性

判断农田水利供给有效性的标准是供给效率，对农业增长贡献度高、有助于农业发展、农民增收的才是有效的机制。

"三农"问题是攸关我国社会和谐发展、全面小康社会能否稳步实现的根本性问题，一直受到党和政府的高度重视。而长期困扰"三农"发展的五大难题是农业增长、农民增收、惠农政策执行、农业资金投入及农村安全饮水问题，农田水利正是破解这五大难题的突破口。加大对农田水利的投入力度、创新投资模式与管理制度、加强资金监管等，是新时期进一步完善农村水利基础设施投资、实现农业增长、促进农民增收的有效途径。

第一节　农田水利供给的相关理论

一、农田水利的公共物品属性

当前，较为前沿的用于研究基础设施建设和管理的理论大致有项目管理理论、制度经济学理论、现代公共管理理论、公共物品理论等。鉴于本节探讨的重点是农田水利供给的有效性问题，故这里重点介绍农田水利供给所涉及的最基础的理论——公共物品理论。

公共物品概念的提出大致出自于大卫·休谟（David Hume，1739）、保罗·萨缪尔森（Paul A.Samuelson，1954）、理查德·阿贝尔·穆斯格雷夫（Richard Abel Musgrave）3位经济学家的杰出性研究成果。其中，休谟最早提出；萨缪尔森给出明确定义，即"每个人对某种物品的消费，都不会导致其他人对该种物品消费的减少"；穆斯格雷夫则进一步归纳出公共物品在消费中具备非竞争性和非排他性两个本质特征。

按照公共物品的非竞争性和非排他性，公共物品可以分为3类：纯公共物品、私人物品和准公共物品。纯公共物品是为全社会成员而生产，任何人都可以利用其满足自己的消费而不影响其他人使用的物品。纯公共物品一般具有规模经济的特征，在消费上不存在"拥挤效应"，不可能通过特定的技术进行排他性使用。私人物品只能满足个人的需求，任何其他人未经同意不能随意使用，其价格由边际成本决定，有明确的产权关系，其供给完全按照市场规律进行，通常由追求利益最大化的企业（或个人）自行生产提供。准公共物品介于纯公共物品和私人物品之间、在消费方面具有较大程度外部性的一类公共物品，但同时具备两个特性：消费中的争夺性，即一个人对某物品的消费可能会减少其他人对该物品的消费（质量和数量）；消费中的排斥性，即只有那些按价付款的人才能享受该物品。

我国农田水利的主要作用在于提供农业用水和农民饮用水及改善农业生产条件，有明显的公共性；无论是水泵站还是保险水库等具体水利设施形式，其提供的产品或服务仅限于一定的地域范围或者消费量，消费上存在竞争性；很多地区农民不交水费，其农田就不能享受灌溉，消费也存在排他性。因此，学者基本都认同，农田水利设施属于准公共品范畴，甚至在不少地区属于俱乐部产品范畴（即具有私人产品的基本特点，但却不十分强烈；在一定程度上具有准公共产品的特征，但受益范围较小）。

二、最优分权理论

乔治·斯蒂格勒（George Joseph Stigler）从中央与地方分工合作的角度提出最优分权理论，论述地方政府存在的必要性与合理性。他认为，与中央政府相比，地方政府更接近公众，因此，地方政府比中央政府更了解辖区内选民的需求和偏好。地方分权有利于地区居民的偏好在地方政府的政策中得到显示。而中央政府，在解决分配不公问题上，以及中央与地方、地方与地方之间的竞争和摩擦上，其作用不可替代。因此，斯蒂格勒主张，为实现资源配置的有效性，决策应该在低层次的政府中进行，中央政府的作用主要体现在解决分配不平等和地区之间竞争摩擦上。

奥茨（W.E.Oates）通过自有配置和社会福利最大化一般均衡分析发现，在提供等量的公共产品前提条件下，地方政府提供部分公共产品比中央政府提供更有效。他认为，既然公共产品的成本是同样的，那么让地方政府将一种帕累托有效的产品提供给他们各自的选民，总是要比由中央政府向全体选民提供要有效得多。

理查德·W·特里希（Richard W.Tresch）从信息角度论述了地方政府的优越性和地方分权的必要性。他认为，如果信息是完全的、准确的，那么由中央政府或地方政府提供公共产品是一回事，没有差异。但是，现实生活中并非如此，社会经济生活中的信息并不完全和准确。因此，接近于选民的地方政府则能较好地了解和掌握居民的偏好，而中央政府所掌握的关于选民偏好的信息则带有随机性和片面性。在地方事务上，地方政府因得地利人和之便，比中央政府掌握着更多更详细的具体信息。许多事例表明，在中央集权情况下，要么是地方政府掌握的信息上达不了中央政府，也无法反映中央政策，要么是地方政府利用手中信息误导中央政府，争取更多的利益。在分权体制下，地方政府更多的是要对本地区选民负责，制定和实行能满足本地居民偏好的政策。偏好误识理论所提供的不确定性是西方国家实行地方自治制度的主要理论依据。

农田水利在建设和管理主体上是由中央政府主导、地方政府主导还是各地区农村自行建设和管理，体现出一定的最优分权思想。

第二节　农田水利供给的典型模式

一、政府主导、多方参与的美国模式

美国水利项目的建设与开发实施全民性的投资主体体系，包括各级政府、各私人部门和居民，但政府占据绝对重要的投资主体地位，几乎美国水利项目60%以上的投资均源于各级政府的资金投入。

① 在投资费用上采取按水利事权分摊原则，防洪工程主要是州政府负责，对较大的项目，如州政府推广的灌溉骨干工程项目，政府无偿投入；灌溉工程以下田间工程由农户自建、自管、自用、自有，政府给予适当补助。

② 在资金来源上广辟融资渠道，除主要由各级政府财政拨款外，还包括联邦政府提供的优惠贷款、向社会发行国债、建立政府基金、向受益区征税、项目业主自筹资金、社会团体或个人捐赠等。

③ 在运营成本的补偿上，防洪和改善生态等公益性项目的维护运行管理费用主要由各级政府财政拨款或向保护区内征收地产税开支；以供水和发电为主兼有防洪、灌溉等功能的综合水利工程，维护运行管理费用由管理单位通过征收水电费补偿并自负盈亏；灌溉工程在使用期限内，其运行管理费由地方政府支付，对于水利工程的折旧费，实施严格提取，并专门用于水利项目的更新改造和再投资。

总体上，美国在水利供给上走的是以政府为主导的分级管理的路子，各个层级进行严格的事权划分，并严格按照规则办事。

二、农民自我供给的尼泊尔模式

尼泊尔灌溉系统中70%属于农民自治，这种模式在尼泊尔具有长久的历史，已经被列为国家遗产。由于尼泊尔实行的是土地私有化制度，大部分土地集中在少数农民手中，然而，水资源是社区财产，也是共同财产；水资源的获取规则由农民在需求驱动的形势下自行起草规则，没有任何外部资助，完全由农民出资出力组织分配。

在争端解决方面，对于那些不提供劳力维修系统的人、不按规则取水的人或在不允许地带取水的人进行罚金等形式处罚。这是一种典型的农民自治模式，与上文美国政府主导模式截然相反。该模式在经历了长期考验后，被证明在当地是行之有效的，究其原因一方面跟当地的季节性季风气候有关；另一方面则由于农民自行建立了一整套供水、分水、维护、争端解决机制。

三、机构建设、准政府专管机构治理的日本模式

这里的"机构"包括政府及其他民间机构；而"准政府灌溉专管机构"则是由农民形成的、以发展当局开展的水利事业为宗旨的、专门负责管治水利的农田水利会，受上级部门监督和指导，被法律赋予公法人地位，是一种具有准政府机构性质的农民团体。

也就是说，在日本，政府承担全部新建工程的投资费用，水利一旦建成，则交由农田水利会全权负责，必要时政府再给农田水利会资助经费、补贴农民会员会费等。这是一种典型的政府建设但产权完全下放农民的水利供给模式，该模式目前在日本运行上井然有序，是世界上最有效的水利供给模式之一，其主要原因不在于政府的投资开发，也不在于基础工程设施的质量根基，而在于它有一套健全的、运作有效的规则体系。

日本的水利资金投资主体是中央政府、地方政府、农民和项目业主，中央政府和地方政府仅对水利公益事业进行大量投入，而非公益事业的水利项目则推向市场，由项目业主负担，政府提供一定的补助。虽然操作原则如此，日本的水利资金投资仍是以中央和地方的资金占主导地位，并且水利投资在各类公益事业投资中一直处于首位。

在资融资渠道上，日本主要依靠各级政府财政拨款、政府基金的长期贷款、银行贷款、向社会发行债券、自筹和接受捐赠款项等。和美国稍有不同的是，日本水利建成后治理主体主要是农民，而非各级政府，政府在整个过程中扮演"为农民服务第一"理念的认知者和传播者角色。

第三节　农田水利供给机制的文献述评

一、国外文献

水利是人民生活、农业生产的重要组成部分，是国内外学者研究的重要对象。由于发达国家在水利尤其是灌溉体系建设中起步较早，因此，其研究也相对较早。Jayaraman TK（1981）分析了印度的水利灌溉形式，认为印度在水利中的高投入并没有实现预期想要的目的，主要原因是管制中的欠缺。他认为，印度在水利灌溉管理中的人力资源严重不足，现有的管水工程师缺乏信息获取、提高农业生出率、调动农民积极性的能力。他从人力资源层面分析了组织工作和人员结构在提高水利供给有效性中的作用。Barnett Tony（1984）认为因地制宜是一个地区水利供给有效性的重要途径。他具体分析了非洲大、中、小水利的发展现状，认为努力发展小型灌溉系统是提高非洲农业、社会效益的有效途径。

Atm Shamsulhuda等（1991）从分析默克莱高原（位于埃塞俄比亚北部半干旱高原区）灌溉系统存在的问题出发，认为工程设计研究不足、缺乏长远规划及农民参与度

不高是其灌溉体系效率低下的重要因素。Thobani（1997）、Rosegrant（2002）重点强调了市场在灌溉体系中的配置作用，认为市场是提高水资源利用效率的重要手段。

Hans Binswanger（1999）等则着重分析了可交换水权的重要性，他认为，规范的水权促使使用者考虑到水资源的机会成本，从而减少农业灌溉中的负外部性，因此，积极引导市场参与水利建设，是提高水资源供给有效性的重要方式。

也有学者从水利建设主体角度论述了政府参与的必要性，Rosegrant 等（2000）认为政府的参与能有规避市场失灵，但在实际应用上基本限于发达国家，发展中国家往往因财政实力的不足而受制。

从以上国外学者的研究成果来看，有效的农田水利供给机制应涵盖如下几个方面。

① 投融资建设。在投融资问题上，政府主导、市场参与是解决农田水利融资问题的重要途径。

② 产权归属。认为规范的水权是引导农田水利高效运营的关键。

③ 人力资本投入。无论是水利工程建设还是工程管理，都要配备专业人员，这样才能保证农田水利在"硬件"上不致对其运营效率产生太大影响。

二、国内文献

新中国成立后，特别是改革开放以来，我国水利改革发展取得了显著成就。但与经济社会发展的要求相比，水利投入强度明显不够，建设进度明显滞后，保障水平明显偏低，从而引起国内该领域专家学者的高度重视。对农田水利供给机制问题的研究，目前主要集中在理论层面。

（一）中央决策、省级统筹、县级实施的政府主导机制

这是一种比较传统的观点，在我国农田水利市场化改革遇到种种问题后重新被提起，只是在具体责任分配上有所改进。代表性的观点是贺雪峰、郭亮（2010）及王冠军等（2010）。贺雪峰、郭亮（2010）认为，对于当前中国农田水利困境，应从建设和维护有效率的大中型水利、重建村社这个基础的灌溉单元两个方面入手，且这两种途径均应以国家投入为主。另外，国家还需将村社建设成为一个有效率的灌溉单元，在体制、机制上可以仿照"粮补"进行"水利补贴"，但"水利补贴"并不直接补到农户，而是按田亩补到村社集体。

王冠军等（2010）认为，明确事权、界定责任、创新体制是目前农田水利营运机制设计的重点，其中责任田内的工程建设与管理由农民负责，责任田外的工程建设与管理由各级政府负责；省级以上政府特别是中央政府应承担更多的责任，县级政府仍是农田水利重要的组织实施主体。他们还对事权划分进行了强调。

对政府主导农田水利建设持赞同观点的还有"基层水利发展现状、问题与对策研究"课题组（2010）等，与上面观点稍有不同的是，他们强调政府在基层水利发展中的作用，认为政府财政支农资金和金融促农资金的重点领域应放到基层水利，并且强调农民需承担自己责任田内与户内工程建设的投入责任，超出农民承受能力的，政府应采取以奖代补等方式给予补助。

也有学者对政府主导农田水利建设持不同观点。张亦工等（2011）认为，该机制不可避免地导致主体成分较多、管理主体缺位问题，从而造成"有人用，无人管"的局面；另外，由于财政资金有限，省、县等地方政府财政支持力度不足，经营性部分又难以实现良性发展，造成工程维修资金难以落实，工程管理基础薄弱，效益难以正常发挥，服务质量难以保证。加之各地长期存在重建轻管、重大轻小、重枢纽轻配套的意识，致使农田水利极易形成"农民管不了、集体管不好、国家管不到"的三不管局面。

（二）"一事一议"制

"一事一议"制首创于安徽省税费改革，此后在全国得到推广应用。由于我国早期的人民公社留下了一个需要合作的水利系统，而税费改革后，农田水利建设的总特征是"分"。而"一事一议"制将原来由政府向农村提供公共物品的职能转嫁给了农村社区自身，充分利用"集体"在农田水利基础设施配置中的作用，其实施具有一定的必然性。

此制度一经提出，不少专家学者，如王俊等（2005）都极力支持，任彩灵（2010）认为，"凡暂时叫停'一事一议'筹资投劳的地方，应重新启动'一事一议'政策，充分发挥农民在小型水利工程建设和管理中的主体作用"。

然而，罗新佐等（2006）、李梅华（2006）认为，这一制度在许多地方实施起来并不顺利；"一事一议"在实践中表现出典型的"三难"，即"事难议，议难决，决难行"，而这"三难"的核心并不在制度本身，因为相关文件对"一事一议"的原则、范围、用途、上限、实施程序、审批、监督等都做了明确的规定。问题却在于，这种要求组织进行的"会"因种种原因难以开展，因而此制度并不能有效解决农田水利有效营运问题。

持相似观点的还有刘石诚（2011），他从农民"激励"的角度分析了"一事一议"在操作上的不可行性。他认为，由于农民兼业化现象普遍，并不把务农作为主业，而取消农业税政策戳伤了农民建设和修缮农田水利设施的工作热心，进一步导致其在相应事宜的表决投票时倾向于投反对票，造成农田水利设施的建设和维护工作无法开展。

（三）农田水利供给的市场化

市场化是我国水利体制改革比较新颖的一种思路，其目的是将水利工程单位转变成自主经营、自负盈亏的市场经营主体。其基本思想是：国家投资建设、捐建或者与民共建水利工程，然后以公开拍卖的形式承包给个体经营，成立农户监督管理委员会对供水进行监管，形成一套多重主体参与的自主治理的制度框架。

代表性观点有张果等（2006），他们认为，在模式上水利设施应根据不同地区特点，选择合适的投资模式或者组合，如国家直接投资或者捐建模式，国家出资、农户出力模式，国家与农户共同投资模式，招商引资、国家控股模式。他们主张在经营权上发挥市场手段，以公开拍卖的形式将经营承包给个体农户，为此，他们还精心设计了一套相应的承包经营机制。

持相似观点的还有王晓文（2007）、曹鹏宇（2009）、李文哲等（2010）、刘远翔

（2011）等，他们认为由于我国政府财力有限，过去那种由国家统一投资的单一渠道投资方式不能完全满足农村对水利基础设施的需求。采用政府支持的市场化运作的方式，能有效促进农村水利科技服务体系建设与市场需求的结合，政府出台一些政策，吸引业主前来投资兴建水利工程，也可有效推动农田水利的建设和运营。和上面两种观点一样，对于该种思路也有不少学者持怀疑态度。

罗新佐（2010）认为，税费改革前，乡村组织通过统筹共同生产费维持了至少以村民小组为单位的共同灌溉模式。统筹共同生产费构成了水利工程单位与个体化农户形成稳定的供水关系的纽带。税费改革后，共同生产费被取消，乡村组织被禁止插手农户的生产环节，水利工程单位与个体化农户的供水关系便不能维系，基于农业在我国的特殊地位和当前我国农村的实际，政府在农田水利建设中还是发挥主导作用。

也有不少学者从其他角度指出这种机制的缺陷。例如，覃琼霞、江涛（2007）认为，农田水利建设的市场化尽管在一定程度缓解融资压力，但极易形成卖方垄断，从而降低农田水利运作效率，而建立用水者协会虽能解决上述问题，但有可能会形成双边垄断。

甚至有学者认为目前我国农田水利存在过度市场化的倾向（汤钧，2010），他认为应该依据农田水利的自身属性将农田水利划分为大型、中型和小型，并设计不同的运营机制。李燕琼（2003）和李鹤等（2011）则指出小型农田水利设施灌溉制度市场化改革后，可能出现追求利润故意不及时供水或哄抬水价，出现部分农户不能获得及时灌溉和设施维护得不到保障的情况。

此外，也有相当多的学者持"中庸"态度，认为在某种运营机制不可完全解决问题时，应综合运用几种营运模式。柴盈等（2012）根据用水户参与程度由低至高对农田水利的管理制度分为公共部门管理、联合管理、准公共部门管理、用水户管理4类，她们认为，"准公共部门管理制度"能够满足用水户的需求且能够合理安排公共投资资金，故管理制度效率最高，"联合管理制度"与"公共部门管理制度"次之，"用水户管理制度"最差。

孙小燕（2011）认为小型农田水利设施产权改革程度在不同类型的设施、不同种植结构的地区之间存在一定的差异，应据排他性、投入成本、净收益的差异区别对待。

王娟丽等（2012）通过对台湾农田水利管理主要模式——农田水利会的组织结构、运作过程和经费来源进行综合探讨，指出农田水利会是一种非营利性团体组织，关键是要充分发挥农民自治，二者结合方能有效推动各地农田水利的运营；然而，也有学者指出，很多"农民用水者协会"在实践过程中却流于形式，只有结合当地的实际情况，从当地农民的实际需要出发，才能使该协会真正发挥作用（王蕾 等，2005）；张陆彪等（2003）也认为用水户协会的功能作用在发挥方面目前还受到各种制度和体制的限制。

此外，极少数学者运用实证方法分析农田水利供给机制问题，例如，张宁等（2012）运用线性非效率模型和Logistic模型实证分析农户参与性机制对农田水利技术效率的影响，结果显示，在经济发展水平和自然地理特征不同地区，实行不同的农户参与性机制，农田水利技术效率会有较大差异。

从上述各专家学者的不同观点就可以看出，目前各种营运机制尽管在设计上很完美，然而运行起来却都存在问题。然而有一点是可以肯定的，就是当前我国在农田水利供给问题上必须有政府的参与，且政府应该发挥主体性作用。也就是说，依照当前我国国情，我国农田水利的总体供给思路是：首先建立在政府主体性基础上，再探索其他行之有效的供给机制。

第四节　提升我国农田水利供给效率的机制构建

一、构建我国农田水利供给机制的总体思路

（一）现状

由于受财政资金不足的制约，长期以来我国水利基建的重点都放在了经济效益较好的大型水利工程上，而小型农田水利的投资则长期不足，致使不少小型排灌工程被沦为"国家管不到、集体管不好、农民管不了"的"三不管"局面。水利建设过程中"重建轻管、重枢纽轻配套"的现象也很严峻，大多数水管单位性质不明，公益性工程缺乏财政支持，经营性部分又难以实现良性发展，造成工程维修资金难以落实、工程管理基础薄弱、效益难以正常发挥、服务质量难以保证。而重枢纽轻配套的意识则严重影响了水利的使用效率，浪费了大量的水资源。

另外，受计划经济体制的影响，我国农田水利的投资主体和产权主体一直都是各地方政府，产权制度缺乏激励作用，体制机制运转不畅，使得水利工程形成了建、管、用三者脱节的格局，除大中型水利工程有专门的管理机构和人员外，大部分农村小型水利工程基本上是"有人用、无人管"的局面。加上农业水价综合改革滞后，水费实际收取率低，严重影响了水利工程的正常运行维护。

（二）问题的实质

我国农田水利出现的上述问题实质上都是供给效率问题。从上文的实证分析结果可以看出，政府每年直接向地方下拨财政资金以建设和维护农田水利基础设施的做法并不是有效率的，相反，农民持久性收入的增加却能有效推动农田水利运营效率，这一结果不难联想到农田水利的投入机制。

由于现阶段我国农田水利的投资主体主要为国家政府，产权也基本归政府所有；政府投入农田水利这一行为本身对农田水利供给的有效性是不可能存在负面效应的，因为结合当前我国农田水利投入严重不足的现状，无论何种主体对农田投入，对农田水利供给的有效性来讲只会增强而不会减弱，既然如此，问题的根源只能落在农田水利产权的归属上。

而投资和营运主体（产权归属）一旦确定，剩下的任务则主要是解决有限投资情况下的具体农田水利发展方向问题。实际上我们凭直觉很难直接判别当前应该重

点发展何种形式的农田水利，才最有助于促进农业增长，唯一的办法是检查出哪种形式的农田水利供给对农业增长最有推动作用，而要实现这一目标，唯有借助计量分析工具。

综上，我们认为，解决农田水利供给效率不足的问题大致可以从政府参与农田水利建设或管理的方式及农田水利供给路径两个层面入手。

（三）国家政策

2011 年的中央一号文件立足国情、水情变化，从战略和全局高度出发，明确了新时期水利发展战略定位，强调水是生命之源、生产之要、生态之基，并第一次全面深刻阐述水利在现代农业建设、经济社会发展和生态环境改善中的重要地位，从而将其提升到了经济安全、生态安全、国家安全的战略高度。这说明，当前农田水利已经上升到了国家战略层面。

因此，仅单纯地臆断水利产权下放显然不符合国家大政方针，也是不可行的。所以，产权归属问题应综合考虑国家战略及产权激励两个层面。综上，我们认为，在农田水利供给机制上应该遵循这样一个思路，即产权归属上综合考虑国家战略与产权激励，供给路径上则充分考虑有效性。

二、小型农田水利的供给机制

从实证分析的结果中可以看出，影响农田水利供给有效性的原因至少体现在投入机制与供给路径两个层面，由于政府以财政补贴形式直接参与小农水利的建设并不能有效提高农田水利供给的有效性，主要原因是农民在农田水利的产权归属上缺乏必要的激励。虽然实证分析的结果也表明，农民持久性收入的增加能有效提升农田水利供给效率，但是这一点毕竟只能建立在长远期的发展基础上。因此，我们认为，当前提升小农水利供给有效性的重点应该放在产权改革上。

实际上，小农水利产权改革目前已经得到了国家政策的大力支持。针对当前"小农水"工程存在的管护问题，国家出台了多项小型农田水利管理的改革措施进行探索。2002 年国务院办公厅转发《水利工程管理体制改革实施意见》，将"改革小型农村水利工程管理体制"作为国家水管体制改革的内容之一，并且提出："小型农村水利工程要明晰所有权，探索建立以各种形式农村用水合作组织为主的管理体制，因地制宜，采用承包、租赁、拍卖、股份合作等灵活多样的经营方式和运行机制。"

国家希望通过"小农水"产权改革，使其产权结构多元化，管理形式多样化；通过发展用水者协会组织，使农民进入"小农水"治理领域，发挥其主观能动作用。2008 年中央一号文提出，推进小型农田水利工程产权制度改革，探索非经营性农村水利工程管理体制改革办法，明确建设主体和管护责任。

目前，据不完全估计，全国已有近 1/3 的小农水利进行产权改革。小型农田水利设施的改制，调动了广大农民群众和社会各界投资办水利的积极性，但也存在工程产权改革的相应政策不到位、产权改革后续制度跟不上、农村水资源的可持续利用成为改革中的难点等问题。

当前，应进一步明确小型农田水利设施的所有权，探索以承包、租赁、拍卖等多种形式实现小型农田水利设施产权流转，并强化政府对产权改制后的水务监督。在这方面，我国要学习和借鉴国外典型的小型农田水利供给机制，如前文所述美国和日本模式，在立足国情的基础上，学习和借鉴其有效的管理措施与方法。各地区"小农水"利产权改革一旦完成，则可以在此基础上引入多种融资和管理模式。例如，建立农民用水合作组织，从根本上解决建设管理政策问题；建立多元化的投入机制；进一步整合资金，提高投资效益；加大对"小农水"项目的宣传和监管；引起全社会重视等。目前，有很多学者对此已有较为深入的研究，限于篇幅，在此我们并不深入探讨。

三、大中型农田水利的供给机制

由于我们的实证分析的是农田水利的总体情况，并未具体区分小农水利和大中型水利，所以实证结果代表的是我国农田水总体发展情况。然而，鉴于大中型水利具有很强的公益性、基础性和战略性，国家不可能像小农水利那样将产权予以下放，大中型水利建设的投入和产权主体应依旧归政府。

当前，我国大中型水利投资主体主要为中央及地方政府，管理则主要由各地方政府负责。由于中央政府地位的特殊性，无论如何也难以直接参与大中型农田水利的管理中来，所以管理主体只可能是各级政府。因前文实证分析的主要视角是"投入"，故此处我们仅重点探讨中央及地方政府在农田水利投融资中应如何发挥各自的主体性作用。

分税制改革以来，地方政府财政实力受到削弱，中央财政收入得到加强。在地方财政收入大幅下降的同时，地方财政支出在全国财政支出中的比重却没有明显下降，甚至还有上升趋势。例如，地方本级支出占全国财政支出的比重，1993年为71.7%，1994年略下降为69.7%，1996年又回升到72.9%，到2008年则高达78.7%。这表明地方本级支出和本级收入之间出现越来越大的缺口。这个缺口：一方面，依靠中央转移支付来弥补；另一方面，各级政府为了完成自己任期内的硬性工程或者形象工程，主要依靠向银行贷款、卖土地，更有甚者，压低工程的标底，或者拖欠工程款等，有的地方财政无力配套众多项目，只好在完成中央投资额度后，拖欠工程完工日期。因此，为了保证水利建设项目保质保量按时完成，水利投入应以中央投入为主。中央政府在农田水利投融资上应给予地方政府足够的协助和支持。

对于地方政府来说，由于地方政府主要负责大中型农田水利的管理并一定程度上负责农田水利的投资，我们认为最重要的是完善水费机制与融资机制，然后再将所获资金用于农田水利的投资和管护中。具体内容如下。

（一）完善水资源有偿使用制度

应通过法律制度对水资源的所有权、使用权进行明确界定。水资源价格是运用市场机制配置水资源的前提条件和基础，因此，也应在政府的宏观调控下通过市场机制形成。当前，水资源无偿使用、低价使用甚至无偿调拨现象严峻，应尽快完善用水制度，建立起用水按价付费、通过水市场实现水资源有偿转让的制度，建立合理的水价形成机制，使其价格充分体现价值。

水价定制应涵盖 3 个组成部分，即资源水价、工程水价、环境水价，其中资源水价是体现水资源价值的价格，是对水资源耗费的补偿，具体包括对水生态的补偿（如取水或调水引起的水生态的恶化）、对短缺水资源保护的补偿及技术开发投入；工程水价是对资源水变为产品水所付出的成本与代价的补偿；环境水价则是对常用水体排放造成污染后进行治理的代价补偿。

另外，水价的定制应实行计量收费和超定额累进加价制度，从而实现对水资源总量控制、定额管理。

（二）充分发挥市场融资对水利建设的作用

与美国等发达国家相比，我国在大中型水利市场化融资上，还相对落后。市场的力量是强大的，只要能够充分利用，将会对水利建设和运营发挥巨大的效用。

目前，我国水利建设市场化融资不足的主要原因在于缺乏一个行之有效的融资平台。市场化融资成功与否，关键在于制度是否健全，而政府正是制度建设的主体。只有政府主导并建立和完善相关制度，才能形成一个安全、有效的投资环境，实现市场化融资目的。在政府主导下运转和发展水利投融资平台，配套相应的政策和资源，可以实现资源（资产）的放大和加速，将资金链拉长，促使平台做优做强。

当前，中央及各省政府应尽快出台一些优惠政策，授权平台开展公益性水利项目的贷款业务，由政府担保，企业运作。在运作形式上，可以积极尝试多种融资方式，如用资本市场发行长期基本建设国家债券、向金融机构融资、发行类似于体育彩票的农田水利基础设施建设和公共事业彩票等。

四、当前我国农田水利的供给路径

农田水利建设是农村基础设施建设的重要组成部分，关系到农业生产丰收成败，其总体投资规划应被足够重视。为此，必须在农田水利建设过程中，依据当地区域性特点，"深入了解建设区域近、中、远期的发展规划和方向，将农田水利的规划建设置于整个农村的发展规划框架内进行定位"，使得"农村水利规划服从农村发展的需要，服从农业结构调整的需要"。这就需要将有限的资金投入到对农村经济效益好、对农业增长贡献大、满足农民切身需要的农田水利设施中。从上文的实证分析中我们可以看出，在农田水利供给路径上，当前应重点从以下几个方面着手。

（一）中央政府

对于中央政府来说，在农田水利的建设上，未来应结合我国各地区地形、气候等特点，通过相关政策支持，积极推动地形有利地区发展有效灌溉，地形较差地区构建小型截留提水设施，条件成熟地区扩大旱涝保收面积，同时继续加大对水土流失治理的投入。鉴于劳动力对我国东西部地区农业增长的空间还很大，中央应进一步制定相关扶农惠农政策，提高农民收入，确保这两个地区更多劳动力从事农业。

（二）东部地区

东部地区未来应结合其雨水相对充裕、耕地相对紧张及地形多样等特点，在加大有效灌溉设施建设和投入、制定更多支农惠农政策鼓励劳动力从事农业的同时，在地形较差的农村地区发展微小型水利蓄水，同时进一步加强水土流失治理和对目前已有水利设施的维护和管理。

（三）中部地区

中部地区应结合其耕地面积比较宽裕、平原面积较为广阔、降水量相对较少等特点，努力整合现有耕地，利用已有截留提水设施发展规模型灌溉，并加大机电排灌区节水改造投入以进一步提高灌溉用水效率，当然也要高度重视现有农田水利设施的维护和管理。

（四）西部地区

西部地区则需结合其降雨量少、蓄水设施防渗漏要求高、气候较为恶劣等特点，在强化现有水利设施的维护和管理及加大水土保持建设力度的同时，积极引入节水灌溉技术，努力发展旱涝保收型农业。由于目前劳动力对西部地区农业增长的推动作用较强，西部各省及地方政府应努力制定各种相关政策提高农民收入从而鼓励更多劳动力从事农业。由于西部地区基础设施建设底子薄，地方财力弱，仅靠西部地方政府是难以实现这些目标的，还需要中央在政策和资金等方面重点扶持。

在具体投入和大政方针制定上，单就农业增长角度讲，中央政府大体上可依据各变量对农业增长弹性大小来考虑政策方向及资金分配；而各省政府如何进行农田水利投资，则有待结合各省省情，进一步深入研究。

第十一章　农田水利产权制度
与灌溉组织制度

鉴于越来越严峻的水资源短缺形势，如何解决农用水资源短缺问题已引起国际社会的极大关注。传统上解决水资源短缺问题总是求助于工程和技术的手段，而越来越多的研究表明，工程和技术的手段固然十分重要，但水资源开发、利用、管理制度也是导致水资源短缺的重要原因之一。本章通过对我国水资源现状和传统灌溉制度的分析，以现代经济理论为基础，以农田水利产权制度改革为出发点，构建出适应不同环境的灌溉组织制度模式。

第一节　我国水资源的利用状况及问题

一、我国水资源的总体概况

水资源通常系指逐年可恢复和更新的淡水量。大气降水是它的补给来源。降水到地面后，形成地表水、土壤水和地下水，三者处于同一个水循环之中，密切联系而又相互转化，构成了水资源的完整体系。由于土壤水除供植物根系直接吸收外，很难通过工程措施提取利用。从水资源利用的角度出发，在计算流域或区域水资源总量时，常将河川径流量加上地下水补给量，扣除重复水量后求得。具体计算方法，可参阅水资源计算的有关书籍。

我国多年平均河川径流量约 2.7 万亿 m^3，地下水补给量约 8.2 万亿 m^3，由于河川径流中包括很大部分地下水排泄量，动态地下水也有一部分由河川径流所补给，扣除两者之间相互转化的重复水量后，全国多年平均水资源总量约为 2.8 万亿 m^3，居世界第 6 位。

（一）我国水资源分布

我国水资源总量并不算少，但地区分布不均和时程变化大，给水资源开发利用带来很多问题。长江流域和长江以南耕地只占全国的 36%，而水资源量却占全国的 81%；黄、淮、海三大流域，水资源量只占全国的 7.5%，而耕地却占全国的 40%，水土资源相差悬殊。我国降水量和径流量的年内、年际变化很大，降水量的年际变化，北方大于南方，并有少水年或多水年连续出现的情况。以上水资源特点的存在，是我国历史上水旱灾害频繁出现、农业生产不稳定的主要原因。

新中国成立以来，党和国家进行了大规模的水利建设，但目前全国平均每年受到水旱灾害的面积仍有 3 亿亩左右。旱灾对我国农业生产威胁最大，从历年旱情资料分析，全国有 4 个明显的干旱地区，即黄淮海平原，松辽平原，四川盆地的东、北部和云贵高原至广东湛江一线。全国约有 70% 以上的受旱面积发生在这 4 个地区。其中以黄淮海地区受旱面积最大，接近全国受旱面积的一半，是对水资源要求最迫切的地区。

洪涝对农业生产的威胁也很大，目前我国平均每年洪涝灾面积仍有 1 亿亩左右，1989 年全国就有 25 省区出现了不同程度的洪涝灾害。黄淮海平原洼地、东北地区、长江中下游沿江滨湖的圩垸、珠江三角洲、沿海垦区等对排涝的要求都很高。此外，坚持不懈地做好大江大河的防洪工作，不断提高河道防洪能力，是长期奋斗的目标。

（二）我国水资源的水质

水资源本身含有质和量两个方面的含义，离开水质单纯研究水量，不可能对水资源做出正确的评价。水质差的水资源不但失去了经济价值，而且会影响经济建设及人民的身体健康。我国河流天然水质的情况大致如下：河流水化学特性有明显的地带性规律，分布总趋势从东南沿海湿润地区到西北内陆干旱地区，河水的矿化度逐渐增加，水化学类型则从矿化度低的重碳酸盐类水向高矿化度的硫酸盐及氯化物类水转化。我国天然水质中以重碳酸盐类分布最广，占全国面积的 68%；氯化钠类占 25.4%；碳酸盐类水占 6.6%，大部分分布在西北内陆河地区。河水的总硬度和矿化度有密切关系，分布趋势与矿化度相同。东南沿海最小，小于 0.5 me/L，为极软水区，西北内陆盆地和甘肃、宁夏一带最高，为高出 9 me/L 的极硬水区，秦岭、淮河以南，河水的硬度大都在 3 me/L 以下，属软水区，秦岭、淮河以北，河水硬度 3～6 me/L 为适度硬水区。东北北部及东部山区，以及新疆天山、阿尔泰山区，矿化度和硬度都很低，属软水或极软水地区。

河流泥沙，是水质的自然污染物，而且淤积河道、水库和湖泊，给水资源开发利用带来许多消极的影响。

水中含沙黏粒具有一定的养分，送入田间对作物生长有利，但含量过大会减少土壤的通透性，危害作物。大粒径泥沙不宜入渠，以免淤积渠道，更不宜送入田间。允许含沙量视渠道输沙能力及相应的管理养护措施而定。

（三）我国水资源的污染

我国河流的自然水质，绝大多数符合农田灌溉用水标准。在大中城市及工业区附近的中小河流，由于受到人为的污染，水质恶化，不能直接用于农业灌溉。水体污染主要来自工业废水，主要污染物是氨氮，其次是耗氧有机物和挥发酚，其他，如汞、铅、镉、六价铬、砷化物、氰化物及石油类等污染物在不同水系的各别河段超标而造成水污染。生活污水、工业废渣、矿业开采、农业生产等也对水体有一定程度的污染。

据有关资料统计我国工业排水和生活污水在 20 世纪 70 年代初，年排放量约 120 亿 t 左右，到 1980 年全国排放废污水量增加到 258 亿 t，当年全国工业废水处理率只有

7%～8%，其余未经处理就直接排入江、河、湖泊。1990年我国工业废水处理率已达32.2%，但因城市工业的高速发展；1990年全国废水排放量高达354亿t，其中工业废水249亿t，生活污水105亿t。生活污水中绝大部分为有机物质，如糖类、脂肪、蛋白质等。

水体被污染的途径很多，大体可分为点污染源和面污染源两种。城镇对水体的污染是点源污染。面污染源比较复杂，面源是指降雨径流把大气和地表污染物带进水体，其污染来源有酸雨、农药化肥农田径流、家畜家禽废物、水土流失、城市垃圾、工矿废料、矿业开采等。

过去我国在面污染源方面调查研究的项目不多，主要对耕地有机氯、有机磷农药的使用及其对江、河、湖泊的污染进行研究。20世纪80年代以来，研究范围逐步扩大，对工业固体废物产生量及排入江河湖海的数量以及矿业开采对水体的污染等都开展了研究。

地下水污染也不容忽视。我国主要城市约有1/2以地下水作为供水水源。全国有1/3的人口饮用地下水。由于地下水监测资料较少，很难做出全面地下水质评价，仅就已有资料看，在被调查城市中，受不同程度污染的约占90%，污染物以酚、氰、砷和氮为主，铬、汞、硫次之。北方少水地区，地下水超采，水位下降，水质硬度增加，有些城市地下水总硬度严重超标。有的污水灌区，将未经过处理的污水灌入农田，不仅污染了土壤及农作物，也污染了地下水。根据大多数省、市调查说明，地下水污染物质与地表水污染物质成正比关系，地表水污染严重的地区，也是地下水污染较为严重的地区。地下水由于其所处的地理条件及运动特点，水质一旦受到污染，恢复很慢，即使污染源消失后，水源污染状况仍将持续多年。因此，地下水的污染是半永久性的，后果非常严重。

河流的城市段遭受污染的程度，小河流重于大河流，北方城市重于南方城市。这是因为河流水质遭受污染程度的大小，除取决于废污水的排放量和排放毒物浓度外，还取决于河流本身径流的大小，也就是自净能力的大小。例如，长江流域的污水排放量在全国最大，但长江流域的径流量在全国也最大，说明长江流域的自净能力很高，其污径比约为0.011（污径比＝排放污水量/多年平均径流量），也就是说，每1000 m³江水中含有废污水11 m³。海滦河流域污水排放量不及长江流域的30%，但因径流量小，污径比高达0.11，是长江流域的10倍，因而污染严重。

以上是我国水资源的概略情况，在进行农田水利规划及灌溉水源分析前，应首先对当地的水资源做出全面评价，确定出合乎用水单位水质标准的水资源总量、时程变化，以及可供农田灌溉的水量（包括地下水），然后结合农田灌溉需要和当地自然条件，进行供需平衡分析，拟定出科学的灌溉规划，以达到重新调整当地水资源在时间和空间的分布、改善农业生产条件的目的。

二、我国农用水资源存在的主要问题

（一）总量丰富，人均占有量和单位耕地面积占有量小

我国年平均降水总量约6万亿m³，年水资源总量约2.7万亿m³，居世界第6位，但人均占有量仅2300 m³，只有世界平均水平的1/4，按亩均算只有1300 m³，只有世界

平均水平的一半。

国际公认的缺水标准分为 4 个等级：①人均水资源低于 3000 m^3 为轻度缺水；②人均水资源低于 2000 m^3 为中度缺水；③人均水资源低于 1000 m^3 为重度缺水；④人均水资源低于 500 m^3 为极度缺水。我国属于缺水国家，轻度以上缺水区域已占全国总面积的 2/3 以上，涵盖了大多数中东部地区。

旱灾已成为我国覆盖面最广、成灾损失最大的灾害，而且受灾面积逐年扩大，到 2000 年，接近 80% 的耕地面积遭受干旱灾害。随着干旱程度加重，农田灌溉面积逐渐增加，灌溉用水需求逐年增加。今后，随着我国经济的高速增长及工业化和城市化水平的提高，已经明显不足的水资源还要不断地向非农产业转移，未来，我国人口还将增加，人口的增加一方面会直接扩大用水需求；另一方面又会加大对农产品需求的压力，进而加剧农业用水短缺的矛盾。

（二）水资源的时空分布差异大

由于降雨的时空分布和年内分配的差异，水资源在地区上的分布极不均匀，北方水资源贫乏，南方水资源较丰富，南北相差悬殊。根据最新资料显示，北方人口约占全国总人口的 40%，耕地约占全国的 60%，但水资源只占全国的 20%；南方人口约占全国总人口的 60%，南方耕地面积约占全国的 40%，而水资源占全国的 80%。

北方人均水资源占有量为 1127 立方米，仅为南方人均量的 1/3。70%～90% 的降水集中在 6—9 月份，而且多发生于南方，一方面造成大部分地区的季节性缺水；另一方面，多雨季节又经常造成南涝北旱。北方地区，河流断流，地下水严重超采，大面积地下水位下降现象日趋严重。

（三）低效利用与浪费并存

我国水资源短缺与低效利用并存，水资源的低效利用，又加剧了水资源短缺程度。农业灌溉用水约占全社会用水量的 70%，但由于输水方式、灌溉方式、农田水利基础设施、耕作制度、栽培方式等方面的问题，我国农业用水的利用率很低。

农业用水中，渠灌区水的利用系数只有 0.2～0.4，井灌区水的利用系数只有 0.6 左右；全国平均每立方米农业用水生产粮食 0.87 公斤，而世界平均水平在 2 公斤以上，我国每公斤粮食的耗水量是发达国家的 2.3 倍。

（四）地下水超采严重

地下水超采造成了严重的生态环境问题。全国地下水超采的城乡地区有 80 多个，过量开采地下水造成大量环境地质问题。在以地下水供水为主的城市及一些井灌区出现大面积的地下水位下降，地下水枯竭，全国已经形成了 56 个漏斗区。地下水超采引起地面沉降、地裂缝和地面塌陷。沿海地区的地下水超采造成海水倒灌，严重影响了水资源的可持续利用。

（五）水资源管理体制造成水资源短缺和浪费

以分部门管理为特征的农业水资源管理体制造成水资源低效利用、水土流失和水资源污染等问题。具体表现在水资源规划利用方面，各部门、各地方经常从各自需要出发，彼此间缺乏协调，利用过程中缺乏监督管理；在水资源管理方面，众多部门从不同侧面参与管理，多部门重复管或各管一段，有利争着管，无利便推诿，缺乏统一协调管理的组织机构，造成水资源利用效率低、破坏严重。

第二节　水资源的基本特性

水资源是具有自然、生产、消费、经济和物质等多个方面特性的稀缺资源。一个国家的水权制度，只有充分反映水资源的特性，才能真正起到有效管理和配置水资源的作用。不考虑产权所特有的性质，产权就永远得不到清晰的界定和有效的实施（Barzel，1989），更无法实现有效的管理。

一、水资源的自然特性

（一）水资源的地域性
水资源以流域或水文地质单元构成一个统一体，每个流域的水资源是一个完整的水系，各种类型的水不断运动、相互转化，客观上要求流域统一管理、统一水量调度。基于此，供水、灌溉和水能等水需求必然受制于防洪、防凌、冲沙、生态保护等其他需求。

（二）水资源的多种用途
水资源不仅可以应用于工农业的生产，直接用来消费，而且可以用来进行污水处理，预防环境污染。水资源是否得到有效利用有利于保护生态平衡，维护生态环境。水库中的水不仅可以用来灌溉农田，而且可以用来从事养鱼等其他经济活动。

（三）水资源的利用有多重复合特征
有些水资源的利用具有竞争性，但在所有的水资源的利用与开发中存在典型的外部性。有些利用呈现出互补性，即在某一段时间、某一地点水资源的利用呈现出竞争性，但是从长期来看，由于水资源的重复循环利用，水资源又是准非竞争性的。

（四）水资源蓄积的随机性
由于每年的降雨量是无法人为控制的，并且每年的降水量也不均衡，因此，水资源的蓄积、利用和可利用的数量是很难预测的，因此，具有较大的随机性。

（五）水资源的可再生性
水资源可以通过3种方式得到循环利用。一是通过自然生态过程；二是通过现代技术手段，对水资源的净化和重复利用，但是成本非常高，是低效率的；三是通过经济合理的利用顺序，使同一水资源在多个生产环节中得以利用，提高水资源的再生量。

（六）水资源分布的时空波动性
水资源空间和时程分配不均，多则成涝、少则为旱，而且自然界需要大量的生态环境用水。水资源时空分布上的波动性，造成水的供给呈现明显的波动性，给水价制定带来了很大困难。水资源的波动性分为自然波动和人为波动，自然波动是外生不确定的，是无法控制的；人为波动是内生可控。自然波动表现在水资源的再生过程的空间分布和时程降水上。

空间上的波动形成区域差异性，即水资源在区域上分布极不均匀时程波动性表现在季节间、年际间和多年间的不规则变化。水资源再生过程的波动性对供水的保证是非常不利的。人为波动性是指人作用于水资源的行为后果，人类对水资源的开发利用模式、方式、制度等行为对水资源供给的影响。

（七）水资源流量单位变动性和储藏能力

变动性是指水资源的产出单位是稳定的还是变动的。主要是资源单位的空间运动，而与用户的任何获取行为无关。储藏性是指资源是否具有储藏能力，是用户能获取和保存为收益的资源单位。变动性和储藏性影响着：

① 资源用户面对的占用和供应问题的严重性；

② 用户解决这些问题的相对难易程度；

③ 可以发展和运用的制度安排的种类。

这两个特性影响者用户所拥有的有关他们水资源的数量、质量和价值信息，影响他们所面临的问题，以及用户协调他们的行动并从中获取收益的能力。

二、水资源的经济特性

从经济特性来看，水资源具有混合经济特性，既有私人物品的属性，又有公共物品的属性。私人物品具有消费的可分割性、竞争性和排他性，而公共物品具有非竞争性和非排他性，消费的不可分性。水资源私人物品属性的一面，如供水，竞争性很强，而且具有独占性，这种属性决定供水通过水市场配置最有效率；但是水资源又具有很多公共物品属性，具有非竞争性和非独占性，需要由政府来提供这些公共服务。

（一）水资源经济上的稀缺性

经济上的稀缺性是指对于消费需求来说，资源可供给数量的有限性。可以分为两类，即经济稀缺性和物质稀缺性。假如水资源的绝对数量并不少，可以满足人类的长期需要，但由于获取水资源需要投入生产成本，而且在投入一定数量生产成本条件下，可以获取的水资源是有限的、供不应求的，这是水资源的经济稀缺性。

假如水资源的绝对数量短缺，不足以满足人类的长时间的需要，这是物质稀缺性。水资源的经济稀缺性与物质稀缺性之间可以相互转化。我国的水资源既有经济稀缺性又有物质稀缺性。表现为我国有些地区水资源的绝对数量的不足，同时我国又缺乏大量的资金和先进的技术充分利用现有的水资源和开拓新的水源。水资源的稀缺形式与水资源的价值分不开的，价格应反映稀缺性。

（二）农用水供给的区域自然垄断特性

农用水资源的供给呈现典型的自然垄断特性。农用水长期供给有自然极限，短期供给依赖于水利设施，水利设施往往投资很大，投资周期长，具有公共物品的特点，使得水供给具有区域自然垄断性，通常由各级政府部门提供。

（三）水资源的共有资源属性

共有资源（common property resources），是有竞争性但无排他性的物品。想要使用共有资源的任何人，都可以免费使用，或者说排除他人使用的成本很高，以至于不经济。共有资源的使用具有竞争性，一个人使用了共有资源就减少了其他人对它的使用。

农用灌溉地表水或地下水都具有这个特性。在某一流域每年的降雨量是相对一定的（从概率统计的角度来分析，几年降水量的平均水平，不包括特别旱和特别涝的年份），即该流域的水资源可获取量是相对稳定的，由于水资源具有公开获取性及非排他性，随着经济发展和人口的增长，可用水资源渐渐不足，原本丰富且被视为自由财产的水资源，日渐稀缺，当许多人使用同一流域内的水资源时，这一流域内的水就是共有资源，在使用上具有竞争性。

（四）水资源的不可替代性

稀缺物品如果是可替代的，替代物可以满足人类对稀缺物的需要，就可降低稀缺物的稀缺程度，反之，就提高了稀缺程度。实际上，水资源是不可替代的，尤其是在农业生产中。水资源的不可替代性不仅说明水是农业生产中不可缺少的生产要素，而且也说明在水资源的其他用途中，替代水的经济成本是非常高的，因此，替代效应接近零。水的稀缺性和不可替代性要求在利用水时，要考虑水资源利用的经济效率和效益。

（五）农用水供求的外部性

农用水供给的外部性表现在水利设施投资维护的外部性、使用的外部性。需求的外部性表现在需求的代际外部型、取水成本外部性。一定时期、一定流域内的水资源具有外部性特征，表现为取水成本的外部性和流域水存量的外部性。

（六）农用水供求弹性小

农用水资源的长期供给受到地区气候条件影响，地表水可获取量和地下水可采取量受自然条件的限制，长期供给量有一个自然限度，供给弹性比较小。短期供给依赖于水利设施，水利设施往往投资很大，投资周期长，因此，水资源的短期供给缺乏弹性。不同的用水需求弹性不同，一般来说，人类基本生活用水弹性很小，其次依次是农业灌溉用水、工业用水、商业用水。农作物中，粮食作物的需求弹性比其他经济作物的要小。

第三节　农田水利产权制度理论分析

一、农用水资源的公共池塘资源理论

公共池塘资源（common-pool resources）是指那些难以排他，但可为个人分别享用的资源，如水资源、渔业资源、森林资源等。如果有人占用了部分公共池塘资源，则其他人将不能使用该部分资源；要想使用共有资源的任何一个人都可以免费使用，或者是要排除因使用资源而获取收益的潜在受益者的成本非常高（但并不是不可排除），以至于不经济；共有资源有竞争性：一个人使用了共有资源就减少了其他人对他的享用。

因此，公共池塘资源的使用者都面临着一个集体行动的困境：在存在搭便车或者过度利用公共池塘资源以谋求私人利益最大化情况下，如何持续可靠的利用公共池塘资源，使用者个人谁也不会去进行资源最有效利用的管理，最终导致资源的加速耗竭，产生"共有资源悲剧"，如地下水资源的抽水竞赛，造成地下水枯竭。

公共池塘（共有）资源是一种准公共物品，不具备排他性，共有资源使用上的竞争性导致其利用的"拥挤性"，也就是在共有资源的消费中，当消费者的数目从零增加到某一个可能相当大的正数，即达到了拥挤点时，就显得十分拥挤。在没有超过拥挤点的范围内，可以增加额外的消费，而不会发生竞争，即每增加一个消费者的边际成本为零；当超过拥挤点之后，增加更多的消费者将减少全体消费者的效用，即达到拥挤点之后，增加额外消费者的边际成本趋于无穷大。由于共有资源缺乏产权的界定，容易造成先来先用的竞争利用现象；又因其具有公开获取的性质，使用者彼此竞争利用，造成过度使用，并且随着需求量的大幅增加，水资源的稀缺程度加重，边际收益越来越高，竞争利用的现象加剧。"拥挤效应"和"过渡使用"的问题在共有资源使用中长期存在。

如图 11-3-1 所示，水资源使用者的边际成本 MC 及平均成本 AC，平均生产线 AP 及边际生产线 MP。假设水资源的使用权归使用者个人所有时，在 $MC=MP$ 时，Q^* 为最有效率的使用量，这种资源配置方式将得到 ABDC 面积的社会稀缺地租。若水资源为共有资源，个别使用者没有排他的权利，也没有激励占有或保护稀少地租，随着更多的使用者加入，导致过度竞争使用，将使水资源利用量直到 $AP=AC$，即 Q_m 的使用量标准，导致资源利用无效率。

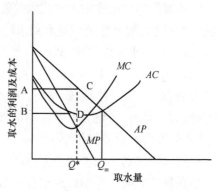

图 11-3-1　共有资源的非效率利用

二、农用水资源的外部性理论

（一）农用水资源外部性

1.含义

外部性是指经济主体对他人造成损害或带来利益，却不必为此支付成本或得不到应有的补偿，它强调经济主体对他人的伤害。外部性分为正外部性和负外部性。如果一个经济主体对其他经济主体造成损害但却不必为此支付成本时，称为外部不经济；相反，当一个经济主体为其他经济主体带来利益而得不到应有的补偿，称为外部不经济。

一般而言，外部性经济个体的效用受到他人经济活动的影响，从事活动者只考虑到自身利益，并非故意的影响他人，但是由经济活动所产生的外部性效果，并没有在市场上反映出来，以至于无法建立适当的市场，以供外部性制造者与承受者之间自愿交易。

因此，当存在外部性时，可能对资源产生不当利用情形，导致市场有效配置资源的功能失灵。外部性形成的原因是产权不能做到完全排他，或者是有些资源无法通过市场机制有效配置。水资源作为共同享有、分别享用的资源具有典型的外部性特征，从而造成水资源使用者的搭便车、机会主义或过度利用行为。

2.外部性形成原因

① 没有市场存在：一方面，资源利用不能做到完全排他；另一方面，共有资源无法通过市场机制有效配置，引起私有经济市场配置资源无效率。

② 人们只注重短期利益。

③ 资源产权不清，或者是产权不能清晰界定，也可能是产权没有经过明确分配或产权无法轻易地得到分派（科斯，1960）。

3.承担主体

从经济效率来看，外部成本应由经济主体来承担，即经济主体除了负担私人成本外，还包括外部成本。

从社会角度来看，任何经济活动的边际成本，即边际社会成本应该包括边际私人成本和边际外部成本两部分（图11-3-2所示）。边际私人成本（MPC）包含所有使用水资源的生产成本，但并没有考虑外部性的因素。边际外部成本（MEC）是指由于过度使用该流域水的环境损害或者是一个人的用水决策对其他人收益的影响。

当不考虑外部性因素时，市场机制的产量决定在 Q_c，价格为 P_c，边际社会成本（$MSC=MPC+MEC$）大于边际收益 MB，市场产量过多，从而没有效率，合乎效率的产出为 Q_c^*，即 $MC=MB$。由此看出，因为没有市场机制来内部化外部性，使资源配置效率无法达到帕雷托最优。

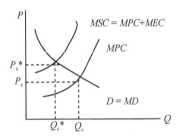

图 11-3-2　外部性与水资源的有效使用标准

（二）农用水资源外部性的表现形式

1.水资源的代际外部性

随着人类用水需求的不断增加和生态环境的人为破坏，可利用水资源的稀缺程度越来越严重。作为地球自然禀赋的水资源，生存在地球上的各代人具有共享权。水资源代际外部性也叫纵向外部性，它是从水资源的可持续利用角度出发，动态地考虑几代人的用水行为及其相互间的福利影响。其中主要是当代人的用水决策对后代人福利的影响。

从当代人与后代人两方来看，当代人是行为的主体，而后代人只能承受当代人行为所产生影响，后代人的要求能否得到满足、得到公平的待遇，取决于当代人的策略行为。当代人在利用水资源时，对水资源的需求是无限的，利用和选择策略都按照自己的意愿，这必然会给下一代产生影响，称为水资源的代际外部性。

当代人追求自身效应最大化，试图利用更多的水资源，努力降低水资源开发的成本，其结果势必首先开发那些容易开发，优质高效的水资源，提高资本收益率，而给后代人留下的则是难以开发，质量低的资源，势必增加后代人开发水资源的单位成本。例如，人们在使用水资源时，总是先使用比较容易获得的地下水，以至于造成地下水的过度开采，地下水位下降；而比较少的利用较难获得的地表水资源，同样较少利用处理过的污水，以降低开发成本。

2. 取水成本外部性

在一定流域、一定时期内，水资源的可获取量是相对稳定的，对某一流域内水资源的过度利用，导致获取每单位水资源的成本上升。取水成本的外部性是指一个水权持有者在第 T 期若少抽取一单位的水，将会降低其他水权持有者在 $T+1$ 时期的取水成本，但是不会得到相应的补偿；反之，将会增加其他水权持有者的取水成本（Provencher et al.，1994）。或者说上游的水权持有者增加取水量将影响到下游水权持有者的收益，而不必承担相应的成本。例如，某水权持有者的用水行为，将增加其他用水者的井的深度、抽水泵的功率大小和井的口径大增加了他人取水成本。

3. 水资源存量外部性

由于水资源存量的相对稳定性，在某一段时期的过度开采会减少乃至破坏未来年份的可获取量。水资源存量的外部性是指在一定时期内，一定流域内，水资源存量固定（如地下水资源）的条件之下，当某一水权人在第 T 期多使用一单位的水，将减少其他水权人在现在或将来可获取的水资源存量，因此存在你多用我就得少用的现象。因此，如果某一水权人想以储存当期水资源的存量来提高自己福利水平，是没有实际意义的，这也导致水权持有者没有激励诱因涵养水源，而尽可能地多用。

4. 策略外部性

策略外部性是指一个用水者的用水行为给其他用水者带来的收益或成本。尼格瑞认为：由于水资源的共有属性，产权缺乏清晰的界定，具有公开获取性，水资源的使用规则决定对水存量的所有权。使用规则使用水者对他们所抽取的那部分水拥有了排它的权利，一个抽水者今天不抽取的水至少会有一部分被竞争对手所抽取，今天不抽取的明天就不能占有，因此，削弱了抽水者为了未来抽水而减少今天抽水量的动机。

5. 环境外部性

水资源的过度开采利用，造成生态环境的破坏，如地下水位的下降、海水倒灌和土壤盐碱化等，降低水资源的再生能力，增加社会边际成本，而使用者并不承担相应的成本。或者由于水资源的使用、配置结构不合理，造成水污染，降低了水资源的质量，影响了社会总福利，水资源具有环境负外部性。同样，在某一流域修建水库和采用节水灌溉设施，可以改善局部地区的生态环境，可能给周边地区带来额外的收益，水资源也具有环境正外部性。

6. 取水设施投资的外部性

任何农用水资源的获得都得依靠一定的取水和储水设施，由于水资源获取的随机性，水资源供给具有不确定性，使水权持有者缺乏对水利设施投资获得预期收益的信心。水资源供给量信息的缺乏，也使水权持有者缺乏水利设施投资激励。水利设施一旦投资建成，所有支出转变为沉没成本，单个人投资、维护水利设施的努力，其他人可以免费享用的现象，使每个水用户具有搭便车的激励，造成水利设施供给和维护不足。外部性的存在，使市场机制对水资源配置失去效用，使用者有"搭便车"的激励和机会主义倾向，造成市场失灵。为有效配置水资源，应采用相应的措施内部化水资源的外部性。

三、农用水资源使用者的长期合作博弈理论

（一）囚犯困境博弈

公共池塘资源产生"公地悲剧"，"公地悲剧"模式常常被格式化为囚犯困境博弈（Dawes，1974、1975）。囚犯困境博弈被概括为一种所有对局人都拥有完全信息的非合作博弈。在非合作博弈中，对局人之间的交流是被禁止的或不可能的；对局人是被分离的。所谓"完全信息"是指所有对局人都知道博弈树的全部结构及与结局有关的回报。对局人是否知道其他对局人目前的策略选择，取决于这些选择是否是可观察的。

在囚犯困境博弈中，每个对局人都有一个支配策略，即不管其他参与人选择什么策略，对局人自己只要选择背叛策略，总会使他们的境况变好。在上述假定下，当两个对局人选择他们的支配策略时，便产生一个对双方都是第3个最好结局的均衡，双方都没有试图改变对方独立做出策略选择的动机。然而，来自每个对局人选择他或她的"最佳的"个人策略的均衡，并不是一个帕累托意义上的最优结局，个人理性的策略导致集体非理性的结局。

囚犯困境博弈是在囚犯不能改变由地方检察官强加给他们的约束条件：他们被关在监狱中，双方不能沟通与交流，虽然双方对有关策略的回报都清楚，但是，一方回报的取得要受到另一方策略的制约，双方的策略是不可相互观察的，关于对方采取什么策略的信息是不可知的，并且每个囚犯都只有一次机会，博弈是一次性的，双方都没有试错的机会，因此，囚犯困境的结局不是帕累托最优的，是短期的非合作静态博弈。

（二）囚犯困境博弈在水资源领域的应用

一定流域水资源使用者的特征、数量、分布状况（集中还是分散）及相互之间的利益等方面的相似性或相异性，对灌溉系统的开发和维护都有影响。因此，在使用者数量少，居住集中，利益相似，用途相同（农田灌溉），收益来源（出售农产品获取收益、农产品产量影响收益）一致时，灌溉系统的开发和维护就比较容易；否则，维护和开发工作就比较困难。祖祖辈辈都居住在这一特定区域，并且想将所占用的水权份额留给他们子孙后代的小流域灌溉系统使用者（农民），人口规模变动不大，他们之间也彼此熟悉，居住地和承包地位置的固定性，使水资源使用者的人数和范围边界都能被清晰界定。

同时，在一定流域水资源灌溉系统中，每一个用水者的策略行为及其结果都是可以相互观察的。上游用水户的用水行为和策略选择对于邻近他的用水者来说，是可以观察到的，其是否遵守了大家共同遵守的规则，是否有偷水行为，都是明确的。若灌溉系统是按照时间先后顺序使用，水渠下端的用水户在其用水时间即将到来时，会提前在其承包地头等待用水。因此，他能够清楚地观察到他前面的使用者的用水行为，并根据所观察到的情况做出最优选择。若他前面的使用者违背规则，他将采取"一报还一报"策略，最终导致整个集体违背规则，灌溉系统丧失应有的功能。

然而，农村承包地邻近的用水者大都非常熟悉，如果一个人经常违背规则，长期

采用不合作策略，将会丧失声誉，从而丧失长期与他人合作的机会和长期持久的利益。因此，个人的声誉道德约束着每个人遵守共同规则，而所有用水户之间的相互监督和制约，将有利于整个灌溉系统的维护，最终致使符合整个集体愿望的利益产生。

流域灌溉系统的使用者是本地农民，他们的收益和成本是对称的、一致的。一般来说，在长期持久的水资源灌溉系统中，得到最多水资源份额的使用者，需要支付最高比例的灌溉系统的运行和维护费用。农民都是通过灌溉农作物来获取更高的农作物产量，灌溉效率与农作物产量正相关，因此，农民的用水行为是一致的，都是把水用做农田灌溉，其行为的收益和成本也比较容易衡量（可用农作物的产量或产值来衡量）。

同样，由于农民的居住地长期固定，耕地相对固定，行为习惯和生活特性及每个人的行为特征彼此都非常了解，并且本地农民具有一定的地缘和血缘关系（如农村同姓宗族），因此，农民彼此间的策略行为的信息是完全的和对称的，他们对长期使用的水资源系统的供水能力的信息也是一清二楚。

在一定流域灌溉系统中，长期较固定的、数量有限的和范围可清晰界定的使用者，他们的策略行为是可相互观察的，行为是相似的，行为结果也是相近的和可衡量的；同时，地缘和血缘关系，使每个使用者的策略行为及整个资源系统的信息是完全的和对称的。

这些情况给予每个农民长期试错和重复博弈的机会，声誉机制和谋求长期稳定利益的期望，使小流域水资源使用者的用水策略更接近于长期合作动态博弈，是"讨价还价"形式，而不是非合作静态博弈（周玉玺，2002）。这种长期试错和长期合作动态博弈的结果，就为长期自主协商灌溉组织制度的建立提供了可能性。

四、农用水资源的产权理论

（一）产权制度理论

财产权是构成经济活动的最基本的条件，只有产权充分界定，才能促使合法使用、交换或管理各种资源。个人对资产的产权由消费这些资产、从这些资产中取得收入和让渡这些资产的权利或权力构成。按照 Alchian（1950）的定义，"它是一个社会所实施的选择一种经济品的使用的权利"。产权的主要功能就是内化外部性，帮助一个人形成他与其他人进行交易时的预期（Demsetz，1988）。一个产权的基本内容包括行动团体对资源的所有权、使用权、转让权，以及对收入的享用权。

一般而言，有效率地配置资源的财产权必须具备下列 4 种特征，也就是在市场经济制度中产权要达到：

① 普遍性，所有资源都为私人所有，并且完整的界定所有的权利；

② 排他性，拥有和使用该资源所产生的效益和成本皆属于拥有者，不管是直接和间接出售给他人，这种效益和成本皆属于拥有者；

③ 转移性，所有的产权可通过自愿交易的方式转移给他人；

④ 强制性，产权应受法律制度的保护，免受其他人的侵犯。

但是，在现实世界中，并非所有的资源都具备上述特征，如有些资源具有共同使用特性，实际上却无法区分财产权归属何人，此种资源具有公开获取、先到先用和非排他特性。财产权利明确，利于所有者合法使用、交换或管理这些财产，增进福利。财产权能内在化外部性（Alchian，1965；Demsetz，1967），是经济活动最基本的条件。共有资源的公开获取、先到先用的共同使用特性和财产权归属区分的困难性，哈丁认为导致"公地悲剧"的根本原因，就在于共有资源产权的界定上。

水权就是水资源的产权。水权是水资源稀缺条件下人们有关水资源权利的总和（包括自己或他人受益或受损的权利）（姜文来，2000），含水资源的所有权、经营权和使用权。水权可以按照所有权，也可以按照使用权的不同获取方式进行分类。将产权的所有权界定给不同的行动团体就会形成不同的产权制度（王金霞，2000）。自然资源的产权一般分为自由进出的产权、国有产权、集体产权、共同产权和私有产权。

从世界范围来看，以上几种产权制度在水资源中都是同时存在的，并且随着资源、环境、经济、社会和政治制度的变化而不断发生变化。由于水资源作为一种特殊的战略资源，大部分国家都由宪法或法律明确规定了国有的性质，因而水权转让主要是指除了所有权之外水资源的其他权利，一般指水资源的使用权及相关的转让、收益权等权利转让。

从我国的现状来看，除了一小部分水资源的产权属于集体产权之外，大部分水资源（地表和地下水）的产权都属于国有性质。水资源产权制度分为水权用户、流域管理委员会与政府宪法3个层次。水权用户层次的产权表现为进入权和提取权，如用水。流域管理委员会的产权表现为管理权、排他权和转让权，如限制水资源用户的使用方式，确定用水者的主休资格，界定有权用水者的范围，对水利设施的管理和监督权。政府宪法是政府依法享有水资源的所有权。从使用权的获取方式（或初始水权的确定）来看，目前国外水资源（主要是地表水资源）的产权主要分为以下几种体系。

1. 河岸权体系

河岸权体系指合理使用与河岸土地相连的水体但又不影响其他河岸土地所有者合理用水的权利（Singh，1991）。为了能够运用河岸权，必须拥有河岸土地的所有权。

承认与水流相邻的土地（河岸地）所有者在他的土地上有使用水的权利，但仅限于当时水量，进行有限的用水，不得有对水质造成恶化的行为，不能影响其他河岸水使用者合理地用水。当不能满足所有河岸水使用者的用水需求时，水使用权人应根据各自的权利量减少各自的用水量。河岸权只针对某一水道内的天然水流，必须在流域内河岸土地上运用，而且这些河岸土地必须在水体所属流域内。这种体系适应了英格兰和欧洲以及美国东部一些地区多雨的气候特点。

2. 优先占用体系

优先占用体系是在干旱和半干旱的美国西部各州建立和发展起来的，主要是为了解决这些缺水地区的用水问题（Singh，1991）。优先占用体系的核心是优先权。占用的日期决定了用水户用水的优先权。最早占用者拥有最高级别的权利，最晚占有者拥有最低级别的权利。

与河岸权不同，占用权仅仅针对水的利用，该体系允许在有水的时候将其储存起来，以便用于那些无法获得水的地方，还允许将水从有水的地方向需要的地方进行输送。优先占用水使用权只在"有益利用"的范围内才予以承认，对相当于许可量的必要水量要进行审查，多余的水权不予承认。在水的利用场所和目的发生变更及水权转让的情况下，必须伴随水使用许可。优先占用水使用权人在一定时期内不使用水权即丧失权利，水权与地权分离。

3. 混合水权体系

混合水权体系既包括像加州那样最初由习惯做法演变的优先占用权体系，而后吸收了河岸权体系部分要素的类型，也包括最初建立了河岸权体系，而后经过调整又与优先占用权体系相适应的类型（Singh，1991）。

4. 比例水权体系

比例水权体系是按照一定认可的比例和体现公平的原则，将河道或渠道里的水分配给所有相关的用水户（Rosegrant et al.，1994）。比例水权是智利和墨西哥在确认初始水权中主要运用的一种方法。

在墨西哥，水权在技术上根据计量水量，而不是根据河流或渠道水流的比例来分配，灌区和用水者协会负责建立相应的程序在他们的管辖范围内分配多余的或短缺的水资源。多余和短缺的水资源将简单地按比例分配给所有的用水者。例如，如果流量比正常低20%，那么所有水权拥有者得到的水资源也将低于20%。该程序有效地将计量水权转变成了按比例的流量权利。

在智利，水权是可变的流量或水量的比例；这样的好处是水权拥有者在一定的地方保证拥有一定数量的水权份额。如果水资源充足，这些权利以单位时间内的流量表示（每秒升、每年或月的立方米）；如果水资源不充足，就按比例计量。

5. 社会水权体系

社会水权体系除了将水用于消耗性用途外，人们总是强烈希望拥有公共水权，包括航运、渔业及其他用于商业目的的地表水使用权等（Easter et al.，1994）。由于这部分水权无法在市场上竞争，公共部门在初始水权的分配中或者购买了这部分水权，或者直接保留下来。

（二）水资源产权的基本特征

1. 非排他性

《中华人民共和国水法》第三条规定"水资源属于国家所有。水资源的所有权由国务院代表国家行使。农村集体经济组织的水塘和由农村集体经济组织修建管理的水库中的水，归各该农村集体组织使用。"，但从实践上来看，水权主体是虚置的，以至于国家所有的水权流于形式，权利被稀释，失去排他功能。

2. 可分割性

水权与地权一样，其所有权、经营权和使用权可以分割开来，归属不同的权利主体，所有权归国家或集体所有，经营权可以归个人或某一组织所有，使用权归用水者所有。

3. 外部性

流域水资源的外部性特征赋予了水资源产权以外部性。由于水资源的流动性、随机性和循环性，对水资源定量衡量的技术要求高，计量成本很高，以至于难以精确地确定某一水权持有者的用水配额，水权易受到其他人的侵害。某一流域上游水权拥有者的用水策略影响下游水权拥有者的收益和成本，当代人拥有的水权配额影响后代人的收益和成本，具有代际外部性。

同样，在某一地区修建水库，可以改变局部地区的生态环境，可能给周边地区带来额外的收益或损失。如果水权拥有者缺乏节水激励而过度利用，造成水资源枯竭，则破坏生态环境，具有环境负外部性。

4. 水权交易的不平衡性

我国水资源的所有权归国家或集体所有，水权交易是在所有权不变的前提下使用权或经营权的交易，交易双方是两个不同的利益代表主体，交易地位是不一样的，一方代表国家或集体组织行使水资源的管理权，他出让产权；另一方是为了获得水资源的经营者和使用者。

产权出让者是高度集权的政府机构，具有垄断性，而产权接受者是相对分散的用水户，用户的分散性和资源范围的广阔性，降低了单个用户的谈判能力，强化了每个用水户搭便车的激励效应，容易造成寻租和游说以获取更多的水权。

5. 水权的有限性

对于水权市场来说，水商品的多重属性使私人所拥有的水权被"稀释"，并受到限制。例如，位于上游的农户购买了取水权后，他若认为用于农田灌溉的收益太低，把水权转让给造纸厂，使下游水权持有人的权利受到侵害。

假如一个人从河流中取水的"用水顺序权"比较靠后，这样只有当水源丰富、那些排位更靠前的人的需求都已经满足之后，他才能用到水，他能否得到水在一定程度上要看优先权更大的人抽水浇地后，又把多少水返还到河里而定。也就是说，一个人权利的实现要受到其他权利所有者策略的限制。

（三）水资源产权制度的功能

产权制度能内在化外部性，降低交易费用，降低经济活动的不确定性和风险，增加产权主体对未来收益的合理预期，提高了信息的完备性，具有激励作用。只要产权界定清晰，产权主体就有机会对资源的开发利用进行协商讨论，建立新的制度安排。

1. 水权清晰可以促进水资源的可持续利用

合理的产权制度就是明确界定资源的所有权和使用权，以及在资源使用中获益、受益、受损的边界和补偿原则，并规定产权交易的原则，以及保护产权所有者利益等。产权明确清晰，就是财产的各项权能、风险责任的主题是清楚的，不同的当事人对其所拥有的财产的某项权力的边界是确定的，从而财产的处置、使用、收益分配及责任都明确地落在经济当事人上。只要产权界定清晰，不管初始的产权如何配置，都不会影响资源的配置效率（科斯，1960）。通过明晰水权，可以解决水资源的"公地困境"问题，使水资源的配置达到帕累托最优。

2. 水权对生态环境的影响

由于水资源又共有资源的性质，在产权不清的情况下，容易造成水资源的过度利用，恶化生态环境，甚至使水资源丧失可再生性。虽然水资源自在理论上属于国家或集体所有，但是由于水资源的流动性、存量的变动性和公开获取性，界定每个人的水权份额在技术上有一定的难度，个人水权的有限性，单个人监督他人的用水行为缺乏激励，对破坏水资源的行为视而不见，在自己用水是尽量多用水，导致水资源的过度利用，也就是说个人按自己边际收益最大化的决策对集体利益来说不一定是最优的。

3. 水权对水资源开发利用与保护的激励作用

由于清晰的产权给所有者带来可预见的收益，对个人或团体投入资金、劳动，改善水资源质量起到激励作用。实践表明，明晰水权对促进水资源的开发利用产生激励作用。通过明晰水权，并通过法律制度保护农民的水权，实际上是提供了农民在一个较长时期的产权收益，减少了每个农民搭便车的激励，如同我国的农村土地承包权延长 40 年不变的激励作用一样。

4. 水权对节水的激励作用

在缺乏水权界定的情况下，每个农民都有一定水资源的所有权，更由于水资源的物理特性，监督每个农民的用水量的监督成本非常高，以至于监督每个农民的用水行为是不经济的。农民只拥有一定水量的使用权，而没有转让权，实际上，计划经济条件下，农民也没有这个权利。

因此，农民对经济效率、经济价值更高的用水决策缺乏激励，也没有足够的诱因促使农民搜集效率更高的用水决策信息。缺乏应有的水权交易市场，没有可交易对象，限制了农民的用水决策。通过明晰水权，并建立相应的水权交易市场，降低农民的水权交易成本，这样可以激励农民节约自己的用水，从而把多余的水量可以暂时或较长期的转让出去，从单个农户的行为来看，是增加了个人的收益，但是，从整个社会来看是节约了用水。

同样，通过水权分配，确定每个农户的用水份额，实际上也是限制了每个用户的用水量，这也起到了节水的激励作用。从而也促进了农民采用节水灌溉设施、采用节水技术的积极性。

5. 水权对水利设施建设投资的激励作用

一定量的水资源与一定的水利设施是分不开的。例如，农民的水权是与水库、水塘、水坝、机井及灌溉渠道相互关联的。在水权不清晰的情况下，农民缺乏激励投资修建供水、储水设施，也没有积极性维护水利设施，造成有人用没人管的现象，因为，单个农民对自己的行为缺乏收益预期，自己投资、维护的水利设施，其他人可以搭便车免费使用，而自己却不能得到回报；自己也可以不用付费而使用别人投资建设的水利设施。

明晰水权，使每个用户明确自己的水权收益都与一定的水利设施相关，每个用户都有一定的激励监督别人的行为，其他人的行为的可观察性，降低了监督成本。在一个流域内的用户长期居住在一起，用户可以通过自愿协商的方式制定一定的规则，约束每个用水者的行为，以保证每个用水户的权益不受侵害，增加了每个用水户投资建设、保养、维护水利设施的积极性。

五、农用水资源配置制度及其约束条件

共有资源的公地悲剧、囚犯困境和外部性理论及集体行动的逻辑，中心问题都是搭便车问题。任何时候，一个人只要不被排斥在分享由他人努力所带来的利益之外，就没有动力为共同的利益做贡献，而只会选择作一个搭便车者。如果所有人都选择搭便车，就不会产生集体利益。

有些学者已经发展了动力模型，来预言稳定的、长期的合作解决或长期合作均衡的可能性。有些学者把解决公地困境的希望寄托在外部管理者的强行介入上（主要指政府干预）。有些学者希望通过建立对公地分散的和可转让的产权来"私有化"公地的可能性。针对不同条件下的公共池塘资源，而不应该局限在构建政府—市场二元制度安排，应探讨合适的制度体系，以解决公地困境。

（一）水资源配置制度安排

1. 利用市场机制解决

可以利用市场机制和创建水市场使水资源的外部效应内部化。

（1）合作

合作是指受到外部侵害的各方，从私人利益最大化的角度采取合作的经营策略。如果全流域水使用者都采取节水灌溉技术或提高水利用率，那么总的有效水资源量将增加，使全流域获得更多的利益。由于流域水资源的增加，改善了整个流域的生态环境，增加了每个人的福利，表现为整体的外部经济。整个水资源系统的使用者对水利设施的投资与维护投入更多的努力，那么水利设施的使用年限和生产率都要提高，从而增加所有人的福利。

（2）道德规范和社会约束

某些特定的社会道德规范可以强迫人们考虑他们遇到的外部效应。"己所不欲，勿施于人"的道德规范约束了人们的行为对他人的外部影响。在水资源的开发利用中，一个人的用水行为也受到某些道德的约束，因为他也有可能处在对方的环境条件之下。尤其是在长期的相互熟悉的水资源用户中，道德和声誉约束用水者遵守共同的规则。

（3）合同契约

合同契约是指受到外部影响的各方协商签订契约，以保证各方的权利不受侵害，或者是给予必要的损害赔偿。上游用水户可以因为自己多用水而给予下游用水户一定的补偿，或者是下游用水户想要多用水而给上游水用户一定的补偿，双方通过签订契约规定各方的用水数量、用水时间和用水顺序，从而解决外部性无效率问题，使双方福利都变好。

（4）产权制度改革

政府可以将共有资源变为私人物品。亚里士多德认为，"许多人共有的东西，总是被关心的最少，因为所有的人对自己东西的关心，都大于对与其他人共同拥有的东西的关心。"政府可以对水资源进行产权制度进行改革，降低水资源的共有程度。如果外部效应导致无效率的主要原因是缺乏产权界定，那么最有效的解决办法就是重新界定

资源的产权。

2. 非市场制度解决策略

① 行政规制。在水资源管理方面，政府强制规定取水的顺序或时间，限制用水户的取水量、用途和范围等。

② 货币激励。分为课税和补贴。课税就是向具有负外部性的单位征收"庇古税"，使其等于边际外在成本。补贴是对外部受损者给予补贴，或者给予外部经济者相应的补贴，或者给外部性制造者一定的补贴。在水资源管理中，可以给予私人水利投资者一定的补贴，或者对水资源利用率低的用水户和超量用水户征收惩罚性的税费。

③ 总量限制和可交易许可证制度。政府可根据水资源的可持续利用和生态环境的要求，确定水资源的最佳可获取总量，用水者购买可交易取水许可证，规定每个用水者的最大取水量和取水时间，并建立水权交易市场，允许其交易。

④ 法律规范。斯蒂格里兹认为通过法律解决外部性的关键是建立相应的法规制度。建立有效解决外部性的法律制度，首先必须要建立一套严格定义的稳定不变的产权关系。在水资源管理中，完善水法，保障水所有者和使用者的权利，同时也要保护水资源的可持续利用。

（二）农用水资源配置制度的约束条件

1. 市场解决策略的条件约束

市场解决策略是在缺少外部权威规定的情况下，解决外部效应中各方的合作行为。但是实施这些解决策略，必须具备一定的条件约束，这些条件分别是充分信息条件、用水者沟通交流条件、收益—成本对称条件、实施条件和监督条件。

（1）充分信息条件

使用者对其面临的情势结构有充分的信息，具备他们正在使用的资源和他们自己及他人使用情况的信息，了解资源的总存量、安全生产量，每一个时间段每个使用者的使用量，使用者的总数量，单个使用者是否增加了收益。他们能够计算出全体成员非合作所造成的结果。在现实条件下，有多个使用者的水资源系统，获取充分信息是非常困难的。

（2）用水者沟通交流条件

市场解决策略假定交流是直接的、未扭曲的和未损失的，使用者可以自由地观察对方的行为及其结果，可以就水资源的使用问题进行协商讨论，信息由所有人共享，所有人都理解报复的威胁，所有使用者是同质的，使用者数量的增加与谈判和监督成本的增加相一致。

（3）收益—成本对称条件

所有使用者是同一的，使用成本和所获取的收益对称一致。每一使用者从水资源系统中获取同等数量，并得到相同的效用。每个使用者都确切知道所有人会合作或所有人会背信，是建立在所有人共同使用同一资源，利益相同的条件下。

（4）实施条件

使用者通过个别的制止策略，来实施资源共享安排。如果有人背信，所有其他使用者将在所有随后的时间段中，在资源利用中采取非合作态度。

（5）监督条件

市场解决策略假设监督其他资源使用者的行为是没有成本的。

2.非市场制度解决策略的约束条件

（1）信息条件

使用者可以通过多种途径来获得相应的信息，非市场制度安排可以帮助他们获得有关他们面临问题的信息。

（2）沟通交流条件

使用者能就其要解决的共同问题和可能的共同策略进行对话。若策略不是外部强加的，就不能预期每一使用者在孤立状况下采取同一策略，那么资源共享安排要求使用者之间能进行交流，这使用者达成一致策略的协商成本。

（3）收益—成本对称条件

在利益对称的条件下，每一个人承担 $1/n$ 的成本。当共同使用者的利益不对称时，成本分配必须与利益分配挂钩。现实中利益是不对称的，所有资源使用者，不可能从资源使用中获得相同收益，从资源恶化中遭受相同的损失。因此，发展适当的成本分担规则对有效配置资源是十分必要的。

（4）实施条件

使用者能否达成可实施的消除"诱惑"和"易受骗者"协约，非市场制度能否低成本的实施决定了制度的有效性。

（5）监督条件

期望无成本的监督是不现实的，使用者是否能够提供足够的监督来阻止违规者和制裁背信者，外在监督是可行的选择，它可提供有效的监督手段。

第四节　农田水利产权制度框架

一、农用水资源的产权制度

（一）我国农用水资源产权制度现状

理论上我国水权有明确的界定，《中华人民共和国水法》第三条明确规定，水资源属于国家所有。水资源的所有权由国务院代表国家行使。农村集体经济组织的水塘和由农村集体经济组织修建管理的水库中的水，归各该农村集体经济组织使用。

1.国有水权偏差形式

我国习惯上由政府水管部门作为国有水权的代表者管理水资源，但是行政机关并不一定是国家利益的真正代表者，当存在局部或地方利益和缺乏必要的行政约束力时，国有水权将出现以下两种形式的偏差。

① 权力滥用，把资源管理权看作谋求非正当利益的工具。权利人在行使权利时，

超出权利本身的正当界限，损害社会公共利益和他人利益。

② 水权缺位，行政机关本身并不具有市场交易中所有权与收益权直接联系的机制，以至于使用者不付代价或支付极少的代价就可以自由取用水资源，水权公有实则共有，造成水价偏低，灌溉用水量远远超过作物生长需要量，水资源浪费，加剧了水资源短缺的矛盾。

2. 我国现行水资源管理模式的弊端

我国现行的水资源管理模式是计划经济体制下集中管理模式的产物，政府水管部门既是所有者又是经营管理者，这造成的弊端有以下两个。

① 不能体现水资源使用中各经济主体收益的最大化。政府是管理者而不是所有者，在经济利益上混淆所有者权益与部门利益。同时水资源使用者，由于所有者虚置，使资源利用的约束软化，造成资源的滥用。

② 加大水商品的交易费用。由于两权不分，灌溉制度不合理，造成生态环境恶化，加大了社会成本，扭曲了水价，增加了交易费用。因此，建立适应市场机制的水权制度对保证农用水的有效供给和提高水资源的利用率势在必行。

（二）我国水资源产权制度改革思路

水权应从所有者占有和权利条件、可分配水资源份额、供水服务协议合约细则、水权转换的限制条件和规则以及资源利用和获取的限制条件几个方面明确界定。

1. 地权与水权适当分离（引河、引湖、大型水库和地下水）

水资源产权特性要求应把水权从土地产权中剥离出来，实行地权和水权分离，既维护了水利用的公平性，又保证了水利用的效率性。

2. 水资源所有权与使用权分离

借鉴我国土地产权制度改革的经验，把水资源所有权和使用权分离开，国家作为水资源的法律主体，承担水资源管理的法律法规的建设，具有合理的水价制度的建立职能。水资源使用权根据不同地区特性，可采取多种形式授予用水者。

① 平原引河、引湖或井灌（以地下水为主），灌溉组织或农户通过申请取水许可证获得水资源使用权。

② 大型水库灌区、灌溉组织或农户通过合同的形式获得部分水的使用权。

③ 农户合伙或者集体经济组织投资兴建的水库、塘坝获取的水资源，农户合伙组织或集体经济组织享有水资源使用权。

④ 农户自己投资兴建的水库、小塘坝等获取的水资源，农户具有使用权。政府应建立法律法规保护用户用水权不受侵害，如同保护农民土地承包权一样。

3. 农用水资源初始分配制度（引河、引湖、大型水库、区域地下水灌区）

水资源的特殊性要求水权的初始分配既要兼顾公平又要兼顾效率。为了保证公平，水权的初始分配必须考虑人类生存的基本需要、原使用者的权利和低收入者的利益。政府根据某一流域的历史水文资料及该流域的降水量，扣除必要的生态用水量，本着水源地优先、粮食安全优先、用水效益优先、用水现状优先原则，根据各地区耕地面积分配用水量，对于剩余水量可以采用拍卖的方式出售给价格最高的竞标者。

灌溉组织根据农户承包地的面积，结合常年平均需水量，确定每个农户的需水量。在水量充足的年份，本着地域优先原则，从渠首到渠尾或者承包地离机井的距离，农户依次获取灌溉用水；在水量特别缺乏的年份，本着公平原则，根据实际水量确定每个农户水分配量。通过河道截留获取水资源的地区，根据承包地位置最近原则，结合农户承包地面积，确定农户自建拦河坝的位置、最大蓄水量，农户可以把自建小塘坝的储集水出售给其他农户。

4. 农用水权交易制度

明晰水权之后，应建立相应的制度允许用水户对自己的水权份额进行交易。只有农户对自己的用水份额可以转让，并获取相应的收益补偿，农户才具有节水意识。

水权交易是水资源使用权的部分或全部转让，与土地转让相分离（Rosegrantand et al., 1994）。水权交易可以是持续的，也可以是非持续的；可以是永久的，也可以是短期的或偶尔的；可以是正规的，也可以是非正规的。根据水权交易的不同类型及对社会经济和环境等影响程度的不同，有些水权交易不需要向政府有关部门申报，如灌区内部农民之间的交易，前提是不改变水资源用途；部门之间（如农业和工业之间）、地区之间或流域内部较大范围内的水权交易必须向政府有关部门申报。灌溉组织在全体成员协商一致的情况下，可以将富余的用水权临时或永久转让出去，农户也可将自己的部分或全部用水份额，暂时或永久转让出去。

5. 农用水权交易市场

水权交易能否顺利进行要看水权交易市场是否存在和健全，由于水的流动性、储量的变动性，使得水权的定量成本很高。水的定量及其储藏和运输的困难性、水供给的不确定性和随机性及搜寻潜在用水者的信息成本，都增加了水权交易的难度。

为了保证水权交易的顺利进行，需要政府出面建立相应的交易制度，为水权交易建立市场交易平台。例如，对交易者的资格认定，水权购买者的用水行为限制，建立定期提供潜在用水户、可用于交易的水权量的信息公开制度，以及确定水权交易范围等。也可以建立水银行，农户或灌溉组织将自己富余的水存入水银行，缺水户可以到水银行购买自己的需水量。

2001年，浙江省东阳市和义乌市经过协商达成转让横锦水库部分用水权意向。义乌市一次性出资2亿元购买东阳市横锦水库每年4999.9万 m³ 水的使用权，水库所有权不变。"东阳—义乌"水权交易是同一流域相近地区的长期协约交易，用水权转让使双方取得"双赢"的结果。东阳市为可供水资源找到了市场，使水资源经济价值得到了体现。

6. 农用水权监督和管理制度

政府干预水权市场是防止水权交易造成对第三方和环境等潜在负面影响的十分有效的办法。水权监督和管理制度是影响水权交易制度绩效和运行成本的主要因素，有效的管理、监测及处罚机制，可以降低水权交易成本。水权的外部性和有限性，使得水权用户行使权利时可能发生冲突，需要建立相应的冲突解决机制。各地区、农户为了各自利益过于追求短期利益，而破坏水权交易制度，需要建立相应的监督机构，监督各个用水户的用水行为，惩罚违背规则的用户。

二、农田灌溉设施的产权制度

任何农用水资源的收集、取得、储藏、输送都需要一定的基础设施，如水库、机井、堤坝和灌溉渠道等。基础设施的产权制度包括基础设施的所有权、使用权、承包经营权、管理权、投资建设权及其维护权一系列权利。

一般来说，影响制度绩效的物品性质有以下几种。

① 排他性。当物品的提供者能排除其他消费者时，私有市场能有效提供相关物品。反之，当物品不具备排他性时，生产者就会因为搭便车的问题而不能通过市场在资源、资本或劳动上获取投资补偿。

② 共同消费。灌溉设施可有享受灌溉服务的农户共同消费。

③ 外部效应。灌溉设施具有典型的效益外部性特征。

④ 技术的可确定性。当所需生产的物品或服务技术不确定时，那么基层组织安排和私有市场制度就是一个可行的选择。

⑤ 投入的可测性和明确性。灌溉设施的维护投入测量困难，因此，分权的地方社区单位是物品的最佳提供者和生产者。

⑥ 协作要求。灌溉设施维护的协作要求，说明较小的团体更能更好地满足农户的愿望和地方需要。

⑦ 灌溉设施的规模经济。灌溉设施具有自然垄断特性。

⑧ 用水户的可选择度。一定地区农户农田灌溉服务的选择度比较小，选择其他灌溉服务的成本较高。

（一）我国传统灌溉设施产权制度的弊端

传统管理制度下，灌溉设施的所有权、使用权和管理权都由政府组织行使（根据灌溉系统的规模大小，分别由不同级别的政府组织行使）。在农村由集体经济组织享有灌溉设施的一切权利。集体产权制度的最大缺陷就是产权模糊，这造成的不良后果如下。

1."搭便车"现象严重

集体投资和农户无偿使用或低偿适用的制度，形成了"用多用少一个样、用与不用一个样"的经济利益边界不清的产权安排，因此，每个农户都有"尽可能多地分享他人努力成果和尽可能多地让他人分摊自己的成本和损失"的机会主义倾向。在用水时，能多用则多用，在出工出资维护时，能少出则少出，必然导致"有人用，无人管；有人用，无人修"和抢水、浪费的现象，造成灌溉设施老化失修，降低了灌溉设施的长期灌溉效率。

2.代理人侵害委托人利益

由于监督不力，看水员（集体灌溉设施的代理人）为了个人利益最大化，经常侵害集体（灌溉服务的委托人）的利益，如出工不出力、管理粗放、服务不及时甚至浇"人情水"等，严重影响了灌溉设施的投资回报和维护资金的收取，降低了灌溉设施的投资激励，设施供给不足。

（二）我国农田灌溉设施产权制度改革思路

1. 原有灌溉设施的产权制度多元化改造

改变传统灌溉设施由政府提供管理的单一产权制度，除少数具有防洪作用的大型水利设施外，那些主要为农田灌溉服务的设施，采用承包、特许经营、租赁、拍卖等方式，把设施管理权交给直接受益的农户团体，这样可以排除农户搭便车行为，提高灌溉设施的运营效率。据测算，每增加1%的集体产权因素，灌溉设施运行效率降低0.1%；每增加1%的非集体产权因素，灌溉设施运行效率提高0.2%（王金霞，2000）。

2. 放开灌溉设施的建设权，建立多元化投资机制

改变传统灌溉设施政府作为单一投资主体的机制，通过政策有到农户、其他经济单位积极投入资金，参与灌溉设施的建设，有条件的地区可以完全放开灌溉设施的建设权，有农户团体或者其他资本参与设施建设，对于贫穷地区，政府给予一定的财政补贴，或者提供无偿水利贷款，帮助农户建立灌溉设施。政府应对灌溉设施的选点、总体规划安排享有审批权。

3. 建立现代水利企业制度

由于灌溉设施的外部性和自然垄断特性，每个农户各自兴建灌溉设施在经济上成本较高，规模效益低，并且农户受耕地面积和土地承包权期限的限制，缺乏投资激励，也加大了农户之间的用水冲突。因此，可以在确保农户个体水利权的基础上，促进农户的合作经营，组成股份合作制企业和水利合作社，尤其是同一流域的农户。对于灌溉面积较大的灌溉设施，可以采用股份制或股份合作制改造或建立。

三、农田水利产权制度的价格保证制度

农田水利产权制度能否有效实施，还要看价格制度能否保证水权获取应有的经济收益，灌溉设施能否获取必要的投入进行维护。我国水价政策的核心和基本依据仍然是1985年国务院发布的《水利工程水费核定、计收和管理办法》。近年来，社会经济条件发生了很大变化，水资源的利用特点也在逐渐改变，而我们的政策却一成不变，显然存在着很大缺陷。

21世纪水资源管理的一个重要方面是水价管理。目前，不合理的水价是阻碍水利产业深化改革的重大因素，导致宏观层次上的公共资源巨额损失，部门层次上的水相关产业经营管理难以为继，用户层次上的用水损失浪费严重。

水资源作为一种稀缺资源，为了实现价值最大化，其价格应该反映资源的稀缺程度，但是作为一种特殊的自然资源，又要保证农户的共享权利。我国水资源的长期计划供给制，水价偏低造成水资源利用低效，边际价值低。因此，选择合适的定价法，对保证水资源的有效利用是十分必要的。

（一）水价应反映水资源稀缺价值

根据自然资源优化配置的基本原理，当且仅当"水资源价格＝资源稀缺租＋环境价值损失＋边际供水成本"时，才能实现资源的优化配置。资源稀缺租是指由于现在使用而牺牲未来使用的边际机会成本，它反映资源稀缺程度，随着水资源日益稀缺，资源

稀缺租将逐步提高。环境价值损失是指因为开发利用资源而损失的环境价值。边际供水成本是每增加一单位资源供给时所必须付出的成本。现实生活中的水价只考虑供水成本，忽视资源稀缺租和环境价值损失。随着水资源日益稀缺，特别是严重制约国民经济发展时，水资源价格必须及时反映资源稀缺租的提高，否则就难以通过准确的信号来调节水资源配置。

（二）水价的构成要素

水价包括资源水价、工程水价和环境水价。

① 资源水价。用水权的体现，表现为水资源费。我国水资源归国家所有，资源水价主要体现使用权，资源水价受到需水、供水、水资源总量因素的影响，需要不断地调整和变动，不同用户在不同地区、不同时间，使用不同量的水，其资源水价是不同的。

② 工程水价。由固定资产投资、供水总成本（包括折旧费、年运行费、利息支出、税金和合理利润）组成。

③ 环境水价。对环境损害的价值体现。

（三）农用水资源定价方法选择

水资源定价方法不应局限在某一种方法上，应根据不同的用水行为选择相适应的定价方法。

1.边际成本定价法

边际成本定价就是用提供最后一单位的水所增加的费用，作为该项供水的价格计收水费的方法。公式如下：

$$某项供水的边际成本（MC）= \frac{最后增加的供水费用（\Delta TC）}{最后增加的供水量（\Delta Y）}=该项供水的价格（P）。$$

边际成本定价使供水者获得最大的经济效益。它是以不同供水量的边际成本为基础，但是由于供水系统的资本不可分性（或者说是一次性投资），供水能力少量增加在技术上不可行也不实际，只有大量增加才是有效的。

一旦供水设施完工投入使用，供水能力也就定下来了，增加供水量的边际成本仅仅反映了供水设施的运行费用，同时在水需求量较低时，收取高价格；水需求量较大时，收取低价格，同一供水单位对不同的用水户收取不同费用，高价格用户承担了较多的用水成本（承担较多的初始投资成本），违背了市场机制的公平原则，损害了部分农户的福利。政府可以采用价格规制的方法，使水价等于平均总成本。

2.边际机会成本定价法

水资源使用者所应支付的价格等于社会负担的水资源利用与耗竭的代价——边际机会成本。边际机会成本包括边际生产成本（MPC）、边际使用者成本（MUC）和边际外部成本（MEC）3部分。

3.供水成本定价法

供水工程将地下水或地表水储集起来，所形成的水具有商品属性，因此，商品水的价格应该反映它的价值。商品水的理论价格基本构成：

商品水的理论价格（P）=单位商品水的理论成本（V+C）+单位商品水的税利（m）。

$$(11-1)$$

式中，V为生产过程中所消耗的活劳动；C为消耗的物化劳动。

$$供水理论成本（C_t）= \frac{d + r + c_0}{w}。$$

$$(11-2)$$

式中，d为固定资产的折旧费；r为大修费；c_0为年运行费；w为多年平均供水量。

$$供水理论价格（P）= C_t + \frac{k}{w} \times r。$$

$$(11-3)$$

4. 差别定价法

根据不同用户的需求特点，对不同用户收取不同的费用。一般来说，对支付能力高、需求价格弹性大的用户，收取费用高；而对支付能力差、需求弹性小的用户，收取较低费用。不同的使用者对水价承受能力不同，表现为不同用户的需求弹性不同，因此，不同用户所愿意支付的费用不同。农业生产中，不同农作物的用水弹性不一样。一般来说粮食作物的用水弹性小于其他农作物的用水弹性。

5. 浮动定价法

由于水利投资的不可分性，商品水的供给能力在一定时期内是相对稳定的，并且由于每年的降水量是随机的，供水企业的收益具有较大的风险性和不确定性。因此，市场经济条件下，为使资源配置达到最优，水价应该反映市场供求，反过来又能调节市场供求，使资源配置的社会总剩余最大化。浮动定价法，也叫市场定价法，就是根据水的市场供给量和需求量，来确定水的价格，以利益机制调整水资源的配置，实现水资源的利用率最大化，资源配效率达到帕累托最优。

四、我国现行农用水价制度及改革思路

（一）农用水价改革原则

（1）公平性原则

要求注意水资源定价的社会问题，即水价将影响社会收入分配。除了保证人人都能用水外，价格的公平性也必须保证不同收入的用水户的灌溉需要，尤其是低收入者，即保证用水户的支付能力与其所享用的灌溉服务相等。

（2）差别性原则

根据地区经济发展、输水距离，水价标准也不同。允许不同地区的商品水价格有较大的差别，体现商品水价格的区域差别。用水户承受能力不同，水价标准不同，由于各类用水户的经济状况不同，对水价的承受能力也不同。不同农作物需水量不同、边际收益不同，水价也应有所区别。水资源年内分配不均，应制定丰水年与枯水年，丰水季与枯水季有差别的水价标准。

（3）高效配置原则

水资源是稀缺资源，其价格必须反映水资源的稀缺性。水资源的高效配置要求采

用边际成本定价法则，即使边际成本等于价格。

（4）成本回收原则

水价应当保证供水设施的投资正常回收，水利设施正常运行和维护，否则将无法保证水资源的可持续开发利用。

（二）农用水价改革思路

① 选择合适的定价方法，实行多层次、多元水价制度要体现市场经济运作规则，做到成本补偿、合理收益。农用水资源的定价逐步由计划定价过渡到边际成本定价为主。水资源的可利用程度、开发难度及农户对水的需求弹性不同，水价制度应有所不同。对于粮食作物按照完全供水成本定价，其他经济作物要加上一定的利润，实行差别定价。

② 完善两部制水价制度。根据农户的承受能力，结合农户的承包地面积，常年灌溉用水平均量，确定每个农户的用水配额，用水配额内收取基本水价，超过用水配额的按照市场供求定价，实行超额累进加价制。这种方法实践证明是有效的。例如，在以色列，不同用水量的水价差异很大，若用水量在定额的 70% 以内，每立方米水费为 100%；用水在配额的 70% 至定额，水费为 166%；超额用水水费为 400%。

③ 完善用水计量设施，按用水量计收水费。我国现在大多数灌区由于用水量水设施不完善，大多采用按灌溉面积、次数或时间计费，随着灌溉体制的改革，应逐步完善灌溉计量设施，采用按用水量计收水费。

④ 建立灌溉用水价格听证制度。灌溉水价的改革，最终通过农户的支持才能实现。我国传统的水价制定采用自上而下的策略，完全忽视了农户的作用。水价制度改革应建立有农户、供水组织、政府水管部门、政府价格部门组成的灌溉用水价格听证制度，以便合理的确定水价，又兼顾了农户的利益。

第五节　农田水利灌溉组织制度模式选择

一、农田水利灌溉组织制度设计原则

水是液体，不像其他物品一样，难以分割和打包，难以进行市场交易。水资源的共享性、流动性，使设计适合水资源开发和使用的制度安排复杂化。水资源本身的特殊属性和与之相关的灌溉服务和设施的特殊性，决定灌溉组织选择。农田水利的产权安排不同，灌溉组织制度结构不同，不同的组织安排产生不同的激励结构，它会促进或妨碍农户灌溉用水的利用、灌溉效率和设施的维护。

"灌溉发展一定会面临治道问题，一定会利用人力资源和其他资源，采取措施，再采用适当的灌溉技术之外，安排适当的制度和组织"（Coward，1980）。根据物品的特性，为了有效地提供农用水、提高灌溉效率，在农田水利的产权制度基础上，应遵循以下原则设计农用水灌溉组织制度。

（一）明确界定使用者的范围

灌溉系统服务范围和有权使用灌溉系统的农户的范围需要得到明确界定。界定有权使用灌溉系统的人的范围，是组织集体行动的基础。如果不能清楚界定有权使用者的范围，那么就没有人知道他们正在管理什么，或者为谁管理，灌溉管理者努力生产的任何利益将被其他没有做出努力的人搭便车。

（二）用水者收益和成本的对称一致

农户用水量的分配规则，与当地自然环境条件及需要的劳动投入、物质投入规则有关。因此，农户用水规则，包括农户用水数量、时间、地点、技术要与当地条件及所需劳动、物质供应规则相一致。在长期持久的灌溉系统里，用水最多的人需要支付最高比例的费用。

（三）用水者集体选择安排

大多数受灌溉制度规则约束的农户能够参与制度规则的制定与修改。

（四）监督机制

事先同意遵从规则比较容易做到，但是当存在强烈诱惑时，机会主义行为时有发生，如偷水行为。因此，有效的监督机制是长期持久的灌溉组织制度所必需的，通过聘用管理员对农户的用水行为监督，或者农户自己轮流承担监督职能，以约束每一个农户遵守共同规则。

（五）违规分级制裁机制

在长期持久的灌溉组织制度中，违反规则的农户受到其他用水者、管理员受到惩罚制裁。一般来说，监督和制裁不是来自外部而是由农户自己进行的。正如利瓦伊提出"准自愿遵从"原则强调的规则遵守在重复的条件下是可能的。只要能够确信其他人采取合作，他们也会遵循规则。

例如，在实行轮流灌溉承包地相近的农户A和农户B，排位靠前的农户A的用水时间或者用水数量受到农户B的监督和约束，农户B的用水时间或用水量受到农户A和农户B下面的农户的监督和约束，在这里监督能保证他们最大限度地利用取水机会，因此，他们有激励诱因监督其他农户，监督成本比较低。

（六）冲突协商解决机制

长期有效的灌溉组织制度，农户和管理者能够迅速低成本的解决农户之间或农户和管理者之间的冲突。不同农户对规则的理解不同，规则的运用常常很模糊，如要求每一农户派一劳动力维修渠道，是派一个10岁的小孩或者年逾70的老人呢？如果家庭主要劳动力病了怎么办？如果农户想长期遵守规则，就必须建立冲突协商解决机制讨论确定什么行为违背规则，什么行为没有违反规则。只有在面对其他人搭便车时，可以通过协商机制获得补偿的制度才是公平的，规则的遵守比例才会更高。

（七）政府对灌溉组织权利的支持保障

政府应当赋予农户设计适合当地环境条件的灌溉制度的合法权利。如果政府支持不遵守组织规则的农户，其他农户也不会继续遵循规则，政府不支持的灌溉组织是不会长期存在的。

（八）灌溉组织的分层管理

农用水资源的供应、使用、监督、冲突的解决及管理活动是在灌溉组织的多层次上进行的。灌溉组织分层管理，农户就能够利用不同规模的组织，组织的规模越小越容易克服搭便车。灌溉组织可以根据灌溉面积设立相应规模的灌溉组织，如分别按照干渠、支渠、斗渠设立灌溉公司、用水者协会、用水小组等。

二、农田水利灌溉组织制度绩效评价标准

灌溉组织制度可持续运行标准是其总收益大于或至少等于其总成本，为了实现这一目标，需要选择相应的制度安排，来解决灌溉的设计、建设、运行、维护、组织成员的权利和义务，违背组织规则的惩罚机制等方面的问题。可运用总体绩效指标和间接绩效标准来评估灌溉制度的绩效。

（一）总体绩效标准

总体绩效标准包括经济效率、公平、责任和适应性4个指标。其中经济效率由资源配置方式及其相关的净收益决定，它主要是指资源配置是否符合帕雷托最优标准。公平标准要求，谁从服务中获益，谁就应该承担该项服务费用，谁获益较多，就要付出较多，公平指标包括投入与收益是否一致；是否实现了再分配公平，即收入较低的农户的用水权是否得到了保证。

例如，如果一台水泵为所有农民提供灌溉用水，那么收益公平原则要求每个使用水泵的人支付与他们使用设备相关的边际成本，但是根据支付能力的原则，这样的收费却并不合适，因为这样做会减少低收入者使用水泵的机会。责任是指组织管理者对灌溉组织有效运行的义务，主要是避免和遏制机会主义和搭便车行为。适应性是指制度安排能够适应环境的变化，灌溉制度能够根据不同时期的水文情况及时地调整灌溉用水的分配规则。

（二）间接绩效标准

间接绩效标准包括供给成本和生产成本两个方面。

1.供给成本

在供给方面，供给成本包括转换成本和交易成本。其中，转换成本包括明确农户对灌溉用水需要量的信息搜集、界定成本，筹集资金提供灌溉用水和灌溉服务的成本，监督灌溉系统运行的成本，规范用水者用水行为的成本，强制实施灌溉制度规则和筹集灌溉设施维护资金的成本。

交易成本包括：一是协调成本，协调用水者的用水行为，解决用水冲突的成本；二是信息成本，搜集当地水资源供给变化的信息成本；三是策略成本，由于个人搭便车、寻租和腐败等机会主义行为造成的转换成本的增加额。

2.生产成本

生产成本是指灌溉组织投资于灌溉设施的设计、建造、运行和维护的成本，包括转换成本和交易成本。转换成本是基础设施的设计、建造、运行和维护成本。交易成本包括协调、信息和策略成本。协调成本是协调农户投资行为的成本；信息成本是指

搜集和整理基础设施相关信息的成本；策略成本是指由于信息不对称而产生的农户规避责任、腐败（或欺诈）、逆向选择和道德危害行为产生的成本。

三、我国农田水利灌溉组织制度发展历程及其存在的问题

（一）我国农田水利灌溉组织制度发展历程

1.新中国成立后到1977年

新中国成立后，随着社会主义公有制经济的建立，尤其是在1956年社会主义改造完成以后，建立了以各级政府为主的高度集权的灌溉组织管理制度，政府负责提供灌溉设施，灌溉组织的运行管理以行政区划为主，这在当时水利基础设施缺乏，集中大家力量建设水利设施起到了一定的积极作用。

2.自1978年至20世纪80年代中后期

1978年，我国农村生产经营制度由集体统一经营逐步转变为"统分结合的双层经营制度"，在当时人们经济实力、自主组织能力差，集权所有的水利设施没有受到很大破坏，大多数农田灌溉还由政府组织管理，随着集体约束弱化，政府集权灌溉组织的功能逐渐降低。

3.进入20世纪90年代后

进入20世纪90年代后，随着市场经济体制的建立、农户土地承包权的延长、农村工业的发展、种植结构多样化，增加了农用水的需求，原有的灌溉设施的老化致使供水能力降低，远远不能满足灌溉用水需要，为此，各地区发展了多种形式的灌溉组织，包括个体、股份、合伙、股份合作、SIDD等。

（二）我国传统农田水利灌溉组织制度面临的主要问题

我国传统农田灌溉组织是在长期计划经济条件形成的，以各级政府为主要灌溉主体，灌溉设施由政府投资管理和运行。随着我国农村生产关系的变革，原本属于国家、集体所有的许多灌溉系统的管理体制与农村分户经营的模式不适应。传统灌溉制度灌溉数量、灌溉技术和效率的提高过分依赖灌溉工程的新建和灌溉技术的改进。而随着可用水资源利用程度的提高，新建灌溉设施有利位置越来越少，新建灌溉设施的边际成本越来越高，纯粹依靠投资兴建灌溉设施的初始投资也越来越大。

农户分散经营、规模狭小的现实决定了农户投资激励越来越小。传统灌溉管理制度导致原先灌溉设施的利用率越来越低，灌溉面积出现萎缩，农户缺乏维护积极性，因此，加快灌溉组织管理体制的改革，进行灌溉组织的制度创新，就成为提高农用水供给和灌溉效率的可行选择。政府行政管理的灌溉制度主要存在如下问题。

1.灌溉设施老化降低灌溉效率

新中国成立以来的前30年，我国灌溉面积平均每年增长106.67万hm^2，但是由政府投资兴建的灌溉设施大都建于20世纪50—60年代，建设标准低，由于缺乏必要的维护，工程设施普遍老化。

据统计，灌区已有10%灌溉设施丧失了灌溉功能，60%的灌溉工程受到了损坏。20世纪80年代，虽然平均每年以79.33万hm^2的速度递增，但同期减少了840万hm^2，

净减少 47 万 hm^2。由于原料价格上涨，各地区水利实际投资费用都有不同程度的下降，尤其是实行承包制之后水利投资减少比重较大。例如，华北地区，1985—1987 年有效灌溉面积年平均递减 3.54%。有些地区近几年实灌率有下降趋势。

2. 农民缺乏节水激励，灌溉技术落后

我国灌区大部分采用比较落后的传统地面灌溉技术，浪费现象严重，特别是在水量丰富的地区，每公顷次净灌水量在 1500 m^3，大水漫灌现象严重。因渠系渗漏和管理不善，渠系水的利用系数仅为 0.55。

据估计，山东省灌溉水利用系数为 0.5 左右。在土地较为平整、地下水补给较为充分的引黄灌区和水库灌区的井灌区，灌水量每公顷次 1200 ～ 1500 m^3，灌溉水利用系数为 0.6 ～ 0.7；在土地不平整，输水渠道为土渠的地区灌溉水利用系数为 0.4。水库自流灌区的灌溉水利用系数仅 0.4 左右，华北地区的灌溉水利用系数在 0.37 ～ 0.50。我国平均为 0.45，约有一半以上的水因渗漏、管理不善等原因浪费掉了。

3. 管理体制不合理

在管理管理体制上，实行"事业性质，企业管理"，管理部门为了维持自身生存，节水意味着减少收入，节水意识淡薄，传统灌区管理体制的运行成本越来越高。政府拥有所有水资源，直接管理所有供水设施，政府在建设水利设施时主要考虑政治利益而不是从经济观点出发，几乎不考虑水利投资的回报率，不太关心水价问题，也不需要对水权问题做出明确规定。

由于供水不计成本或低成本，使政府财政负担过重，用于供水设施的财政预算压力过大。行政管理下的供水只承认管理者与供水者之间的行政管理关系，不承认水利设施经营管理者和取水许可证持有者之间的经济关系，这使得水利工程或供水公司的经营管理者缺乏改进经营管理、提高效益和效率的积极性。由政府包管供水，不利于民间资本参与供水活动，也不利于在水资源领域建立市场机制。

四、我国农田水利灌溉组织制度模式选择

（一）可选择的农田水利灌溉组织制度模式

解决公地困境有多种途径，如政府的强行介入，或建立分散的、可转让的产权来解决。在公共池塘资源系统的开发和维护中，纯粹的私人开发，搭便车成本较高；政府介入虽然可以克服搭便车问题，但会产生寻租和腐败问题。考虑不同环境条件下的公共池塘资源，制度安排不应只局限在构建"政府—市场"的二元结构，对于使用者人数较少、范围确定的区域灌溉系统，可由直接受益农民自行设计、建造、运行和维护。

1. 政府集权管理的制度安排

政府集权管理的制度安排是指农村灌溉系统由各级政府投资、建设、运行和管理，灌溉系统管理者享受国家公务员待遇，其收益来源于国家工资和津贴，而不是来源于对农民提供的灌溉服务。灌溉管理者有固定任期限制和职位晋升制度，这使他们更注重与上级保持良好关系，注重灌溉系统的短期效益。

当管理者的工作只是为了取悦上级而不是满足当地农民的用水需求时，他们就没有足够的动机维护灌溉设施，而更有激励寻求资金开发建设新的灌溉系统，而不会对原有的灌溉系统进行细心的维护。这并不是为了满足农民用水需求的增长，而是开发新的灌溉系统要比维护旧的灌溉系统更容易表现自己任期内的政绩，获得上级的赏识和职位晋升。虽然政府管理和运营的灌溉系统具有规模经济，并能克服搭便车，但在获取灌溉系统运行信息、逃避责任和寻租方面的成本很高。

在政府集权灌溉组织制度中，政府是规则制定和实施者，动员劳动力维修设施的管理者。为便于系统管理和灌溉任务的完成，灌溉制度规则过于强调一致性，不考虑灌溉系统地理环境的差异，使规则缺乏灵活性："一刀切"的工作方式，使管理无法做到因地制宜。农民（用水者）缺乏维修和管理灌溉系统的自主权和积极性，出现管理者不管、使用者不顾的系统维护主体双缺位情况，从而缩短了灌溉系统的使用寿命，增加了政府开发投资的回报的不确定性，以及制度运行成本。

2. 完全的市场制度安排

政府集权组织制度的运行成本，以及腐败和寻租问题，预示着完全市场制度安排是可选择的策略。完全的市场制度安排就是在一定的水资源系统中，由每个农户根据自己的用水需要和期望利益，自己投资建设农田灌溉设施，并由自己对灌溉系统进行维护和管理。

完全市场制度安排可以保证灌溉系统的长期维护，能够制止灌溉系统滥用，也可以减少灌溉系统的转换成本和协调成本。一般而言，农民个人获取自己偏好的信息成本较低，不易出现寻租和腐败问题。

但是，由于一定流域水资源的共用性和灌溉设施的自然垄断属性，完全的市场制度安排，容易造成灌溉系统建设和维护的重复投资，导致规模不经济。并且农户为了以最小的代价获取尽可能多的利益，将争取最有利的灌溉位置或灌溉时间，农户之间的冲突加剧，减少了有益交易行为的发生，增加了其他交易成本。同时，农户没有节水激励，互相之间水资源竞争利用加剧，加速了资源系统的耗竭，最终导致所有使用同一个水资源系统内的农户的使用成本的增加。

3. 农民自主协商的灌溉组织制度安排

农民自主协商的灌溉组织制度安排是指一组农民，共同协商投资修建和营运、管理一项灌溉系统的制度安排。这种制度安排中，参与投资修建的农民根据自己贡献的大小可以分得相应的股份，并可分到与股份等量的投票权，利用某种投票机制从所有参与者中选出负责人。

设施引水成功后，按股份额分配水资源，持股人每年以实物或资金的形式，为灌溉组织提供一定比例的资源份额，用以偿付系统运行控制和维护人员的费用，并使水资源按照大家一致同意的方式进行分配。在需要集体清理渠道并承担常规或紧急维修工作时，持股人有责任贡献一定份额的努力和劳力。

区域性灌溉系统作为公共池塘资源，系统维护和管理技术简单，很难产生规模效益，外溢效益很低，但它需要高度协作，因此，小而有凝聚力的管理团体就成为区域灌溉系统管理的有效代理人。

本土农民自主协商制度，成员之间相互了解，对本地区水源在一年的不同时期的时空信息也很清楚，共同行动中的成败得失利益攸关，减少了机会主义行为和道德危害现象的发生；同时，共同的语言、道德标准和收益期望，易于达成协议，降低交易成本，增强了农民自主协商灌溉管理制度的凝聚力。

在农民自主协商灌溉管理制度中，农民通过参与规则制定、不断地设计有效规则等活动，抵消了负面的消极影响，增强了合作的积极性。农民深知相互依赖的重要性，沟通、理解和协商工作易开展；另外，他们自己协商制定的规则，更适应当地的环境条件，被选择的监督管理人员常常是他们当中的一员，甚至是受到当地农民尊重的地方著名人士或年老长者，这样，这些为自己的需求工作、又熟悉灌溉系统运行的工作人员，既有技术优势和自身内在动力，又有解决利益冲突的"道德权力"——声誉，而有利于制度规则的遵守和灌溉系统的有效运作，从而能提高管理效率，增强设施利用率，更好地满足农民对水资源的需求。

农民自主协商的灌溉组织制度适合在农民居住集中、稳定，彼此熟悉，地块相邻，灌溉水源单一，水资源用途相同的农村地区。这符合我国广大农村的实际，尤其是我国北方干旱缺水地区，以村为居住单位，居住地和承包地比较集中，家庭经营规模也比较小，因此，具有很强的适应性和可操作性。

（二）农田水利灌溉组织制度的绩效比较

以上3种制度安排各有利弊。

与其他两种制度安排相比，政府集权管理的制度安排搭便车的成本比较低，一般适用于技术要求高、一次性投资大、灌溉规模较大的灌溉系统的开发、运行和维护。

完全的市场制度安排能够充分调动农民的积极性，有利于灌溉系统的维护，但是系统规模比较小，重复投资，适用于农户居住分散，单个家庭经营规模比较大，或者是农户相互之间的灌溉系统效率互不影响，或者是农民不使用同一水源的地区。

与完全市场制度相比，农民自主协商的灌溉组织制度安排，把当地利益相关、彼此熟悉的农民有效地组织起来，所有农民对彼此的活动了如指掌，能够清楚了解在当天清理渠道任务等日常维护活动中没有参加的农民或工作不卖力的农民，很容易排除不付费享用灌溉水资源的农民，能较好地监督相关人财物的投入支出，提高了规则的遵守程度，降低了搭便车的潜在成本，这一点市场制度安排是望尘莫及的。

尽管农民自主协商组织的协调成本和转换成本比完全市场制度安排高，但是，在农民利益一致的前提下，具有较高的同质性，协调成本和寻租腐败成本会相应降低。在灌溉基础设施完好率（基础设施维护的及时性、农户维护基础设施的劳动投入量）、供水能力（供水的公平性、可靠性和适当性）、灌溉效益（单位面积的产量）方面比较。农户在不同灌溉组织制度中规则遵循程度和惩罚监督机制的有效性方面的绩效不同，在不同灌溉组织中各个成员之间的协作意愿、相互之间的信任度也不同，这些都影响着灌溉设施的维护、供水能力和灌溉效益。

但是，正如前面分析，单一的制度安排在有效供应农用水和提供灌溉服务上并不是最有效的方法，完全的集权制度和绝对的私有制度在满足农民的不同灌溉需要方面都有其缺陷。

因此，在这些制度安排之间寻求适合各地环境的灌溉组织制度，建立不同层次的分权多中心治理机制就是一种可行的选择。但是，建立分权多中心治理机制的关键问题是在灌溉组织制度中，确定哪些权力由政府行使，农户享有哪些权利，各自的权限范围和边界，政府与农户之间的互动制约关系就显得十分重要。一般来说，有效的分权多中心治理机制要做到：使灌溉组织内部成员需求的差异最小化，各个灌溉组织之间需求的差异最大化。

（三）我国农田水利灌溉组织制度模式框架及其模式选择

针对不同灌区的特点，应因地制宜地选择灌溉组织制度，或者采用混合制度。

1. 平原地下水井灌区灌溉组织制度模式选择

平原地下水井灌区是指在广大平原地区，以地下水为主要灌溉水源（如我国华北地区，70%灌溉水来源于地下水），利用水泵将地下水抽到地面，然后通过渠道送到田间，由机电井和配套设施组成的为农业生产提供灌溉服务的灌溉系统。

（1）灌溉组织制度模式

政府水管部门+农民自主协商灌溉组织制度。按照自主协商灌溉组织制度设计规则，由在该地下水流域有承包地的农民自主协商组织灌溉制度，可以根据每个机井的出水量、供水能力确定灌溉组织的规模大小，一般来说由使用同一个机井的农户组成一个灌溉组织。

（2）地下水所有权制度

由于地下水资源的共有属性，如果地下水资源归农户分别使用，容易产生抽水竞赛，破坏了水资源的可持续利用。因此，土地承包权与地表水权分离，水所有权国家所有。

（3）地下水使用权制度

灌溉组织根据本地区历年水文资料，按照农户耕地面积，确定每个农户的需水量，然后加总整个灌溉组织成员的用水量，由灌溉组织代表全体成员向政府水管部门申请取水许可证，获得地下水的使用权。对农户灌溉用水的初始分配应按照耕地面积来分。

（4）机电井及其配套设施产权制度

灌溉组织可以通过租赁、承包等形式获得原先属于集体所有的基础设施，租赁费和承包费除留作集体收入外，对于那些没有从灌溉设施中受益，又属于本地集体组织的成员应有一定的补偿。灌溉组织成员也可以自己共同投资兴建机电井和配套设施。

（5）灌溉用水分配规则

政府根据本地下水流域的耕地面积确定每个机井的抽水量。每个农户的最大用水量限制在最初确定的用水份额。农户灌溉时间段长度由承包地面积决定，承包地越多，分得的时间也就越多。在进行灌溉时，按照轮流实行的时间段顺序，这一次灌溉A农户在上午8—9点，那么下一次他将在9—10点，如果在这一次他没有来得及灌溉，他只有等下次再灌溉。在特别干旱的年份由组织成员共同协商，按照农作物的重要程度先后进行灌溉。

（6）用水配额交易规则

农户对自己用水配额的剩余水可出售，但是交易首先在本组织内部成员之间，如果超出本组织，则必须经灌溉组织代表大会同意。组织内部的交易可以是永久性的、长期的，也可以是短期的。如果本组织成员都采用节水技术节约灌溉用水，那么灌溉组织可以将本组织成员的灌溉用水节约量长期出售给组织外的成员，交易价格实行自主协商制度。一般来说，节约的水不能储存。

（7）灌溉用水定价制度

对本组织内部成员用水配额内的水按照供水成本定价法，不盈利，农户支付水资源费、机电井的折旧费、燃料费和维护人员的工资。对超出配额的用水，应加上适当的利润。

（8）灌溉水费收取制度

配额内的水按基本水价收费，超过配额按方收取。

（9）基础设施的管理维护制度

对于设施的日常维护、管理工作可由灌溉组织聘请本组内的成员担任，工资由组织成员共同分担，也可由卖水收入承担。维护人员实行任期制，每年年初由灌溉组织全体成员投票选举产生。

（10）适用范围

适用于经济较为发达，农民具备一定的自主组织能力，以地下水为主要水源，农户居住集中，承包地集中，农户数量较为稳定的干旱地区。

2.承包地分散的非平原水库渠道灌区灌溉组织制度模式选择

非平原地区农户承包地分散，主要通过修建小水库、小型蓄水池等设施，在降雨量丰富的季节储集地表水，通过一定的引水设施和灌溉渠道，进行农田灌溉的灌溉系统。

（1）灌溉组织制度模式

完全的市场制度安排，即农户个体经营制度。农户根据自己承包地面积大小，农作物种植面积、品种、需水量，在靠近自己承包地的地理位置，选取便于取水的地点，自己投资兴建一定的集水设施，修建输水管道，进行农田灌溉。

（2）灌溉系统产权制度

地权与水权相结合，本着户建、户管、户投资、户受益的原则，允许继承、转让和买卖，国家免征水资源费和水利设施土地占用费。农户拥有自己储集水的所有权，有权按照自己边际收益最大的原则配置有限的水资源。也可以把自己剩余的水出售给他人，价格自主协商。

（3）适用范围

适合在农户承包地分散，单个农户经营规模比较大，不能进行统一灌溉，以自然降水蓄积为主要灌溉水源的非平原地区，尤其是农户承包的荒山、荒坡、荒岭等地区。

农户个体经营制度受集水面积、农户经济实力的限制，规模比较小，但是适应了联产承包责任制度，产权制度清晰，不存在搭便车、道德风险等机会主义行为，灌溉组织的维护、运行、监督成本低，可以减轻政府负担，增加农民收益。由于初期供给成本和生产成本比较高，一次性投资比较大，并且因土地承包经营权的变化，农户可能缺乏长期投资激励。因此，应从政策上保证农户拥有承包地的长期经营权，并且建立相应的土地价值评价机制，在农户变换承包地时，由资产评估机构对农户在承包期内投资兴建的水利设施进行资产评价，以获取应有的物质补偿。

3. 承包地相对集中连片的水库渠道灌区灌溉组织制度模式选择

水库渠道灌区是指通过在河道上或山谷洼地修建挡水坝、拦蓄坝，蓄积上游的雨水和河道水，形成一定的库容。如果水库的水位和水库外的耕地水平面相差无几，可以通过扬水站抽取水库水，然后通过灌溉渠道送水到田间；如果水库水位比较高，灌区位于水库的下游，依靠灌溉水的重力作用，通过一定的灌溉设施，水自流进入农田。

① 灌溉组织制度模式。政府水管部门＋供水单位（或公司）＋农户自主协商灌溉组织。这种灌区一次性投资大，在周围灌溉面积较大的水库，可由政府水管部门代表政府行使水库的管理权，在水库周围的扬水站根据辐射面积的大小分属不同级别的组织。

② 水资源所有权制度。大型水库中的水资源归国家所有，农村集体投资兴建的水库中的水归集体所有，农户自主投资、投工兴建的水库中的水归自主农户组织所有。

③ 水使用权制度。农户自主协商灌溉组织根据各个农户耕地面积确定灌溉用水量，在灌溉初期以灌溉计划的形式提供给供水单位，供水单位再根据各个灌溉组织的供水计划制定每一个灌溉周期的提水计划，然后上报水库管理部门审批，水库管理部门根据水库安全存量，各行业用水比例，安排每个扬水站的提水量，有偿发放取水许可证（取水许可证费用包括水资源费、水库维护费、水库管理人员工资）。

④ 灌溉设施产权制度。大型扬水站支渠以上设施归供水单位所有，由供水单位负责维护、管理；支渠以下归农户灌溉组织所有、维护和管理。小型水库、扬水站包括取水设施、灌溉设施归农户自主协商灌溉组织所有、管理、运行和维护。

⑤ 灌溉用水分配规则。农户自主协商的灌溉组织之间的取水顺序按照时间段分配。农户的用水顺序根据农户承包地的位置而固定的，一般来说，当按照规定次序取水时，任何人都不能在自己的灌溉机会到来前随意取水。对违背灌溉规则的农户可以根据协商的惩罚机制取消他的用水资格，在水资源特别缺乏的季节，需要管理组织出面确定每个农户的取水量及哪些农田最先灌溉。

⑥ 用水定价制度。粮食作物按边际成本定价，其他经济作物按差别定价法定价。

⑦ 水费收取制度。所有灌溉用水一律按量收费。

⑧ 灌溉用水交易制度。大型水库各个扬水站今年剩余的水，扣除必要的渗漏量、蒸发量之后可留存为下一年的用水配额，也可以当年出售给其他单位；小型农户自建水库剩余的水可出售给其他组织，卖水收入归灌溉组织成员共有。

⑨ 基础设施管理维护。大型水库由政府管理维护，大型扬水站（包括主干渠）由供水单位负责维护，支渠、斗渠、地头渠由农户自主灌溉组织负责维护管理；小型水库包括提水设施、渠道，由农户自主协商灌溉组织负责维护。

⑩ 适应范围。适应于土地平整、集中连片，缺乏地下水或者地下水开采难度较大

的地区，如潍坊、青岛、烟台、临沂、日照等部分地区。

4. 引黄、引湖、河道提水灌区灌溉组织制度模式选择

这种灌区的水源是黄河、湖泊和河道，一般在黄河、湖泊和河道岸边修建提水站，通过水泵提水，再通过灌溉渠道将水送入田间的灌溉系统。

① 灌溉组织制度模式。政府授权河道、湖泊管委会+供水单位+农户自主协商灌溉组织。政府授权河道、湖泊管委会，在河道、湖泊沿线设立供水单位，农民自主组织管理他们灌溉范围内的灌溉设施的运行和维护。

② 水资源所有权制度。地权与水权分离，水资源国有。

③ 灌溉水使用权制度。政府水管部门本着公平优先、兼顾效率的原则，按照耕地面积确定各地区的实际需水量，政府授予供水服务公司取水权，并通过特许经营制度固定下来。沿河和沿湖农户根据承包地面积大小获得相应用水配额。在特别干旱年份，每个农户的用水配额同等程度减少。

④ 灌溉设施产权制度。提水站设施、支渠以上设施归供水单位所有，由供水单位负责维护、管理；支渠以下归农户自主协商灌溉组织所有、维护和管理。

⑤ 灌溉用水分配规则。河道水和湖泊水按比例分配，供水公司最低提取量为所服务农户的用水配额的总和，要想多抽取，通过公开竞标获得该流域的部分剩余安全出水量。农户的用水顺序按农户承包地的位置依次进行，一般来说，是从渠首到渠尾，农户按次序灌溉。

⑥ 灌溉用水定价制度。对农户用水配额内的水按供水成本定价，农户配额以外的供水按浮动价格定价。

⑦ 水费收取制度。所有灌溉用水一律按量收费。

⑧ 灌溉用水交易制度。本流域内剩余水量可在各个灌溉组织之间交易，公开竞标；农户自己用水配额的剩余水，可以出售，交易可在本组织内部成员之间，也可在本组织成员之外。交易可以是永久性的、长期的，也可以是短期的，节约的水不能储存。交易价格实行自主协商制度。

⑨ 基础设施维护。提水站（包括主干渠）由供水单位负责维护；支渠斗渠由农户自主灌溉组织负责维护管理。

⑩ 适应范围。适应于土地平整、集中连片，以河流、湖泊位主要灌溉水源的地区。如山东引黄、引湖等部分灌区。

第十二章　新疆农田水利建设发展历程

第一节　新疆地理资源概况

新疆位于亚欧大陆腹地，形成了干旱的温带大陆性气候。新疆的总体地貌可形象地称为"三山夹两盆"：新疆北部、中部与南部分别分布着阿尔泰山、天山和昆仑山三大山脉，在阿尔泰山和天山之间是准噶尔盆地，在天山和昆仑山中间是塔里木盆地。在天山、阿尔泰山、昆仑山、喀喇昆仑山与帕米尔高原等高山、高原上广布着有"固体水库"之称的众多冰川，各大山系上的冰雪融水是新疆许多河流的主要供给水源。新疆的湖泊星罗棋布，散布在高山、盆地、森林、草原与沙漠中。新疆的绿洲多位于塔里木盆地与准噶尔盆地的边缘或河道附近。由于气候干燥，新疆沙漠与戈壁广布。新疆具有丰富的资源，开发利用前景广阔。

一、新疆气候

新疆远离海洋，深居内陆，四周群山环抱，太平洋和印度洋的季风难以进入新疆，因此，形成了典型的温带大陆性气候。总体来讲，新疆的气候具有干燥少雨且降水不均、冬寒夏热、昼夜温差大、多风沙等特点。

（一）干燥少雨且降水不均

新疆年平均降雨量 149 mm，仅相当于全国平均降雨量的 1/4 左右，是全国降水较少的省份之一。新疆干旱少雨，地面植被稀少，沙漠、戈壁广布。北疆大部分地区年降水量仅 200 mm 左右，接近于华北地区年降雨量的 12%。南疆年降水量不足 100 mm，降雨更为稀少。塔里木盆地内部降雨量不足 20 mm。在吐鲁番盆地，平均每年仅有 1 天下雨，年降雨量只有 126 mm。在沙漠腹地，有的年份甚至终年无降雨。北疆地区属中温带，山地阴雨较多，南疆属于暖温带，降雨稀少，浮尘、沙暴天气多。

新疆降水主要来自大西洋的盛行西风气流和北冰洋的冷湿气流，太平洋和印度洋的季风极难抵达新疆。降水分布不均衡，分布规律为北疆多于南疆，西部多于东部，山地多于平原，盆地边缘多于盆地中心。

（二）冬寒夏热

冬季，由于西伯利亚地区气温极低，冷空气下沉形成亚欧大陆的高压中心，西伯利亚地区的高寒气流时常在冬季南下，进入新疆境内，形成大风寒潮天气。受南下冷空气侵袭，每年总有几次大幅度降温的寒潮天气出现。因而，新疆大部分地区，尤其是北疆，冬季温度普遍偏低。例如，与纬度和乌鲁木齐相近的法国马赛相比，马赛1月份平均气温为6～7℃，草木仍青，清水畅流，而乌鲁木齐月份平均气温在-15℃左右，遍地飞雪，滴水成冰，历史上乌鲁木齐曾出现-41.5℃的极端最低气温。北部的阿勒泰地区冬季更漫长也更寒冷。新疆大部分地区夏季气温偏高，南疆气温高于北疆。吐鲁番盆地7月份平均气温40℃，极端最高气温达46℃，居全国之冠。

（三）昼夜温差大

新疆气候具有昼夜温差（常用气温日较差来衡量，气温日较差指每昼夜最高气温与最低气温之差）大的特点，也称为气温日较差大。"早穿皮袄午穿纱，围着火炉吃西瓜"是其真实写照。表现为白天气温升高快，夜晚气温下降大。许多地方的气温日较差在20～25℃。在具有干旱沙漠气候特征的吐鲁番盆地，年平均气温日较差为14.8℃，最高气温日较差曾达50℃。塔克拉玛干沙漠南沿的若羌县，年平均气温日较差为16.2℃，最高气温日较差达27.8℃。一天之内好像经历了寒暑变化，白天只穿背心仍然挥汗如雨，夜晚需盖棉被才能安眠。

（四）多风沙

新疆由于山口、隧道众多，在冷空气入侵时易出现大风天气。大风较严重的季节是在春季，吐鲁番西北部兰新铁路附近的"三十里风区"以及哈密十三间房一带"百里风区"等地，全年八级以上大风的日数超过100天，有时强烈的沙尘暴会妨碍列车正常运行。克拉玛依的全年大风日数每年平均有75天。按当前世界工艺技术水平，新疆"三十里风区"等7个大风区风能可利用总功率达710万kW。

二、山脉与冰川

新疆是一个多山的地区，山地面积约占新疆面积的44%。新疆的各大山脉的走向与布局决定着新疆总体的地形地貌，新疆北部有阿尔泰山山脉，南部有昆仑山山脉，天山山脉横亘中部，把新疆分为南、北两大部分，天山南部是塔里木盆地，北部是准噶尔盆地，形象地称为"三山夹两盆"。天山、阿尔泰山、昆仑山、帕米尔高原等高山、高原上分布着众多冰川，它们是巨大的固体水库。在气候干燥、降水相对稀少的新疆，冰川和积雪融水是新疆许多河流的主要供给水源。

（一）天山

天山是亚洲最大的山系之一，横亘于新疆中部，东西长约700 km，南北宽达250 300 km左右，天然地把新疆分隔成南、北疆两部分。天山是由南、中、北三列大致平行的山脉组成，在天山的群山之中分布着大小不等、高度各异的盆地和谷地，其中以伊犁谷地、大小尤尔都斯盆地、焉耆盆地、吐鲁番盆地和哈密盆地较为著名。天山山脉的总体山势是西高东低，并肩耸立着一座座雪岭冰峰，托木尔峰位于中国西部国境线附近，海拔达 7435 m，为天山的最高峰。

天山位于乌鲁木齐东侧的博格达山，三峰并立，其主峰博格达峰海拔 5445 m，冰光映日，高插云天，俨然是乌鲁木齐的守护神。天山东段的巴里坤山和喀尔力克山，山势渐趋低缓，峰顶坦荡，山垭多在 25 m 以下。此外，东段还有一些迂回曲折的山口，自然地形成沟通南北疆的通道。其中如乌鲁木齐东面的达坂城山口、哈密北面的七角井山口，古代就是军旅、商队横越天山的必经要地。

天山是我国最大的现代冰川区，它奇特的冰川景观，早就为学者和探险家所瞩目。据新中国成立后的多次科学考察，新疆天山冰川共有 6890 多条，总面积达 900 多 km²，约占全国冰川面积的 16%。

天山冰川分布很广，其中以天山西段的依连哈比尔尕山、博罗科努山、哈尔克他乌山、汗腾格里山为较大的冰川分布区，冰川面积共 7490 余 km²，占天山冰川总面积的 3/4。在托木尔、汗腾格里峰区，冰川更是交叉密接，其中汗腾格里峰南侧的南依诺勒切克冰川，有 595 km 之长，其下游伸出国境，有"天山第一冰川"之称。它的周围还有 10 多条长度在 10 km 以上的冰川。天山冰川可以说是新疆最大的固体水库。每当夏日来临，大小冰川和山中积雪消融，大量的融水奔泻而下，汇入伊犁河、阿克苏河、玛纳斯河、乌鲁木齐河等河川，滋润着天山南北广袤无垠的盆地和绿洲。

（二）昆仑山和喀喇昆仑山

两大山系都起自帕米尔高原，然后向东伸展。喀喇昆仑山延入西藏北部，与冈底斯山交接；昆仑山则沿新藏地界延入青海省境内。喀喇昆仑山山势峻峭，巨峰拱列，犹如万笏朝天，群峰海拔均在五六千米之上。主峰乔戈里峰海拔 86 m，仅次于世界最高峰珠穆朗玛峰。昆仑山山势虽然没有喀喇昆仑山陡峭，但山体更为壮阔绵长，其势如巨蟒蜿蜒于亚洲中部，故有"莽昆仑"与"亚洲脊柱"之称。昆仑山在新疆境内的山段长 1800 km，宽约 50 km，山脊海拔多在 5000 m 以上，西段还有不少高达六七千米的巨峰。

喀喇昆仑山与昆仑山，虽然山体高大宽厚，但是降水比较稀少，尤其是昆仑山，干旱程度特别突出。这是因为从大西洋进入的湿气流到达昆仑山时早已成为强弩之末，从印度洋吹来的暖湿季风又被喜马拉雅山、喀喇昆仑山所阻挡，从而成为亚洲最干旱的高山区之一。总的来说，这些山地的冰川资源均不如天山雄厚。据统计，新疆境内喀喇昆仑和昆仑山段的冰川面积分别为约 3200 km² 和 8700 多 km²。

昆仑山的冰川主要集中于西昆仑地区。喀喇昆仑山以乔戈里峰为中心，分布着巨大的冰雪层。乔戈里峰北坡著名的音苏盖提冰川，长 40.2 km，是我国境内已知的最长的现代冰川。在东昆仑山和阿尔金山中，由于山体高度低于西昆仑山，气候又异常干燥，因而冰川覆盖范围较小，仅在 6000 m 以上的最高山带发育有较好的冰斗冰川和悬冰川等，这些冰川给附近山区带来了蓬勃生机。

（三）阿尔泰山

横亘于新疆东北境的阿尔泰山，是中、蒙、俄三国的界山。它位于我国境内的山段，呈西北—东南走向，延伸约 400 km。山体较为低矮、平缓，从山麓到山顶呈阶梯状逐渐抬升。山岭高度一般在海拔 3000 m 左右。横跨中蒙俄边界的友谊峰，海拔 4374 m，是阿尔泰山的最高峰。阿尔泰山的山地由于受西来寒湿气流的影响，因而雨雪丰盈，森林密布，草原繁茂，自然景观与新疆其他地方大不相同。

阿尔泰山水源充足，发育出哈巴河、布尔津河、克兰河、额尔齐斯河、大青河、小青河等河流，它们顺坡南往汇成了额尔齐斯河、乌伦古河两大水系，再向西北流去。河流两岸土地肥美，河湖中水产丰富，具有全面发展农林牧副渔的优越条件。阿尔泰山还蕴藏着大量的矿产资源，其中的黄金、有色金属和稀有金属储藏量都很大。阿尔泰山由于一般山区海拔低于雪线，因而大多数冰川的面积较小，已知冰川 420 条，总面积仅 293 km²，主要集中于南坡布尔津河上游。其中面积最大的冰川是北喀纳斯河上源的山谷冰川——喀纳斯冰川，长达 12 km。冰川融水为喀纳斯河提供了充足的水源，再加上这一地带气候湿润，降雨量比较大，使得喀纳斯河终年河水丰沛，河谷中松杉、白桦密布，野生珍贵动植物资源异常丰富。

（四）帕米尔高原

雄伟壮观的帕米尔高原，是天山、喀喇昆仑山和兴都库什山等交会而成的山结。其东部位于新疆西南端，最高处海拔为 7700 余 m。新疆境内帕米尔山的冰川面积达 2200 km²，在帕米尔东部山地冰川分布广、冰层厚，其中公格尔山——慕士塔格山冰川面积就达 635 km²，冰层厚度平均可达 100 m。几乎整个山体都为冰层所覆盖，冰层下达到海拔 5000～5500 m 的地方，分布着 36 条山谷冰川。慕士塔格山东坡的东可可希里冰川、西北坡的羊布拉克冰川及公格尔山北坡的克拉牙拉克冰川等，都是长达 20 多 km 的大冰川。

三、河流

新疆的河流大多是内流河，河流多数散失在灌区或荒漠，少数在低洼地形成湖泊。新疆的外流河有两条：一条是新疆北部发源于阿尔泰山南坡的额尔齐斯河（下游为鄂毕河），它是中国唯一注入北冰洋的河流，在新疆境内的流域面积约 5.7 万 km²；另一条是发源于新疆西南角喀喇昆仑山的奇普恰普河，是印度河上游支流，最后注入印度洋，在新疆境内流域面积为 4410 km²。

新疆共有源于山区的河流 300 多条，除额尔齐斯河、奇普恰普河外，其他河流均为内流河，大多分布于新疆西部。新疆比较著名的河流有塔里木河、伊犁河、额尔齐斯河、开都河、孔雀河等。塔里木河是中国最长的内流河，全长 2179 km。伊犁河为新疆流量最大的河流，年径流量为 166 亿 m³。新疆河流水源的补给主要靠山地降水和三大山脉的积雪、冰川融水。新疆的河流水系，是大小绿洲的命脉。由于新疆干旱少雨，大小河道的河水便是灌溉绿洲农田的主要水源。所以，自古以来同干旱做斗争的新疆各族人民，一般都生息于河流附近。

（一）塔里木河

为中国第一大内陆河，全长 2179 km，它由叶尔羌河、和田河、阿克苏河等汇合而成，塔里木河自西向东蜿蜒于塔里木盆地北部，上游地区多为起伏不平的沙漠地带，来自于冰山的融水含沙量大，河水很不稳定，被称为"无缰的野马"。塔里木河流域周围是天山南坡—昆仑山—阿尔金山等高原山区，中间是塔里木盆地。周边有大小河流140多条，呈向心分布汇入盆地，大多数小河流出山区后消耗散失于绿洲和广阔的沙漠地区。

塔里木河流域中心为塔克拉玛干沙漠，向塔里木盆地内部倾斜至沙漠边缘的山前倾斜平原，分布着山地、绿洲、自然植被、荒漠等。塔里木河流域水资源总量为429亿 m^3，其中，地表水资源量为398.3亿 m^3，地下水资源量为30.7亿 m^3，塔里木河流域属典型的温带干旱大陆性气候，光热资源十分丰富，流域内干燥多风，昼夜温差较大，降水稀少，蒸发强烈。

（二）伊犁河

发源于新疆天山西段，它由上游特克斯河、巩乃斯河、喀什河3条支流组成，自东向西流出国境，最后注入哈萨克斯坦的巴尔喀什湖，因此，它又是一条国际河流。伊犁河的水量居新疆众河之首，其径流量约占新疆河流径流量的1/5，约3/4的水量流往国外。伊犁河的中下游水流平缓，在我国境内雅马渡至国境段可通航汽轮。河流两岸地域平旷，土壤肥沃，降水丰富，气候相对湿润，是富饶的粮油瓜果之乡。伊犁河中还盛产鲤、鳊、鲈等鱼类，清人洪亮吉曾用"昨宵一雨浑河长，十万鱼皆拥甲来"的诗句来咏赞伊犁河产鱼之富。

（三）额尔齐斯河

发源于我国阿尔泰山南麓的额尔齐斯河，向北流出国境，经西伯利亚注入北冰洋。它是一条外流河，是我国唯一流入北冰洋的河流。它在我国境内的干流长633 km。若按水量计算，可列为新疆第二大河。在夏季水位高时，自布尔津至国境长达100多 km的河段，能通航浅水轮船。额尔齐斯河流域有广阔优良的牧场，又有丰富的矿藏和森林资源，著名的福海大尾羊和鲟鳇鱼就出产在这里。

四、湖泊

新疆的湖泊面积广大，其中面积大于1 km^2 的湖泊有139个，水域面积为5504.5 km^2。新疆湖泊的成因极为复杂，有断层湖、冰川湖、堰塞湖、风蚀湖、河成湖等，这些湖泊星罗棋布，分布在高山、盆地、森林、草原、沙漠中。新疆湖泊在分布高度上也相差悬殊。昆仑山上的许多湖泊，海拔均在4000 m以上。南面和田县境内的阿克赛钦湖海拔在4900 m以上，有"悬湖"之称；而吐鲁番地区的艾丁湖海拔为−155 m，是我国陆地的最低点。

从种类上划分，新疆的湖泊有两大类：一类是在河流终点形成的湖泊，对河流不起调节作用，多是盐度较高的咸水或半咸水湖，如罗布泊、艾丁湖、赛里木湖、乌伦古湖等；另一类是有吞有吐的中继湖，对河流有调节作用，此类湖泊大部分是淡水湖，如喀纳斯湖、博斯腾湖等。从水温上讲还有冷水湖，如赛里木湖、喀纳斯湖等，虽然不宜游泳，可湖中的冷水鱼却是意外的收获。新疆比较著名的湖泊有博斯腾湖、赛里木湖、乌伦古湖等。

（一）博斯腾湖

博斯腾湖是我国最大的内陆淡水湖，它位于天山南麓的焉耆盆地之中，湖水面积972 km²，海拔1048 m。湖面浩瀚，风起时波浪滔滔，宛如沧海。大湖西侧尚有许多小湖，状如一串葡萄穗，湖水相通，苇草丛密，间有大片的野生莲荷，栖息着各种水鸟。整个湖区干燥少雨，湖水主要依赖开都河等河流补给，水量稳定，因此有利于农业灌溉利用。博斯腾湖是开都河和孔雀河的中继站，起着承上启下、调节径流的作用。

（二）赛里木湖

位于天山西段的高山盆地中，博乐市西南，是天山博罗科努山山脉的断隔湖。赛里木湖海拔2073 m，水域面积455～460 km²，呈椭圆形，最大水深92 m，蓄水总量210亿m³，是新疆海拔最高、面积最大的高山冷水湖。赛里木湖四周没有大河注入，流域内也少冰川和永久积雪，湖水主要来源可能为潜水。由于所处位置较高，蒸发量较小，湖水矿化度为3 g/L左右，略带咸味，属微咸湖。赛里木湖湖滨水草丰富，为优良牧场。

（三）乌伦古湖

又名布伦托海，是乌伦古河的归宿。湖水面积736 km²。湖上烟波浩渺，水鸟浮游，景物如画，故有"准噶尔明珠"之称。湖中盛产鲤鱼、河鲈、鲫鱼等。除夏秋可用渔网捕鱼之外，冬春湖水冰冻，又可冰下捕鱼，一年四季都有鱼上市。这里丰盛的湖水还对周围许多农场的灌溉起重大作用。

五、盆地与绿洲

在新疆辽阔的土地上，北面有阿尔泰山，南面是昆仑山和喀喇昆仑山，中部横亘着宽厚的天山山脉，这三条庞大的山系将新疆分为塔里木盆地和准噶尔盆地南北两大盆地。这两大盆地都如开口的盆子：准噶尔盆地东高西低，"盆口"朝向西北；塔里木盆地西高东低，"盆口"向东敞开。

新疆大部分地区在1亿年前是汪洋大海，唯有准噶尔和塔里木两块陆台高踞在波涛汹涌的海面上。随着古生代强烈的地壳运动，海水逐渐退去。到古生代末期海底的大部分逐渐隆起而形成今天这样的雄伟山系。原先的塔里木、准噶尔两个稳定的陆台，反而变为群山包围的两大盆地了。在地壳运动造成的山地上升过程中，由于力量不够均衡，便在山中和山麓产生了许多陷落洼地，形成现在系列的山间盆地和谷地。地势较高的盆地，如天山中部海拔2400多m的尤尔都斯盆地、海拔2000多m的昭苏盆地和昆仑山北部海拔4000多m的库木库里盆地等。还有一些海拔较低的盆地，如哈密盆地、焉耆盆地、伊犁盆地和巴里坤盆地等。地势最低的是吐鲁番盆地，它以世界第二洼地而闻名于世。

（一）塔里木盆地

塔里木盆地是我国最大的盆地，面积达53万km²，海拔为780～1300 m，其中以罗布泊洼地最低。由于盆地远离海洋，周围又有高山环列，阻隔了湿润海洋性气流的进入，因此，气候极端干旱，盆地东南部有的地区几乎终年不雨。我国面积最大的塔克拉玛干大沙漠，就位于这个盆地的中心。

（二）准噶尔盆地

准噶尔盆地是我国第二大盆地，面积约 38 万 km^2，海拔为 189～1000 m，其中以西部的艾比湖湖面最低。由于盆地西部有阿拉山口、额敏河谷和额尔齐斯河谷，形成了湿润的西风海洋性气流的通道，因此，准噶尔盆地雨雪较多，年降水量可达 100～250 mm，接近于华北北部的一些地区，比起塔里木盆地来，气候相对湿润，冬春较为寒冷。准噶尔盆地除中部为古尔班通古特沙漠之外，盆地边缘还散布着一些小的沙漠。

（三）尤尔都斯山间盆地

处于天山心脏的尤尔都斯山间盆地，有著名的巴音布鲁克草原，面积 53.4 万公顷，仅次于内蒙古的鄂尔多斯草原，是我国第二大草原。这里生长着优质的酥油草，哺育着 60 多万头牛羊，是新疆的牧业基地之一。我国最大的天鹅湖——巴音布鲁克天鹅保护区，就位于盆地的中心。这是　片水陆杂陈、水生植物丛生的沼泽，每年有大群的天鹅和其他禽鸟在这里栖息繁殖。

（四）库木库里盆地

库木库里盆地是东昆仑山和阿尔金山之间的高位山间盆地，面积达 2 万多 km^2。这里海拔达 3800～4200 m。在该盆地及其周围地区生活着大约 1 万头野牦牛、2 万头藏野驴及数量更多的藏羚羊，还有雪豹、棕熊、豺等野兽，盆地中部的高原湖泊中栖息着斑头雁、棕头鸡和多种鸭类，成为高原野生珍贵动物的乐园。现在这里已成立阿尔金山自然保护区。

（五）绿洲遍布

在塔里木和准噶尔盆地的周围有许多发源于山地的河流，从山上挟带下来大量的风化物，在山前不断积聚，日久天长便形成许多洪积冲积扇和三角洲，连成广阔的倾斜平原。在平原的中下部，分布着一块块水源丰沛、土壤肥沃的绿洲，这些绿洲有的呈扇形，有的呈三角形，有的沿大河河道，延伸到沙漠深处，好似绿色长廊。千百年来，新疆各族人民在这些自然绿洲中，沿着河道垦荒造田，形成一种颇具特色的绿洲农牧业经济。

六、沙漠与戈壁

新疆的沙漠与戈壁的总面积达 71.3 万 km^2，占全国沙漠与戈壁总面积的 55.6%。其中，沙漠面积为 42 万 km^2，戈壁面积为 29.3 万 km^2，分别占全国沙漠面积和戈壁面积的 58.9% 和 51.4%。

面积在 1 万 km^2 以上的中国十大沙漠中，新疆独占三席。位于塔里木盆地的塔克拉玛干沙漠，面积达 33.76 万 km^2，占全国沙漠面积的 47.3%，是我国最大的沙漠，也是世界七大沙漠之一；位于准噶尔盆地中央的古尔班通古特沙漠，面积为 4.88 万 km^2，是我国第二大沙漠；新疆东部库姆塔格沙漠，由罗布泊东南向东延伸至甘肃敦煌市西部，面积为 2.28 万 km²，在中国十大沙漠中排名居第 9 位。除上述三大沙漠外，在伊犁谷地霍城县城西南延伸至中哈边境有塔克尔莫乎尔沙漠；在焉耆盆地博斯腾湖的南岸和东岸，分别有阿克别勒库姆沙漠和玛尔塔孜宁沙漠；在昆仑山有世界上最高的沙漠——库木库里沙漠（海拔 3900 ~ 4700 m）。另外，在艾比湖洼地、布伦托海湖盆、额尔齐斯河岸及一些绿洲中，也零星分布有许多小沙漠。

东西横亘于新疆中部的天山山脉，使南北疆的沙漠具有迥然不同的特征。新疆的沙漠为典型的内陆温带沙漠。南疆以塔克拉玛干沙漠为代表，是欧亚大陆的干旱中心。塔克拉玛干沙漠受西北和东北两个盛行风向的交叉影响，风沙活动频繁而剧烈，南缘风沙日每年平均有 100 多天，使沙漠不断南移。从沙漠中残存的汉唐古城遗址推断，1000 多年来，沙漠已南移数十到上百千米。塔克拉玛干沙漠中，流动沙丘占 85% 以上，沙丘高大且形态复杂，是世界第二大流动性沙漠。塔克拉玛干沙漠还有各种特殊形态的沙丘，如金字塔沙丘、穹状沙丘、鱼鳞状沙丘等。北疆以古尔班通古特沙漠为代表。由于准噶尔盆地西部的缺口，较为湿润的气流可进入盆地内部，年降水量可达 100 ~ 200 mm。较多的降水，尤其是冬季的积雪，在沙丘上形成较厚的悬湿沙层，为各种沙漠植物提供了维持生命的水分。古尔班通古特沙漠生存着 300 多种植物，多种多样的植物形成了特殊的沙漠景观。这些植物既为人们提供了薪柴和饲草，又能防止沙丘的移动，使北疆的沙漠大部分成为固定或半固定型，流动沙丘所占比例较少。

新疆的戈壁主要分布在东部地区。在天山和库鲁克塔格广阔的山前平原分布着洪积或洪积—冲积戈壁，又称砾质荒漠；哈密以南的噶顺戈壁是剥蚀戈壁，又称石质荒漠。

在新疆浩瀚无垠的沙漠与戈壁中蕴藏着丰富的土地、生物和矿藏资源，也具有许多神奇的自然景观，奇异的海市蜃楼、神奇莫测的响沙、乌尔禾的魔鬼城、罗布洼地的雅丹群、幻如魔境的沙漠日出和晚霞，常使人惊叹不已。但沙漠的扩张，可怕的沙尘暴，给人类带来巨大的危害。人们盲目地追求经济的高速增长，忽视了对生态环境的保护。许多北疆沙漠中的梭梭林、南疆沙漠中的胡杨林已被大量砍伐，沙漠化现象在很多地方更加严重。巨大的风沙也给人们生命与财产造成越来越大的威胁，因此，必须做好新疆沙漠与戈壁地区的环境保护工作。

七、丰富的资源

新疆是一个地域辽阔、气候条件独特、地形地貌复杂多样的地区，具有丰富的各类可利用资源，如光热资源、风能资源、水资源、矿产资源、土地资源、果蔬资源、旅游资源等。

（一）光热资源

新疆光热条件优越，具有丰富的光热资源。新疆是中国日照时间最多的省区之一，年平均日照时数达 2817.70 h，全年太阳能总辐射量为每平方米 5000 M ~ 6490 MJ，仅次于青藏高原，光热资源开发前景十分广阔。太阳能辐射量的分布规律是：新疆年总辐射量从东南向西北随着纬度的增高而逐渐减少。年总辐射量最多的地方是哈密，最少的地方是北疆的乌苏、精河、克拉玛依一带。在塔里木盆地西南角的和田一带，风沙天气多，浮尘时间长，太阳能总辐射量也相对较少。

（二）风能资源

新疆风能资源极为丰富，新疆是多风的地区，风次多，延续时间长，年风能理论蕴藏量约为 3 万亿 kW/h。风季一般为 3—6 月及 8—9 月，风向主要为西北和东北风，风力一般在 5 ～ 9 级，最大可达 10 ～ 12 级。山口是风能资源最为丰富的地区，年平均有效风能在每平方米 10 800 MJ 左右。新疆利用风能资源已经起步，现拥有亚洲最大的达坂城风力发电厂，未来开发潜力巨大。

（三）水资源

新疆的水资源以固体冰川、地表径流、湖泊等形式存在，约占全国的 3%。2005 年，新疆水资源总量 962.82 亿 m^3。其中地表水资源量 910.66 亿 m^3，地下水资源量 562.57 亿 m^3（重复计算量 510.41 亿 m^3），人均水资源量 4789 m^3，是全国平均值的 2.23 倍。由于受地形地貌、干旱型气候及季节性降水等因素影响，地表水蒸发量大，水资源时空分布不平衡。新疆冰川资源丰富，有大小冰川约 1.86 万条，总面积 2.3 万 km^2，占全国冰川储的 42%。冰川储量 2.13 万亿 m^3，有"固体水库"之称。

新疆湖泊较多，其中面积大于 1 m^2 的湖泊 139 个，水域面积有 5504.5 km^2，主要有博斯腾湖、赛里木湖、艾比湖、喀纳斯湖等。其中，博斯腾湖湖水面积 972 km^2，是中国最大的内陆淡水湖。全区共有大小河流 570 多条。山泉 270 多处，地表水总径流量 119.90 亿 m^3，年径流量 608.63 亿 m^3。

（四）矿产资源

新疆境内地质构造复杂，地层齐全，为贮矿提供了有利条件。因而新疆矿产资源丰富，种类繁多，开发利用的前景极为广阔。目前发现的矿产有 138 种，探明储量的有 83 种，保有储量居全国首位的有 6 种，居前 10 位的有 41 种。石油、天然气、煤、金、铬、铜、镍、稀有金属、盐类矿产、建材非金属等蕴藏量丰富。据全国第三次油气资源评价，新疆的预测石油资源量为 209.22 亿 t，约占全国陆上石油资源量的 25.5%；天然气预测资源量为 10.79 万亿 m^3，占全国陆上天然气资源量的 28%；煤炭预测资源量为 2.19 万亿 t，占全国预测储量的 40%。黄金、宝石、玉石等资源种类繁多，品质优良，古今闻名。2006 年，新疆发现了总面积超过 3000 km^2 的钠硝石矿床，初步查明远景资源量约为 1.84 亿 t，规模和资源量仅次于智利，是世界第二大天然硝酸盐资源。

（五）土地资源

新疆地域辽阔，土地资源丰富，可垦荒地资源约 700 万公顷，其中宜农荒地有 487 万公顷，占全国宜农荒地的 13.8%，扩大耕地有可靠的土地资源保证，草原面积大，草地类型多，草地的面积有 0.57 亿公顷，其中可利用面积 0.48 亿公顷，居全国第 3 位，人均占有草地 3.37 公顷，为全国平均数的 16.3 倍，四季草场齐全，但极不平衡，山区草地占全区草地面积的 58%，优良草地占可利用草地 38.4%。

（六）果蔬资源

新疆向来有"瓜果之乡"的美誉，盛产的各类特色果蔬品种之多，产量之高，品质之优良，在全国乃至世界各地都名闻遐迩。新疆地理位置和气候条件独特，光照时间长，雨水少，果蔬的种植和生长大都以天山融雪浇灌而成，果蔬产品与内地相比具有品种多、风味佳、含糖高、无公害等特点，利于鲜食和加工。

（七）旅游资源

新疆文化积淀深厚，民俗风情浓郁，名胜古迹、自然景观、人文景观众多，旅游资源丰富。按《中国旅游资源普查规范》的资源分类，在中国旅游资源六大类68种基本类型中，新疆至少占56种类型。

自然景观神奇秀丽，冰峰与火洲共存，沙漠与绿洲为邻；人文旅游资源丰富，古丝绸之路在新疆留下了数以百计的古城池、古墓葬、石窟壁画、古屯田遗址等人文景观。

第二节　古代新疆农田水利建设成就

一、新疆农田水利建设的发展历史

早在中华人民共和国成立之前，新疆的农田水利建设就已取得了一定的成就。新疆灌溉农业历史悠久，最早可上溯至西周时期，在东疆、南疆、伊犁河谷均发现当时的人民引水灌溉的遗址。发展至今，已有千余年的历史。从古至今，历代封建王朝开发新疆，实行屯田，首要的措施就是修建水利工程，为农业生产创造有利条件。新疆大规模、有组织的农田水利建设是从汉代开始的，并在发展过程中经历了隋唐、元、清及民国等几个重要时期，这为新中国成立后新疆农田水利建设的发展打下了坚实的基础。

（一）西汉

汉武帝统治时期，为配合在大宛的军事需要，解决军队粮食问题，汉政府在塔里木河中游的轮台（今轮台的玉古尔）与渠犁（今库尔勒之西境）一带开凿沟渠，进行屯田。至征和年间，两地水利已"有溉田五千顷以上，处温和，田美，可益通沟渠，种五谷"。由此可见，当时轮台一带的灌溉农业已颇具规模。至汉昭帝统治时期，汉政府开始采纳桑弘羊扩大轮台屯田的计划，水利以渠犁为中心逐步向西部发展，自此之后，逐渐推进到伊循（今若羌县）、楼兰（今若羌县东北）、交河（今吐鲁番市西）、赤谷（今中亚伊塞克湖东南）、焉耆、龟兹（今库车县）、姑墨（今阿克苏）等处。其中在伊循城北注滨河（今卡墙河）上修建的拦河大坝，是最早记载的新疆筑坝引水工程。

东汉时期，西域政局陷入混乱，虽然这一时期水利建设记载不多，但屯垦事业仍然断断续续发展了120多年，范围主要分布在精绝（今民丰县北）、楼兰（今若羌县东北）、于阗（今和田市东北）、疏勒（今喀什市东北）、金满（今吉木萨尔县北）、高昌（今吐鲁番市东）、柳中（今鄯善县鲁克沁乡）和伊吾（今哈密西）等地。由此可见，新疆主要几个地区的水利在汉代就打下了基础，并且其水利中心主要在南疆地区。

（二）隋唐

隋唐时期，隋炀帝大业五年（公元 609 年），隋朝在西域设且末、鄯善、西海等郡，请天下罪人，配为戍卒，大兴屯田。唐朝以此为基础，在西域继续实行屯田。贞观二十二年（公元 648 年），唐政府在安西都护府下设"掏拓所"，在西州（今吐鲁番市东南）各县设置"知水官"，负责组织屯田军民共同修建水利工程。水利陆续在于田、疏勒、龟兹（今库车县）、焉耆、西州（今吐鲁番市）、清海（今石河子以西）、庭州（今吉木萨尔）、伊州（今哈密）等处兴建起来。当时，新疆的水利在天山以南以龟兹为中心，天山以北以庭州为中心，其分布范围较为广泛。

（三）元朝

元朝时期，政府为了保证军队给养，命令驻防在阿力麻里（今伊犁霍尔果斯附近）、高昌、别失八里（今吉木萨尔、昌吉一带）、斡端（今和田）等地区的军队实行兵屯。在今车尔臣河流域、哈密、亦里（今伊犁）、可失哈尔（今喀什）等地兴修水利，实行民屯。

（四）清朝

清政府统一新疆后，积极移民到新疆屯田，并在明朝开发的基础上进行了大规模的农田水利建设。"清乾隆二十五年（公元 1760 年），参赞大臣阿桂等由阿克苏率满洲索伦骁骑 500 名、绿营兵 100 名，维吾尔族农民 300 名"至伊犁屯开渠灌溉，此为清代伊犁屯田之始。嘉庆年间（公元 1796—1820 年），为了灌溉锡伯族军民屯田的土地，从伊犁河的察布查尔山口开渠引水，"渠道长 100 多公里，共灌溉农田 4000 多顷"，也就是现在的察布查尔大渠。之后又建成通惠渠，该渠经过 20 余年的整修、扩建、延伸而成，全长 98 km，是现在伊犁人民渠的前身。以上两渠是当时修建的较大渠道，在新疆农田水利建设史上具有重要意义。

同治年间，新疆变乱迭起，俄国入侵伊犁，全疆各地水利设施遭到一定程度的破坏。直到光绪二年（公元 1876 年）之后，清政府才在新疆各族人民协助之下，平定叛乱。当时完成的水利工程主要有北疆乌鲁木齐的安宁渠、长胜渠、永丰渠、东疆哈密的石城子水库，南疆利用红海子和古海子等湖泊修坝筑堤储水灌溉是疆内最早的储水工程。坎儿井是新疆独特的地下引水灌溉工程，从光绪元年（公元 1875 年）到光绪三十四年（公元 1908 年），左宗棠、刘锦棠和其后任在新疆均采用各种方式兴修水利，共修渠 20 多条，挖坎儿井 185 处。光绪末年，水利灌溉几乎遍及南北疆。据《新疆图志·沟渠志》记载，当时有 984 条干渠，2396 条支渠，灌溉面积近 1124.6 万亩。

（五）民国

民国杨增新主政时期，认为"水利为农业根本，修渠、垦荒事属要政"，于民国四年（1915 年），成立了新疆水利委员会，制定了水利章程，计划大兴水利。在布局上主张"先从北路入手，渐及南路"。首先修复迪化（今乌鲁木齐）、绥来（今玛纳斯县）、乌苏、镇西（今巴里坤县）、伊犁和沙雅的旧渠，以及吐鲁番和鄯善的坎儿井，然后于迪化、昌吉、沙湾、库车和且末等处修建新渠，安置农民屯田垦荒。从此天山南北整修、新修了一批水利工程，"全疆耕地面积从清朝末年的 1055.5 万亩，增加至民国七年

（公元 1918 年）的 1202.7 万亩，生产粮食 29.06 亿公斤，棉花产量 1046.5 万公斤。至民国十年（公元 1921 年），又新增了 100 万亩耕地"。金树仁主政新疆时期，社会动乱不安，农村破坏严重，水利失修，耕地只有 680 余万亩，粮食减产到 9.2 亿公斤。

民国二十三年（公元 1934 年）盛世才主政新疆后，政局较为稳定，开始实施三年建设计划，除整修原有各渠外，还新建了一些渠道，使农业生产得到了恢复和发展，全疆灌溉面积恢复到 1100 余万亩。民国二十八年（公元 1939 年）后，在南北疆相继修建了一批较大的水利工程，主要有阿克苏的多浪渠和皇宫渠，渠长分别是 60 多和 40 多公里。两渠对阿克苏人民的生产和生活影响较大。民国末年新疆开始修建水库，主要是利用湖泊筑坝储水。1940—1946 年，六年间共建了 3 座水库，分别是巴楚红海子水库、阜康天池水库和迪化红雁池水库，总蓄水量 3000 万 m³。到 1949 年，"全疆主要灌溉渠道共有 1657 条，长 3.3 万公里，水库 3 座，坎儿井 1000 多道，有效灌溉面积达到 1681.60 万亩。"

纵观 2000 余年新疆水利发展的进程，水利开发的最终目的大多出于国家军事政治的需要，为民考虑的因素较少。水利工程也多建在大的河流、湖泊和交通要道附近，如塔里木河流域的渠犁和轮台，罗布泊附近的楼兰，西域通往内地的咽喉要地吐鲁番和哈密等都是水利建设的重点地区。新疆人民为求生存，在发展水利事业上付出了巨大而艰辛的劳动，建设了片片绿洲，为新中国成立后新疆水利事业的进一步发展奠定了基础。

二、坎儿井介绍

（一）我国的坎儿井

坎儿井是干旱沙漠地区所特有的、古老的水利技术工程，是绿洲冲积平原上具有地方性特色的技术，是中国古代先民与自然和谐相处的生存智慧。波斯语称坎儿井为"kariz""karaz""karez"，它是一种古老的灌溉技术，适合为干旱、半干旱地区提供农业灌溉和日常生活所需的水。

由考古资料可知，坎儿井在中国新疆的应用已有 2000 多年的历史，它是我们勤劳和智慧的祖先为了在干旱、高温、荒漠等恶劣的自然环境下生存，用巧妙的方式把渗入山脚、山谷下的天山冰雪融水引出地表的输水设施，是在一定地形坡度条件下利用重力势能对水进行牵引自流引灌的无动力输水工程，是至今仍在使用并发挥重要作用的活的传统技术和文化遗产。因具有重要的历史价值地位、作用和意义，它已和万里长城、京杭大运河并称为中国古代三大工程。

中国的坎儿井主要分布在新疆的吐鲁番、哈密、奇台、木垒、库车、和田和阿图什等地。新疆坎儿井共有 1784 条，坎儿井暗渠总长度 5272 km，有水坎儿井 614 条。新疆的吐鲁番、哈密地区的坎儿井目前运转良好，仍在农业灌溉中发挥着重要的作用，而其他地方的坎儿井基本上成为闲置的观赏设施或作为辅助用水装置。

（二）国外的坎儿井

目前，世界上除中国外还有 40 多个国家有坎儿井，如伊朗、阿富汗、摩洛哥、巴基斯坦、吉尔吉斯斯坦、乌兹别克斯坦、叙利亚、日本、意大利、美国等。运行良好且大面积存在的国家有中国、伊朗、阿富汗及阿拉伯半岛的一些国家和非洲南部的部分国家。据西方学者考证，伊朗（古称"波斯"）的坎儿井产生于公元前 500 年，至今已有 2500 多年的历史，其现存大约有 4 万条坎儿井，其中有 22 000 多条坎儿井正在使用，总长度达 274 000 km，伊朗是目前坎儿井条数较多且仍在当地作为主要灌溉工具的国家之一。

（三）新疆坎儿井的现状

新疆坎儿井的保存和保护现状令人担忧，坎儿井的条数正在迅速减少，其生态环境逐步恶化，传统技术文化面临生存危机，致使当地人的生存状态和生活习惯发生了很大的变化，心理困惑日益加剧。

坎儿井落户在干旱、半干旱地区，浇灌了干涸的土壤，湿润了干燥的空气，使焦黄的沙土地上变得瓜果飘香、牛羊遍地、鸟语花香、炊烟袅袅。随着人口数量的增加，坎儿井条数的增多，绿洲面积逐渐扩大，大自然进行着良性的循环，呵护和滋养着一代又一代生活在这里的人们，使他们得以生息和繁衍，兴盛和发展。在这种人与自然的和睦互动中，经济逐渐发达，社会结构和社会秩序逐步建立，人们创造了绿洲文明，积淀了底蕴深厚的坎儿井文化。

20 世纪五六十年代以来，一系列新兴水利技术的引进渐渐打破了这种平衡，当地的经济在经历了短暂的高速发展后，转而走向低速发展。环境的日益恶化，甚至达到了危及人类生存的程度。1953—2003 年，新疆坎儿井减少了 1170 条。一系列新的矛盾逐步凸显，大量的坎儿井退化、废弃，撂荒面积增加，土地盐碱化、沙漠化面积扩大，地下水位下降，造成自然灾害增多。

（四）新疆坎儿井的退化原因

科学技术发展、社会变迁、人口增加、经济增长，以及内外文化冲突与交融等，给这个地区带来较大的冲击。在主动迎合与被动接受之间，这一系列的变化时而牵制、时而推动着这个地区的发展、社会生产模式的转换、经济关系的变化、社会秩序的重构。然而在这一历史长河中，坎儿井技术的微弱变化、运行方式的基本定格似乎给这一当地人长期赖以生存的宏伟工程留驻了封藏的历史记忆，弱化了传统技术的支撑，改变了人们原有的生存环境和生活状态，打破了原来的生活习惯。这种变化不仅从物质世界也从心理层面对当地人产生了较大的冲击，使尚未适应快速变化的人们从内心深处产生了困惑。

（五）坎儿井文献

国内外对新疆坎儿井的研究视角相对集中，仍存在很多需要关注的空间。技术哲学和文化人类学应该在坎儿井这项属于本国的、古老的、承载本民族优秀文化的、具有世界人类文化遗产性质的传统技术方面发出更多的声音。

关于坎儿井研究的文献，更多的是从旅游和水利工程的角度进行分析。因为近年来，坎儿井作为一种旅游资源越来越受到来自世界各地游客的关注，给地方上带来了相当可观的经济效益，因而从开发旅游资源，优化旅游区社会环境，提高经济效益，美化人文景观方面论述的较多。坎儿井作为古代农业的水利命脉和现今农业灌溉的必要组成部分，受到水利专家和农业研究专家的重视。坎儿井数量多，工程量大，修造周期长，是一种大型的水利工程，因而也作为工程学的研究对象受到关注。而从地形地貌、土壤结构、地质层、气候、水产等方面进行专门研究的相对少一些，即使有些文章中有少量关于这方面的论述，也并未作为文章的主要内容。

新疆是民族风情浓郁、宗教情节浓厚、地域特色突出的地区，其社会发展与坎儿井有着千丝万缕的联系，然而在民族、宗教、文化、社会等与坎儿井的关系方面的专题研究相对较少。人们不断接受着新技术带来的高效快捷，新思维方式带来的审美视角，新文化笼罩下的色彩变幻，原有的传统生活方式、思维方式、价值观念、文化氛围受到冲击，亟待建立一种新的平衡。在这种状态下，对新旧文化冲突的充分论证显得尤为必要。

坎儿井是具有新疆特色的地方性技术，无论其作为技术文化还是物质文化都有许多尚待挖掘和需要阐释的地方。到目前为止，对新疆坎儿井的阐释无论是从地方性的视角，还是从文化多样性保护的角度都尚不充分；坎儿井作为当地人生活的主要依靠，不仅具有技术性，而且围绕它的存续也衍生出了生活习俗、民族风情、艺术、宗教信仰、民族心理等之间的关联；坎儿井是长期在恶劣环境下生存的当地农牧民与自然环境做斗争的见证，也是人与自然智慧交往的结晶，而学界从该视角给予的解读还不够深刻。对坎儿井这样一种宏伟的技术文化工程，应从技术哲学和文化人类学的视角对其在建造过程中文化的生成和建造完成后进驻生活文化的汇聚，给出本领域的理论关注和实践阐释。

三、新疆坎儿井的结构

新疆坎儿井由竖井、暗渠、龙口、明渠等 4 个部分组成。

（一）竖井

竖井是垂直于地表、向下通向暗渠的通道，竖井井口呈矩形，用于通风、出土，供掏挖坎匠和维修坎匠进出及在暗渠中劳作的坎匠运送各种工具和防护物资。暗渠内掏挖出的松土由柳条筐经竖井送出地面，堆在竖井口四周，形成大小不等的土堆，可阻挡风沙和山洪对坎儿井的侵蚀。

竖井口终年以树枝、秸秆、木板等作棚盖遮护，现在有些竖井井口也用预制板或水泥板遮护，井盖上以沙石、泥土密封，以防流沙渗漏、雨雪冻融损害。竖井井口间距疏密不等，上游比下游间距长，一般间距为 $30 \sim 50$ m，靠近明渠处间距为 $10 \sim 20$ m。竖井的深度，深者在 90 m 以上，最长达 150 m，从上游至下游由深变浅。竖井是坎儿井首先要定位和挖掘的工程。

（二）暗渠

暗渠是坎儿井的功能主体，是把天山融雪渗入地下部分的潜水由山前的潜水区戈壁和沙漠输送到适合人居住的生活区和灌溉区的主要通道。暗渠在当地又称廊道，廊道又分为集水廊道和输水廊道，当地的居民称集水廊道为"水活"，输水廊道为"旱活"。"水活"的长短，切割地下水位线的深浅，决定了坎儿井源头水量的大小。"水活"的水平长度一般在 50 ～ 200 m。水量大时为一头，即只开挖一个集水廊道；当水量一般时，会同时掏挖多个集水廊道，以增加水源处的出水量。

"旱活"一般长 35 km，少数大于 5 km，最长的超过 10 km。"旱活"穿过沙砾层时水量损失很大，每千米损失率在 8% ～ 15%，一条 3 ～ 4 km 的坎儿井水量损失 30% ～ 60%。暗渠断面为长方形、圆形或穹形，高 1.5 ～ 1.7 m，宽 0.8 m 左右。由于系人工开挖，需凭经验施工。暗渠内水深般仅为 0.3 ～ 0.5 m，个别地段水深超过 1 m。暗渠平均纵坡 1/300 ～ 1/100，少数坎儿井暗渠平均纵坡大于 1/500。

一般情况下，地层坚硬地段的纵坡大，疏松地段的纵坡小；"水活"处纵坡大，"旱活"处纵坡小。暗渠的出水口也叫"龙口"，中国传统神话传说中龙是掌控水的神灵，取名"龙口"就是希望坎儿井水能长流不断。

（三）龙口

龙口连接涝坝，涝坝又称"蓄水池"，用以调节灌溉水量，缩短灌溉时间，减少输水损失。涝坝面积不等，以 600 ～ 1300 m² 为多，水深 1.5 ～ 2.0 m。涝坝的大小决定了坎儿井蓄水量的大小，一般以晚上蓄满为好，有利于调节灌溉时间，保证浇地质量，减少跑水浪费现象。

蓄水池不仅可以用来调节灌溉水，还可和明渠一起调节空气湿度、改善居住环境。由于涝坝水量稳定、水温适中（一般夏季水温为 16 ～ 17℃，即使在严冬也不低于 10 ℃），矿化度低（pH 为 7.9 ～ 8.2），为当地的生物多样性提供了适宜的生存条件，是干旱沙漠地区罕见的鱼类、两栖类动物和各种鸟类的乐园。

另外，还有多种浮游生物成为鱼类的天然食物，而这些多种生物的排泄物则可为农田提供充足的营养，从而形成一个良性循环的小生态环境。流向庭院的坎水，不仅水质清澈，而且含有人体所需的十几种微量元素，是不用加工的天然饮用水，非常有利于人的身体健康。

（四）明渠

和涝坝连接的明渠是坎儿井输水渠道由地下走出地面的部分。一般在村民居住区附近或被浇灌的土地旁边，多环绕居民区或穿过居民的庭院，以方便居民生活，或直接流向田间地头用来灌溉农田。

坎儿井水在地下通行对地表破坏力小。由于技术难度不高，当地居民可以自行维修和开挖。水流经之处水向下渗透，对地下水位可起到很好的调节和补充作用。因此，井水所到之处绿洲兴起，不仅能起到固沙和防风作用，而且对居民区的气候起到了很好的调节作用，使原本不适合人类居住的干旱、半干旱地带变得气候适宜、瓜果飘香。在富含微量元素和多种矿物质的坎儿井水浇灌下的吐鲁番葡萄和哈密瓜，以其营养丰富、口感醇美而享誉中外。

四、新疆坎儿井的分类

（一）源头所在位置

按源头所在的位置，可将新疆坎儿井划分为以下 3 种类型。

① 山前潜流补给型。这类坎儿井直接引取山前侧渗于地下的潜流，集水段一般较短。

② 山溪河谷补给型。引取山涧谷底的地下潜流，如源头分布在火焰山以北灌区上游的坎儿井，它们处在地下水补给十分丰富的山溪河流摆动带上，源头距补给源近，这类坎儿井集水段较长，出水量也较大，分布最广。

③ 平原潜水补给型。引取平原中潜水丰富的潜流，这类坎儿井一般分布在灌溉区内，地层为土质构造，水文地质条件较差，一般出水量较小。

（二）水文地质条件

按水文地质条件，可将坎儿井分为以下两类。

（1）砂坎

此类坎儿井所在地层为沙砾层，单井出水量较大，矿化度低，水量稳定。这一部分坎儿井所采集的地下水大部分还是天山水系形成的地下潜流，经过几十千米的漫长渗流，因受到火焰山的阻隔而上升，越过火焰山各山口后以泉水和地下潜流的形式出现，属山溪河谷补给型。但其中有一部分水是火焰山北灌区引用的地表水通过渠道渗漏补给地下水的，所以分布在火焰山以南的冲积扇灌区上缘的坎儿井一般为山前潜流补给型或山溪河谷补给型。

（2）土坎

此类坎儿井所在地层为土质地层，一般分布在火焰山南灌区的下游地带，属平原潜水补给型。一般较浅，井深 20 m 左右，出水量少，矿化度高，有的达不到饮用水的标准有少数甚至不能用于灌溉。

五、新疆坎儿井存在的必然性

根据实际情况来分析，吐哈盆地是目前坎儿井使用和保存比较完好的地区，也是现存坎儿井相对集中、管理较规范的地区，因而以吐哈盆地的坎儿井为研究对象，能够进一步开展实地调研，了解坎儿井存在的现状，感悟先民的智慧。

（一）对水的需求度高

坎儿井出现的一个重要条件是对坎儿井水的强烈需求，地面水严重不足，地下水太深或盐化度高。吐鲁番盆地是天山东部的一个山间盆地，四面环山，十分封闭，因而增热迅速、散热缓慢，再加上日照时间长、降水少等，素有"火洲"之称。

据相关数据显示，吐鲁番盆地年平均日照时数为 3049.5 h，年日照率为 68%～70%，在农作物生长季节日照小时数每天在 8～13 h。年平均气温为 14 ℃，夏季平均气温为 30 ℃，最高气温为 49 ℃，最低气温为 -28 ℃。年降水量为 48.4 mm，最小降水量为 2.9 mm，平均降水量为 17 mm。盆地中心的艾丁湖区年均降水量仅 5 mm。全年以夏季降水为最多，占全年降水量的 60%～70%；春秋季较少，占 14%～20%；冬季最少，仅占 9%。年平均降水天数 8～15 天，连续无降水天数为 299 天。年平均蒸发量为 2844.9 mm，最多年份蒸发量为 3608.2 mm, 最少年份蒸发量为 2284 mm。蒸发量变化由北向南逐渐增大，以春末和夏初最为旺盛，4—8 月的蒸发量占全年的 75% 以上。大风较多，风向西北，8 级以上大风平均每年超过 3 次，各主要风口在 100 次以上，因此，这里又被叫作"风都"。

哈密地区属内陆盆地，处欧亚大陆腹地，远离海洋，为岗前冲积平原，周边被戈壁、沙漠包围，海拔800 m左右，且降水少、蒸发大、气候干燥。多年平均气温9.8 ℃，最高气温43.9 ℃，最低气温-32 ℃，年平均降水量为33 mm，年均蒸发量为3046.3 mm。另外，吐哈盆地干热，风沙、盐碱等自然灾害频繁，植被稀疏，属于典型的大陆性干旱、荒漠气候。

（二）满足一定的地形坡度要求且远处有丰富的藏水

1.地形条件

坎儿井常常被选定在有一定坡度的地方，通常在冲积扇面或山脚沉积砾石层在陡峭的土地上才能利用重力的作用使坎儿井水由高的源头处向低处流。因此，要满足一定的坡降度才能使坎儿井这种输水方式成为可能。

吐鲁番西部和北部与天山主脉博格达山相连，最高海拔5445 m；东部为沙山，南部为觉罗塔克山，海拔都在60～1500 m；中部为火焰山，地势北高南低，中间凹进，中心的艾丁湖海拔-154 m，是中国最低的内陆盆地。吐鲁番盆地顺山势东西长250 km，南北宽60～80 km，在群山环抱中形成了一个长条形深陷洼地。

北部从博格达峰南麓至火焰山北坡，均为山前戈壁地带，地势平缓，坡降为33%；火焰山南坡至艾丁湖区是低洼平原；自艾丁湖以南至觉罗塔格山是戈壁荒漠和丘陵，坡降为10%。这种地形坡为坎儿井预备了天然条件。

2.水源

在满足地形条件的同时，另一个重要的条件就是水源。很多极度缺水地区，虽然也具备一定的坡降度，但由于没有水源这个天然的条件，挖掘坎儿井只能成为空中楼阁。非常巧合的是，新疆的很多地方都满足这种冲积扇面边缘具备充足水源的条件。

以哈密地区为例，哈密地区内地表水源于北部的巴里坤山、哈尔里克山形成的一些间歇性河流，这些河流的主要特征是流程短、河床狭窄、坡降大、流量小，河水除部分被引用外，大部分流出山口后渗入地下，补给了地下水；哈密盆地周围海拔3000 m以上的现代冰川十分发达，有226条，总面积155.83 km^2，冰储量$8.1709×10^9$ m^3，折合水量$5.689×10^9$ m^3，这些冰川融化下渗为丰富的地下水；山区和平原降水也会透过表面砾石和沙粒渗入地下快速流到扇面边缘。

因此，哈密盆地内山前冲积扇面的边缘，地下水含量丰富，为坎儿井出现提供了第二个自然条件，为坎儿井的远距离供水提供了可能。

（三）新疆的"走廊型"外贸为坎儿井的孕育提供了丰富的信息

所谓"走廊型"外贸，即出口产品主要来自内地，进口商品主要销往内地。新疆在对外贸易中起到了中国内地与国外商品贸易的连接通道的作用。吐鲁番是古商道上的一座重镇，众多的商人往来于吐鲁番地区，为吐鲁番接收外界信息提供了便利，因此，新疆的坎儿井最早出现在吐鲁番，并以吐鲁番为中心向周边传播。

中国史籍中记载的吐鲁番地区出现过的城镇主要有高昌、交河、西州、西昌、西昌州、高昌壁、火洲、和州、霍州等。2000多年前的西汉时期，西域大部为匈奴所控制，匈奴社会掠夺性强，对西域 36 国危害较大，也威胁着西汉王朝边境的安全。西汉经过数十年休养生息，政权得到巩固。汉武帝派遣张骞出使西域，联合西域各国共抗匈奴。由于姑师（吐鲁番的古称）地处丝绸之路要冲，又是沟通天山南北的重要通道，汉代张骞两次出使西域后，西域各国纷纷与汉王朝建立了和平友好关系，往来使者将丝绸西运，进行商业性的贸易，形成了一条沟通东西的丝绸之路。公元前 60 年，西汉王朝在西域建立西域都护府后，吐鲁番一直是中国西域地区政治、文化、经济的中心。自唐至清的 1000 多年中，高昌、吐鲁番也一直是古商道上的贸易集散地。

在延绵不断的历史长河中，众多的商人往来于吐鲁番，国内外的一些技术信息通过来往人员携带到此地，这些信息也会在传播中寻找适合自己存在和发挥作用的土壤。坎儿井可能就是这样的一种技术信息，当这种技术信息与吐鲁番当时的自然条件、社会需求、文化土壤、先民智慧相碰撞时，便找到了它发挥作用的平台。因此，吐鲁番在历史上的这种"走廊型"的贸易地位、人员强流动性的驿站功能，为坎儿井的孕育储存了大量的信息。

（四）新疆坎儿井工程的建造技艺

文化是通过人的活动来创造和体现的，因此，文化的意义要在人的活动领域中获得理解。下面通过对现有文本资料、田间调查和访谈的整理，将按照掏挖顺序对坎儿井工程中的各个环节予以关注，去解读坎儿井的定向原理，在现有的条件下对暗渠中的定向方法进行较为系统的揭示，并对诸如木板定向这种即将失传的定向技巧予以记录再现，从而展示大师父、坎匠们的建造智慧，以及技术对环境的适应性和环境对技术的建构作用。

1. 水源选择知识和掏挖技艺

掏挖坎儿井的重要前提条件是需有水源。寻找水源是一项对经验知识要求和技术难度都很高的活，一般由专门寻找水源的大师父来做。水源地储水量的多少对坎儿井的品质具有决定性作用，流量大就能开垦更多的荒地，供养更多的人口；流量小不仅供养的人口少，而且容易断流和干涸。因此，大师父选择技能的重要性尤为突出。目前水源地的选择技术在世界各个有坎儿井的国家和地区都是一件难以说清的事情。

日本东京大学小堀岩教授专门从事这项研究多年，曾先后考察过许多有坎儿井的国家，如伊朗、阿富汗，并多次到过中国的新疆考察，想从大师父那里寻找到一些有关选择水源的资料。他虽然付出了艰苦的努力，但没有很好的收获。因为这些资料不仅在博物馆、图书馆或资料室中查不到，而且从掏挖坎儿井的大师父的访谈中也很难捕捉到更多有用的信息。这些能够选择水源的大师父，他们的技艺多半是意会知识和身心体验。

唐·伊德在他的《技术与生活世界》中曾有过对这类体悟知识的探讨，他把通过身体体会而得到的对自然的认识称为"微观知觉维度（microperceptual dimension）"，这时身体周围的空间被关涉而"具身化（embodiment）"。对于坎匠来说，这种关涉来源于两个方面：一方面是前辈口耳相传的传承知识；另一方面是坎匠在长期的掏挖实践中、在身体与周遭世界的亲密接触中获得的体悟。大师父们在这种实践中会形成一种共同的微观知觉，因而他们可以在这个微观知觉的层面上进行交流。而且他们在长期的实践中形成了可以在这个层面上交流的意会知识和知觉语言平台。

而这些大师父多半与外界接触很少、识字不多或根本没有接受过正规教育。但他们所掌握的技艺知识可以在实践中很好地展现，他们之间可以从容地交流，却不能用我们能够理解的语言清晰地描述。这也从一个侧面反映了这种访谈和调查的难度。大师父们所掌握的有关选择水源地的技艺是前辈代代相传下来的知识和他们自己在长期生活实践中积淀的体验的结合，是这个家族的生活之本、生存之根。

由于大师父的特殊能力和对邻里族群的贡献，他们在当地村民中享有很高的威望。大师父的家族代代都是大师父，因此其技艺不会轻易外传。基于这样的情况，想从大师父那里得到有用信息的难度很大。

日本的水利工程研究专家小崛岩从多年的田间调查总结出寻找水源的4个步骤：一是观察土壤的湿度；二是勘探；三是研究该地区的植被覆盖情况；四是研究土壤和土地的类别。当然这些都不是大师父们所使用的语言，是小崛岩教授翻译大师父们的语言并通过自己的理解和归纳得出的总结。这个总结虽然看上去具有学术性和规范性，但远离实践。许多国家的相关研究人员按照小崛岩的方法和步骤进行测量和实践，基本上无果而终。

研究人员按照大师父们所说的根据地面湿度、土壤颜色、植被种类等要素去寻找水源时，也没有得出确定的结论。用现代仪器和手段测得各方面指标都比较好的地方出水量并不大或者根本就没有水，而不带任何工具的大师父只需要用眼睛看看，用手摸一摸、拍一拍地面的土就能确定水源地。当你问他们原因时，善良羞涩的大师父们只是笑笑，然后摇摇头。他们不知道怎么回答这样的问题，也许是不愿意透露机密，可能更大的原因是不知道怎样表达。他们无法用我们能够理解的语言说出看到水源地的感觉，怎么的土壤颜色透露水源地的信息的，什么样的植被与水源有关或与水源处的储水量有关。火焰山上的那些至今仍流淌的坎儿井的水源周围基本上没有植被，从被高温烧红的土中也很难检测土壤的湿度。那么，这些大师父们是怎样找到水源的呢？传承知识加身心体验构成大师父选择水源过程的语言系统，大师父们可以在这个系统内传递和交流信息，而系统之外的人不能，系统之间需要翻译。目前既能理解这些意会知识又能够用我们听懂的语言表达的人还没找到，因此，失传的危险随时存在。

掏挖是由有经验的坎匠来完成的，现在很多地方选择水源的工作也多半由坎匠们一并完成，坎匠既充当了寻找水源的大师父，又成为掏挖工程中的技艺奉献者。坎匠在当地也是"世袭"的，掏挖的技艺是由坎匠家族来完成的。坎匠技艺这种家族式的世代相传形式，既保证了传承的完整性，又保全了这个家族在当地居民中的地位和威望，同时也为这个家族传承给子孙后代一套生活方式提供了保障。掌握这项技艺的坎匠们虽然对这项技艺非常熟悉，但对于坎匠们来说这项工作仍然具有高危险性，有关地质情况的经验稍有欠缺和对周围空间状况的麻痹会使自己的生命受到威胁，因而坎匠的子孙们都非常努力地学习这项家传手艺。一般在七八岁时就会跟着父辈们到井下作业，到18岁后才能单独承担掏挖任务。这种父带子的方式从很大程度上保证了坎儿井匠人在井下的安全作业，使前后代之间从掏挖经验、身体感受或身心体悟上都处在一个相对融通的状态。

因此，包含掏挖技艺的传承知识及躲避危险、保障安全的体悟知识在这种状态下得到传承。尽管如此，坎匠们在掏挖过程中，由于地质情况复杂，没有完全把握地质的变化而塌方威胁生命的情况不断发生，所以现在坎匠后人们往往觉得这项工作十分危险而不愿从事。坎匠后人很多出外经营商品贸易，收入远远超过当坎匠的收入。当坎匠不再是他们谋生唯一的、值得自豪的出路，没有必要冒生命危险守住这项技艺，致使目前拥有这项技艺的人越来越少。在采访老坎匠时，他们对目前断代的境况也感觉痛心，虽然现在已经开门授徒，但是愿学者寥寥无几。

2. 掏挖坎儿井所用的工具

掏挖坎儿井所用的工具比较简陋，有挖土的镢头、刨锤（包括刨尖），铲土用的坎镘，运土的柳条筐，提升土用的辘轳，支撑暗渠内壁用的棚板、架、板闸，在地下暗渠作业时用来照明的油灯，用来在地下作业时确定方向的定向灯。

① 镢头，是一种挖土用具，一端为铁制，一端为木制。木制一端为柄，作为手的抓握部分；铁制一端有一个圆环扣与木制柄嵌在一起，紧紧相扣，另一端相当锋利。镢头形状如楔，前窄后宽，前薄后厚，后部大约 10 cm 宽、4cm 厚。镢头的铁制部分长短不一，长的有 1.5 ~ 1.6 m，短的有半米多长。使用时两手一前一后握住柄，前手向下用力，可将土块刨起或将硬土刨松。用时需小心，用力方向和腰弯程度不当就会伤及脚面、脚踝或小腿。在暗渠的狭窄处使用时，有时不用木柄。镢头是挖掘坎儿井竖井和暗渠的主要工具。

② 刨锤，是另一类刨土工具，也是由铁制的头部和木制或铁制的柄部两部分组成，类似镢头。但刨锤的铁制部分又由两部分组成，一部分是中空的梯锥，另一部分叫尖子，钳在梯锥的中空部分。尖子长短不一，可以根据需要随时更换。因此，刨锤比镢头灵活。一般情况下，在暗渠中掏挖时，先用镢头把主要的部分粗挖，再用刨锤进一步精细修整，直到竖井的井壁光滑平直，暗渠的井壁和顶部平整美观。

③ 坎镘，又名"坎土镘"，是一种铲土工具，由铁制的头部和木制的柄端两部分组成。可以用来挖土和铲土，木柄长 100 ~ 120 cm，铁头呈盾形、长方形或 S 形。铁头部分大小不等，大的长约 30 cm，宽约 25 cm，重 3.0 ~ 3.5 kg；小的长约 25 cm，宽约 20 cm，重 2.0 ~ 2.5 kg。它的作用是把镢头和刨锤掏挖下来的土铲到柳条筐中，或对不太坚硬的土壤做修整式的掏挖。由于坎土镘的铲土部分面积大，所以铲土效率比较高。在暗渠中使用的坎土镘手柄较短，作业时比较灵活。

④ 柳条筐，由柳条编织而成，用来运送从暗渠中掏挖出的土料。由于其体积小、重量轻，在井下作业非常方便和省力，可以减少无用功。用坎土镘将开凿暗渠时掏松的土和沙石装到柳条筐中，再由一起合作的坎匠用手提或拖的方式，将盛满碎料的柳条筐运至竖井井口的正下方，将其挂到缠绕在辘轳中轴上并放入井下的绳子的倒钩上，然后由地面上的人力或畜力转动辘轳把土运上地面。运到地面的土或沙石就堆放在竖井井口的周围，用于阻挡风沙或洪水对坎儿井的破坏。

⑤ 辘轳，利用轮轴原理制成，安放在竖井井口之上，是用来提取井下的土料和运送坎匠上下的定滑轮。由于定滑轮（辘轳）可以改变力的方向，因此，就可以把暗渠中的土料通过水平力的牵引，沿垂直方向拉出地面。

⑥ 油灯，是在暗渠作业时用来照明的工具。坎匠在挖土时，在暗渠的墙壁上挖一个小壁室，用来摆放油灯。早些时候的油灯很简陋，由粗铁、铜铸造而成，有的用树木的根茎挖成中空制成，也有的用陶土烧制而成，后来的油灯在外形上逐渐有了变化。现存的油灯中也有比较精致的，可能在油灯的演化中，其作用也发生了变化，不再仅仅起照明的作用，还添加了艺术欣赏和彰显身份地位、贫富程度的成分。

⑦ 灯葫芦，比油灯结构稍复杂，也是在暗渠掏挖过程中使用的照明工具。相对于油灯来说，灯葫芦上部相对封闭，一般有两孔，中间一孔用来添加灯油，呈三角状，因此称为"三角葫芦"。灯葫芦的质料多半是由泥土烧制而成的粗陶或细陶，可以摆放在暗渠壁上的壁室里，与油灯相比增加了放置的灵活性，也可以悬挂在一根棒子的一端，或者挂在事先在暗渠的墙壁或顶上打好的楔子上。

⑧ 水闸，古称"杈"。在坎儿井的暗渠内，由于戈壁之下土质分布状况不均匀，当遇到土质松软之处就要边掏挖边支护衬砌，特别是水活的廊道更是如此。在 20 世纪 70 年代以前多采用桑木做的水闸，由于木制水闸长期位于潮湿的地下，很容易被腐蚀，后来得到逐步改进。到了 20 世纪 70 年代后期，一些地方开始使用炉灰或水泥喷浆，现在的方法更多样和安全，如暗渠顶部用矩形或椭圆形预制混凝土或浆砌石衬砌，底部用浆砌石衬砌。

3. 掏挖坎儿井所用的定向技术

在坎匠们所掌握的众多掏挖技术中，有一项是需要外人（坎匠以外的人）参与并在参与中学习和了解的非常关键的技术，这就是定向技术。在这项耗时几年的大工程中，定向是他们首先要解决而且也是最难解决的。当时没有现在的各种定向仪器，坎匠们在茫茫沙漠之上没有参照物、在黑暗的暗渠中没有指示灯的情况下，是如何实现定向的呢？

针对这个疑问，作者做了相关的文献调研和实地考察，无论是在史料还是在国内外现在的研究资料中均未发现与此相关的文献。1990 年，在新疆召开的"干旱地区坎儿井灌溉国际学术讨论会"上，黄志信曾提及戈壁之上老坎匠对竖井井口地点和大小的选择方法，不过只是一笔带过。从已有资料来看，国内外研究坎儿井的学者对坎儿井定向技术还未给予足够的关注，本小节尝试对这一关键技术问题进行有限的梳理。

在坎儿井工程中，定向技术的施工包括两个阶段，即地面上竖井井口定向和掏挖地下暗渠时的定向，以下就对这两个阶段的内容分别进行阐述。

① 地面上坎儿井竖井井口的定向。在与当地坎儿井匠人的多次交流中，作者逐渐了解到这样一个技术环节，即地面上竖井井口位置的选择是按照"水线"的方向进行的。有经验的坎匠很会寻找水线。按照水线挖掘坎儿井的暗渠会对坎儿井的暗渠中水的流量进行单向控制，不仅可以减少流水的下渗，而且当农忙季节需水量大、仅靠坎儿井源头之水不能满足村民用水的需要时，就会在暗井中向地下打"自流井"来补充

水源，增加水量。这样既可以灵活地提高水量，又能起到保护坎儿井、延长坎儿井使用时间的作用。尽管竖井井口的选择沿水线方向进行，但在尽可能保证不远离水线的前提下，要使竖井井口局部保持在一条直线上，这样既可以节约人力、物力和财力，又可以缩短工期。

② 掏挖地下暗渠时的定向。根据实地考察、走访和现有的资料，能够确定在坎儿井掏挖暗渠时的定向方法有 3 种，分别是棍棒定向、油灯和灯葫芦定向及定向灯定向。

第三节　现代新疆农田水利建设成就

新中国成立后，为了促进经济发展和现代化建设，国家制定了一系列政策来推动中国水利建设事业的发展。新疆各族群众热烈响应党和政府的号召，积极投入大规模的农田水利建设中，取得了辉煌的成就。

一、新疆农田水利建设的恢复阶段

（一）发展历程

1949 年 10 月，中华人民共和国水利部正式成立。11 月在北京召开了新中国成立后首次全国水利工作会议，会上明确提出了"防止水患，兴修水利，以达到大量发展生产的目的"的水利建设基本方针。这一方针要求各地根据我国经济建设计划和人民需要，结合当地的人力、物力、财力及技术力量，按照轻重缓急，有目的、有计划、有步骤、有组织地逐步恢复和发展水利事业。

新中国成立前，"新疆仅有三座不完整的水库，总蓄水能力约 3000 万 m^3，主要灌溉渠道 1657 条，坎儿井 1000 余条，有效灌溉面积 1681.60 万亩。"当时的新疆没有一座工程化的引水枢纽，新疆各族群众常年依靠梢石压坝堵水，不仅引水无法保证，还给群众造成了沉重的防洪压坝引水负担。

新疆和平解放后，进疆的人民解放军与起义改编为中国人民解放军的国民党部队及三区民族军共同肩负起维护民族团结，巩固和平成果，保卫祖国边防的任务。然而1949 年的新疆"总人口为 433.34 万人，粮食总产量为 84.77 万 t，粮食人均占有量仅为195.62 公斤"，人民生活困难，无力供给大批军粮。再加上当时商人趁机抬高粮价，卖粮时既要高价又要银圆，有时还出现有粮不卖的情况。如果从兰州运粮到哈密，从南疆运粮到迪化（原乌市），运费是粮价的 7～8 倍，国家财政无力支付。因此，新疆和平解放后的当务之急是大力发展水利，增加灌溉面积，提高粮食产量。

1950 年 1 月 21 日，遵照 1950 年部队参加生产的指示精神，新疆军区发布了新产字第一号命令：令驻疆人民解放军除了担任祖国边防与城市卫戍勤务任务的人员外，所有军人必须参加生产劳动，不能站在生产劳动建设战线之外。该命令号召部队参加农业生产，大兴农田水利，造福各族群众。在军区代司令员王震的动员下，11 万人民解放军开进人迹罕至的亘古荒原，他们在天山南北的戈壁荒滩上安营扎寨、风餐露宿、披荆斩棘、兴修水利、开荒造田，掀起了轰轰烈烈的大生产运动。

屯垦初期，部队生产生活条件十分艰苦，没有住房，只能搭苇棚、挖地窝子做宿舍，以避风寒。粮食运输困难，有时接济不上，每人每天只能吃几两麦子，没有蔬菜，只能用盐水蘸辣椒面下饭；没有鞋袜，只好在冰雪上赤脚干活。战士们不怕苦、不怕累，冬季冒着严寒用铁锹、十字镐与坚冰、冻土作战，夏季顶着烈日在蚊虫成群的草丛中耕作。大生产运动中，新疆军区制定了生产建设工程计划书，其中在水利方面提出要建设永久性的水利工程，解决多方面用水问题。并提出"三年内新增灌溉面积500余万亩，总灌溉面积约2180多万亩的兴修水利计划"。水利厅抽调水利技术人员127人，组成6个水利工作队奔赴生产第一线，努力配合部队开展农田水利工作。

（二）水利工程

恢复时期，新疆的水利以整修旧渠，修建小型水利工程为主，随着农场的相继创办，耕地面积的扩大，亦开始大量投资水利建设。王震将军和省水利局局长王鹤亭等一批水利专家，多次亲赴各地与当地领导共同勘察水土资源，决定修建一批骨干工程。恢复时期修复和兴建的人、中型水利工程如下。

1. 迪化和平渠整修工程

迪化和平渠是1947年，国民党政府为解决迪化军粮问题，引乌鲁木齐河水而兴修的重要灌渠，因为工程质量较差，下段渗漏严重，至解放时仅能灌溉5000多亩地。为了保证和平渠附近青格达湖农场、黄水槽子农场和下四工农场的灌溉用水，1950年2月王震组织迪化军民开始整修该渠。"整个工程包括1道引水渠，9道支渠，44道斗渠，440条农渠，共挖土方120万 m³。另外，还建有9座跌水，9座渡槽，1座公路桥，15座大车桥，共用1万 m³片石，7000 m³沙石，3400块木板，1200根担子和檩子。和平渠整修工程于1952年5月完工，渠长47公里，流量4.5 m³/s，共增加灌溉面积9万亩"，是当时迪化地区最大的农田水利工程。

2. 迪化红雁池水库扩建工程

红雁池水库是1942年建成的，1945年国民党政府对其进行了扩建，至1949年该库坝高只有3 m，仅能蓄水1000万 m³。1950年9月至1953年3月，迪化军民对其进行了扩建，"工程共花费1077万元，由1座蓄水库，总长170 km的和平渠干渠和支干渠及50.585 km的引水渠构成。水库长430 m，坝高22 m，水域面积4.5 km²，可蓄水5000万 m³，最大库容可达5300万 m³，可灌溉16万亩的农田"，主要供5家渠垦区与和平渠灌区群众用水，是新疆建设最早的水库。

3. 米泉八一水库兴建工程

该工程由军区后勤部指战员和陕西、南疆劳动改造人员共同建造。1951年9月动工，次年4月基本建成，是一座灌注式的平原水库。库坝5254 m，蓄水450万 m³，原名五一水库，又名八一水库，此后，水库不断扩建，库容亦不断扩大。

4. 皇渠疏浚工程

伊犁皇渠又称阿奇乌苏大渠，是伊犁将军长龄为扩大伊犁河北和惠远城东的耕地，组织军民东引哈什河水于1815年建成，1844年伊犁将军布彦泰对其进行了扩建并更名为皇渠。至 1949 年，由于渠道年久失修，每遇山洪便冲毁农田，被视为伊犁一害，1950 年为了灌溉惠远附近新开的荒地，该地驻军与学校、机关以及附近居民对皇渠进行为期 1 个月的疏浚整修，工程"花费工 25 万个，共修渠 46.167 公里，抢修了龙口引水工程，疏通后的引水渠道，可灌溉农田 10 多万亩，过水流量 6 m³/s"，当河水涌入当地农民与部队的耕地时，沿渠各族群众鼓掌欢笑。

5. 哈密红星一渠兴修工程

该工程出动了 3000 多名指战员，于 1951 年 3 月开工，1952 年 7 月完工，"渠长 32 公里，过水流量 3 m³/s，可灌溉 8 万亩的耕地，共耗资 454 万元，用水泥 15 284 t，石料 7.7 万 m³，铺石渠 26 公里，挖土方 30.25 万 m³"。该渠既解决了附近军垦农场的用水问题，又给哈密当地人民提供了水源，放水典礼当日，哈密附近各族群众纷纷前来欢庆红星一渠建成。

6. 库尔勒十八团渠兴建工程

该渠是为了开发库尔勒西北的荒地，引用孔雀河水而修建的重要灌渠，工程 1950 年 9 月动工，1951 年 5 月举行放水典礼，渠长 30 公里，流量 5 m³/s，可灌溉 20 多万亩的荒地。起初取名大墩子渠，又名建新渠。

7. 焉耆解放一渠兴建工程

该渠位于焉耆县西南部，是为了引开都河水灌溉其南岸的土地而建，渠水经灌区流入孔雀河，"设计灌溉面积 13 万亩，1950 年 10 月开工，1952 年 8 月竣工，由解放军和劳动改造人员共同修建，渠长 38.5 公里，加支渠长 81 公里，流量为 25 m³/s"，后来交由焉耆地方管理。焉耆解放一渠的建成既与库尔勒的一道大渠联结，又与塔里木河联结，三者成为一个灌溉系统，对尉犁以西荒原的开垦起着重要作用。

以上工程除迪化红雁池水库扩建工程于 1953 年 3 月完工外，其余均在 1952 年底前建成。除此之外，当时正在修建，尚未完工的大中型水利项目还有五家渠猛进水库和阿克苏胜利渠等工程。

（三）改革措施

恢复时期较大的水利工程大多为军民共建，解放军兴修水利，既为了部队发展生产，亦为了帮助地方人民发展生产。当时军区严令部队不准与人民争水种地如发生水利纠纷，部队宁愿不种或少种土地，也不能损害农民的利益，因而得到各族人民的衷心拥护。截至 1952 年年底，部队共修建渠道 300 余条，总长 4000 多公里，完成土石方 3000 多万 m³，播种面积 167 万亩。

这一时期，新疆地方群众在党、政府和人民解放军的影响和帮助下，废除了封建水规，改革了用水制度，实行了民主管水，在水利方面主要以清淤、整修、新建小型的农田水利为主。例如，喀什地区莎车县人民在 1950 年的春耕中修复了被毁坏近 50 年的莎车六区柯罗瓦提渠，伽师县整修了大咸水渠；"阿图什补修 542 条旧渠，新修 34 条大小水渠；疏附县新开 36 条大小渠，新挖 489 个泉眼；叶城县新挖泉眼 2000 余个"。恢复时期，莎车的勿甫渠、荒地渠和阿瓦提渠麦盖提的吾衣布带渠、五〇渠和提兹那甫渠、阿克苏的多浪渠及察布查尔的稻地渠等渠道，后来均发展为灌溉 10 万亩以上的引水总干渠。

新疆开凿竖井虽古已有之，但以井灌田还很少见，南疆从无打井习惯，而北疆仅有人畜饮水井，新中国成立前所挖土井，一般不护砌，处于自生自灭状态，1951年新疆水利局从西安聘请了3名技工，到迪化组成凿井队，经过两个多月实验，完成了一口深26 m的自流井，这是新中国成立后新疆用土法打成的第一口自流井。同时，水利局从西安购进解放水车，经过性能和灌溉试验后，以农贷方式在乌鲁木齐、奇台、昌吉、米泉和哈密等地推广，可由于水车和水井涌水量较小，只在特别缺水的地方和城郊受欢迎。

（四）成就

坎儿井在20世纪50年代的吐鲁番盆地得到了很快的发展，分布地区逐渐由东疆向北疆的木垒、奇台与南疆的皮山各县拓展。当地人民合伙整修、开挖坎儿井，使坎儿井的数量不断增加。以吐鲁番为例，1949年以前，该县每年整修坎儿井不超过40道，新中国成立以后，仅1950年就整修了80道，1951年发展为近400道，以后又逐年增加。

1951年，全疆群众完成整修和新修渠道5033公里，用工约176万工日，完成土石方440余万 m^3，恢复和新增受益面积149.34万亩。据不完全统计，恢复时期，地方共新修、整修1.5万多公里的渠道，投入275万工日劳动力，增加178万亩的灌溉面积。由于地方群众水利施工多以农业生产为主，利用劳作间隙组织劳力兴修水利，施工设备差，因此工期较短，工效较低。

1949—1952年，新疆水利建设资金除了部队节约军费外，国家投资5000多万元，投入1351.9万工日劳动力，完成土石方2548.6万 m^3，建成13条大中型引水渠、5座大中型水库，新增500多万亩灌溉面积，总灌溉面积达到2180多万亩新疆农业获得了丰收，至1952年全疆粮食产量已达133 093万公斤，将近1949年新疆粮食产量的1.6倍。农田水利工程的恢复和兴建，缓解了乌鲁木齐、哈密等地区缺粮的状况，节省了运输粮食的费用。

新中国成立后最初三年的水利建设，是在当时各项资料和建筑材料十分缺乏，水利技术力量极其薄弱、特别是缺少经验的情况下进行的，能取得如此成绩，实属不易。这期间虽出现不少问题。例如，由于当时对改良盐碱土缺乏必要的知识，导致在开荒洗盐方面走了不少弯路，使生产遭受损失。再如，由于对近代农场的条田布置和其对灌溉水利的要求缺乏系统的认识，在场内渠系设计等方面，遇到很大困难。但基本上是成功的，在水利工程施工过程中未出现过大的返工浪费，从多年运用发挥的效益来看，大多水利工程，在布局安排和规划设计上基本是合理的这为后来发展新疆农田水利和大农业奠定了重要的基础。

二、新疆农田水利建设的发展阶段

新疆是干旱少雨地区，历史上自然灾害频发，严重影响着农业生产和国民经济的发展，各族群众饱受水旱灾害侵扰，对兴修水利有着强烈的渴望。国民经济恢复时期，新疆的农田水利建设有了一定的发展,对促进农业发展,改变农村面貌,起了很大作用。然而在当时的条件下,想在短短几年之内改变干旱地区的面貌是不现实的,需要经过不断的奋斗。

（一）发展历程

1953年中共中央提出过渡时期总路线,中国经济建设进入"一五"计划时期,农田水利建设的中心开始由恢复和整顿原有灌溉排水工程为主,向根据我国经济发展的要求,有目的、有计划、有组织、有步骤地兴修新的水利工程设施转变,以逐渐提高抵御灾害的能力,更好地发挥水资源的效益。

"一五"时期,新疆的水利工作紧紧围绕着过渡时期总路线展开,各地结合自身特点,认真贯彻执行"依靠人民群众,因地制宜,大兴各种小型水利工程,有计划、有重点的修建大中型水利工程"的方针,全区上下以饱满的热情、高昂的斗志、拼搏的干劲投身于农田水利建设工作之中。

（二）水利工程

1954年新疆生产建设兵团成立,为新疆水利建设的进一步发展做出了贡献。"一五"期间,军垦农场和地方国营农场的水利建设以乌鲁木齐河、阿克苏河、开都河、古尔图河、奎屯河和玛纳斯河流域为重点,至1957年已建成的主要水利工程如下。

1. 阿克苏胜利一渠

位于阿克苏市西南面,渠道工程分两期完成,"1951年3月至1954年8月为一期工程,渠干渠长72 km,宽27.4 m,干支渠总长257 km,包括32条分支干渠,173座水工建筑物,可灌溉2.3867万公顷（35.8万亩）的农田,共投资802.34万元,总工日169.85万个,完成石方2.8万 m^3、土方546.7万 m^3,用钢材13 t、水泥1392 t、木材1643 m^3、炸药62.7 t"。1955年12月至1957年为二期扩建工程,主要将总干渠延长到哈拉库勒,全渠长达102 km。

2. 哈密红星二渠

1952年6月动工,1953年3月竣工。"渠道长37.4 km,流量4.8 m^3/s,可灌溉耕地10万亩。共挖土方37.6万 m^3,用石块7.2万 m^3,水泥720 t,代水泥7440 t,用人工44.1万个,国家共投资475.5万元"。

3. 五家渠猛进水库

位于五家渠城东南4.5 km处。水库工程分两期进行。

① 1952年6—10月为一期工程,由指战员和运至新疆的河南劳动改造人员,共同奋战4个多月建成,"筑土坝5 km,完成土方82万 m^3,蓄水700万 m^3,灌溉耕地3333.33公顷（5万亩）。

② 1955年6月至1956年4月为二期工程,由转业官兵和四川等地劳改队员建成。猛进水库整个工程,国家投资2005.1万元,用工290多万个。土坝高5~12 m,底宽54.5 m,顶宽4~6 m,大坝周长9.5 km,用土204 m^3。建有1座涵洞式泄水闸,2064 m的干砌片石防浪坡。水库库面17 km^2,最深处10.5 m,库容6000万 m^3,最大泄水量20 m^3/s,增加灌溉面积1万公顷（15万亩）"。该库将黑河沟、头屯河、老龙河、八一

水库、八一干渠、猛进渠、和平渠、乌鲁木齐河连在一起，不但扩大了灌溉面积，而且解决了五家渠当地各族人民的用水问题。是乌鲁木齐地区灌溉效益较好、规模最大的中型水库。

4. 石河子大泉沟水库

位于石河子市北郊大泉沟南侧，属灌注式平原水库，由自治区水利厅设计，兵团施工。1954 年 7 月动工，1955 年 8 月竣工。主体工程：土坝 6.2 公里，最大坝高 14.65 m，顶宽 3 m，坝后共有 3 条环坝排水渠，以防下游土地次生盐碱化。库容 4000 多万 m^3，灌溉面积 1.067 万公顷（16 万亩），共投资 673.9 万元。

5. 玛纳斯河西南岸大渠

位于玛纳斯河西南岸，渠道全长 113 km。1954 年动工，1955 年 8 月建成，工程包括：建筑物有支干渠、涵、闸 6 座，倒虹吸 5 座，节制闸 7 座，进水闸 16 座，共投资 1232.13 万元，可灌溉耕地 9.37 万公顷（146 万亩）。

6. 安集海总干渠

位于沙湾县西部，1956 年动工，1957 年建成，修建的土渠长 19.8 公里，流量 45m³/s，可灌溉耕地 3 万公顷（45 万亩）。后由于淤积渗漏严重，导致两岸土地水位急剧上升。1957 年又在其开口处，兴建安集海水库引水渠，引水流量 20 m^3/s，渠长 12 km。

除上述工程外还建成了哈密红星一渠渠首，哈拉玉尔滚干渠，奎屯河水库放水渠，车排子总干渠，北五岔干渠，猛进八一干渠，新源卡普河东西干渠，阿克苏胜利二、四干渠，焉耆解放二渠，柳沟水库及引水渠，五家渠八一水库，车排子水库和扩建焉耆八一水库等一系列大中型水利工程。

（三）模式和措施

群众水利建设则坚持以小型为主，群众自办为主，改建旧灌区为主的水利方针，进一步完善各级水利、水管机构，加强对水利工作的领导。修建的水利工程主要有：莎车依干其水库及放水渠、墨玉县跃进总干渠、克里雅河解放干渠、托克逊阿拉沟干渠、吐鲁番人民渠、和硕县清水河子干砌卵石渠道、温宿县台兰河干砌卵石渠道、疏勒县马场水库和阿克沙斯水库等，其中莎车依干其水库是新中国成立后叶尔羌河流域兴建的第一座水库，也是当时喀什及整个南疆地区的第一座较大的中型水库。其与温宿县的台兰河干砌卵石渠道，共同推动了群众修建防渗渠道和灌区水库的发展。

1956 年新疆不仅陆续派出水利技术人员参加由水利部举办的水利训练班，学习水井规划、水文地质和打井技术，还从河南水利厅聘请经验丰富的技工马树祥、李秀生、李新科等传授打井技术，他们在天山南北用竹弓凿井器打成各种不同井壁材料的自流井。1957 年水利厅打井队在南北疆 12 个县市共打成 267 眼水车井，25 眼锅驼机抽水井，5 眼自流井，共可灌溉 1.5 万亩土地。

（四）成就

坎儿井在这一时期也有所发展，以吐鲁番为例，1949—1955 年政府拨给整修坎儿井贷款共 15.7 万元，至 1955 年吐鲁番共有 522 道坎儿井，灌溉 15.5 万亩土地，约占全县当年灌溉面积的 74%。该县农业产量逐渐上升，其中 1954 年吐鲁番粮食亩产和总产均比 1949 年增加 1 倍左右。

"一五"期间，在计划修建的一些水利工程中，除乌拉泊水库、夹河子水库、钟家庄水库、宁西大渠和红山咀拦河坝等工程经勘测后由于工程复杂，投资大且受益低等各种因素改换成一些经济效益大的工程之外，其余各项工程均按原计划完成或提前完成。至 1957 年全疆共建成 18 座水库，库容 2.5 亿多 m^3。修建了约 300 公里的主要干渠，引水流量约为 470 m^3/s，增加灌溉面积 57 余万亩，为之后新疆农田水利建设的发展奠定了良好的基础。

自新疆和平解放到第一个五年计划顺利完成，是新疆水库建设的初期阶段，新疆水利基本建设投资约 2.1 亿元，是历年水利基本建设总投资的 8.6%，共修建了 29 座中小型水库，库容 3.97 亿 m^3，为总库容的 6.89%，其中有 6 座为中型水库，库容 2.62 亿 m^3，23 座小型水库，库容 1.35 亿 m^3。8 年中增加了 1000 多万亩的灌溉面积，年平均净增 130 多万亩。

截止 1957 年年底，全疆共完成土石方 1.36 亿 m^3、混凝土 1.54 万 m^3，有效灌溉面积达 2718.万亩，比 1949 年增长了 61.65%。这短短的八年是新疆农田水利的恢复和奠基阶段，这一阶段，新疆农田水利建设所取得的成绩是空前的。这一时期的水利工程由于注重前期工作和施工质量，建成的工程项目普遍投资较少、质量较好效益较高，这为新疆农田水利建设的不断发展和农业的丰收创造了有利条件。

三、新疆农田水利建设的高潮时期

1958—1960 年，新疆农田水利建设的核心是以蓄水为主的群众性的中小型水利的修建，主要是指水渠的建设与水库的兴建。在此期间，全疆各地掀起了大修水利的热潮，出动了大量的劳动力，开工处数之多，完成土石方数量之巨，都是前所未有的。仅 1958—1960 年，全疆投入水利建设的劳动力就将近占了自治区全部农村劳动力的一半，达到了 100 多万人，共投入 1.3 亿工日，是"二五"计划之前 13 年投工总数的 43%。新疆许多大中型水利工程和灌区都是在 1958—1960 年开工修建的，小型水利工程更是数不胜数。

（一）兴建的大中型渠道工程

1.玛纳斯河东岸大渠渠首工程

位于石河子市红山嘴镇附近，由自治区水利设计院设计。1959 年 3 月开工，5 月完工，由五部分组成，共投资 147.74 万元。是一座以灌溉为主的引水枢纽工程，也是新疆第一座学习苏联费尔干式引水枢纽，该工程在运行中多次改进，排沙进水效果良好。

2.莫索湾总干渠

位于玛纳斯县西北部，由农八师勘测设计队设计，农八师工程处和各团工程队施工。1957 年 10 月开工，1958 年 5 月竣工，"共投资 595.5 万元，建有 9 座陡坡，7 座分水节制闸，6 座跨渠公路桥，设计流量 35 m^3/s，年输水量 4 亿 m^3，可灌溉 6.507 万公顷（97.6 万亩）农田"。这是兵团大发展时期建设速度最快、效益最好、投资最小的一条渠道。

3. 玛纳斯河东岸大渠

位于玛纳斯县中部，由兵团水工二团施工，1958年12月开工，1959年12月竣工，该渠全部控制了玛纳斯河的径流量。共投资794.62万元，主要工程有11座进水闸，3座节制闸等，引水流量110 m³/s，年输水量9亿m³。与大泉沟、小泉沟和沙湾河等河水配合，灌溉总面积21.6万公顷（324万亩）。全渠用干砌卵石护面，是当前新疆最大的干砌卵石渠道。

4. 卡拉总干渠

位于尉犁县东南，塔里木河下游东北岸。1958年修建，总长307公里，包括598条干支渠，961座配套建筑物，其中7座大桥，8座节制闸，1座龙口，可灌溉9666.67公顷（14.5万亩）的耕地。

该时期所建成的渠首和渠道工程与以往有所不同，1949年之前新疆河道的引水渠首均为木笼压梢、打桩抛石的建筑，压坝堵水不但每年耗费了大量的梢料和人工，而且引水没有保证，灌区常常遭受洪旱灾害威胁。20世纪50年代初，新疆虽建成了红雁池水库引水渠渠首和哈密红星二渠渠首等　系列渠首工程，但由于结构形式落后，几年后便因淤积严重不得不废弃。1957年新疆吸取了国内外先进经验，结合全疆实际情况，开始兴建现代化永久性渠首并对原有渠系统一龙口，裁支并干，裁弯取直，进行以卵石衬砌为主的渠道防渗防冲建设。1957—1959年，全疆共修建了25条干砌卵石渠道，总长度为500余公里，总引水流量为300 m³/s，渠道的有效利用率有所提高，灌溉面积增加。

（二）重要水库

这期间，全疆各地涌现出了一批，如乌鲁木齐安宁渠公社、吐鲁番五星公社、麦盖提红旗公社和皮山科克铁热克公社等最早的旧灌区改建样板，这些样板在西安召开的西北区农业经验交流会议上均被评为农业生产四十面红旗之列，为之后将旧灌区改建为新农村的"五好建设"做好了充分准备。与此同时，全疆各地也广泛修建水库这一时期，兴建的重要水库有以下3个。

1. 小海子水库

该水库工程量大，投资多，共分三期完成。1959—1961年为期工程，由自治区水利设计院设计，水利厅南疆指挥部组织施工，库容1亿m³；1969—1972年为二期工程，除水库土坝工程外，扩建了北坝10 km长的排水渠，库容增加至4亿m³；1976—1983年为三期工程，库容扩建至5亿m³，可灌溉3.6万公顷（54万亩）的农田，是新疆最大的平原水库。

2. 大西海子水库

位于尉犁县东南120 km处，是塔里木河下游的大型平原水库。该水库分为一、二两库。其中大西海子西北部的一库于1958年10月开始兴建，1959年4月竣工，蓄水坝长7.5 km，顶宽2.5 m，最大坝高3.5 m，蓄水面积24 km²，库容4200万m³，可灌溉耕地5666.67公顷（8.5万亩）。二库是塔里木河的终点水库，于1959年8月开工，1960年12月完成第一期工程，库容6500万m³，此后边蓄水边扩建，1972年全部竣工，库容 1.86 亿 m³，是当时新疆最大的水库。

3.蘑菇湖水库

位于石河子市西北部，由自治区水利设计院设计，兵团水工团施工，1957 年 5 月开工，1959 年 10 月完工。主体工程包括大坝、泄水闸和泄水渠 3 个部分，共投资 1375.3 万元，可灌溉农田 2.67 万公顷（40 万亩），是兵团修建的第一座大型水库，由于机械化施工程度较高，工程质量标准很严，是兵团平原水库中质量较好的水库。

（三）弊端

1.水利建设的计划方面

零星突击设计多，整体规划设计少，计划的制定，不是从全面考虑、综合平衡，给下面留有余地，而是偏高偏大，层层加码，强调主观作用多，对客观困难情况估计偏低，存在有贪多贪快的情绪。不是集中精力从上而下，修好一块，再修另一块，修成一亩，才算一亩，而是一味地全面布置，遍地开花，结果形成到处有渠。

2.水利建设的部署方面

人力、物力、财力等没有落实，仓促上马，致使原工程无法完成，造成较大的被动局面。不少工程，劳力进入工地，设计还未拿出，在工程施工过程中设计一改再改。这违反了自然规律、经济规律，以及人力、物力财力的可能条件，致使基本建设战线拉得过长而不得不停工下马，给新疆的水利建设造成了极大的损失。

以农五师水利建设情况为例，1958 年以来，水利建设计划 21 项，经过五年的时间基本完成的仅有 4 项占计划 19%，仍需继续修建和加固的工程有 8 项占计划的 38% 由于缺乏技术和资料不全而停建的工程有 9 项，占计划的 43%，五年来开荒总计划 998 329 亩，实际完成 618 954 亩，仅完成计划的 52.9%。由于制定和安排计划缺乏深入调查研究，在实际执行中，材料和运输之间、劳力和工程之间的不平衡，工作常处于被动，计划长期订不下来，有些项目年年有计划，年年完不成或年年不动工。

3.水利建设的质量方面

在大搞水利建设的形势下，一味追求速度，忽视了按程序办事的基本建设原则，在技术问题上施行了"三边"方法。这种办法所带来的结果是：缺乏前期工作、资料搜集不全，规划设计不当，忽视工程质量。

以红山口水库为例，"其由于资料不全库容由 10 705 m³ 方改到 800 万 m³，再到 500 万 m³，最后至 300 万 m³，做了三年才蓄水 70 万 m³"。"博北三干渠开始要挖 8 个水的断面，后来改为 4 个水的断面，最后缩小到 2 个水的断面。大河沿干渠 1959 年开始扩建，四年投资 500 多万元，用工 151 万个"，始终没有一个整体长远的治理规划，只是干一项，设计一项，想起一项，再干一项。大马圈沟干渠 1958 年修建，1959 年扩建，1962 年还要扩建。现在看来，这种在勘察设计上的"三边方法"是一种脱离实际的工作方法。

（四）工程对新疆坎儿井的影响

新疆的坎儿井自 1957 年后，大体呈逐年衰退趋势，究其原因主要与大量引水工程和机井的建设及坎儿井自身管理不善有关。

1. 引水工程对坎儿井的影响

1957 年以后，新疆迎来了农田水利建设高潮，大批引、蓄水工程的相继建成，将
60% 的地表水引入了灌区，这使地下水补给量逐渐减少，影响了坎儿井水源的补给。例
如，"依靠二塘沟渗漏水补给的鄯善县连木沁乡汉墩地区的坎儿井，从 1958 年二塘沟防渗
干渠建成后，河水被调往吐峪沟乡、鲁克沁镇和达浪坎乡，严重影响了连木沁的坎儿井水
源，60 年代该乡拥有 83 条坎儿井，然而到了 80 年代减少了 66.27%，仅剩下 26 条。"

2. 机井建设对坎儿井的影响

从 60 年代开始，哈密和吐鲁番地区为了解决春旱问题，进行了大规模的机井建
设，但由于盲目建设机井，加上机井布局不合理，以致影响了坎儿井的发展。以鄯善
县为例，"1959 年坎儿井最大年径流量为 1.88 亿 m^3，20 世纪 60 年代，该县开始进行机井
建设，70 年代末机井年提水量已增至 1.66 亿 m^3，但坎儿井的出水量却衰退至 1.2 亿 m^3，
年利用量减少了 36%。"

此外，坎儿井自身管理不善也造成坎儿井数量逐渐减少。有的坎儿井由于长期无
人掏捞和维修，导致井口山水段拥塞、井内坍塌及井水干涸。据 1957 年的数据显示，
吐鲁番地区当年共有坎儿井 1237 条，总流量为 17.86 m^3/s。然而至 1979 年衰减为 731 条，
流量减少了 42%。

1960 年新疆的农田水利建设已陷入十分困难的境地，大量工程被迫停工，已建成
的许多工程也屡屡出现各种质量问题。频发的事故不仅挫伤了广大人民兴修农田水利
的积极性，还导致了人力、物力和财力上的巨大浪费，更给此后的农田水利工作遗留
下了大量的配套、维修、加固等工作。

四、新疆农田水利建设的调整巩固时期

1961 年 1 月，党的八届九中全会上正式通过了国民经济"调整、巩固、充实、提
高"的八字方针，随后又制定了《农村人民公社工作条例（修正草案）》1962 年 1 月
的中央工作会议中，中国共产党总结了新中国成立以来在建设社会主义的过程中的经
验和教训，我国的农田水利工作也随之迈入整顿、巩固、续建、配套的新阶段。1962
年全国水利会议上，提出了"巩固提高，加强管理，积极配套，重点兴建，并为进一
步发展创造条件"的水利工作方针，在同年的全国农业会议上，也提出"1962 年的农
田水利冬修应以小型为主，配套为主，群众自办为主。必须根据当前农业生产的需要，
大力开展群众性的农田水利和水土保持工作；对现有工程，应当加强管理，并分别进
行必要的续建、配套和调整工作以确保安全，充分发挥效益。"

由于吸取了足够的经验教训，国民经济调整时期的农田水利建设颇为谨慎，无论是
在工程质量方面，还是实际效益方面，都较为重视。"在经费削减的情况下，集中主要力
量对投资不多、短期能够发挥效益的工程进行配套和续建；对经济效益不高、费工较多
的工程暂时停建；对少数占地较多、效益较低工程量较大、无水源保证和对周边生态环
境造成极大破坏的工程坚决停建。这一时期，各级水利部门均对前一阶段的水利工作进
行认真总结，加强勘测、规划和设计工作，为今后的发展准备了必要的条件"。

1961 年 10 月，新疆召开自治区水利工作会议，认真总结了 1958—1960 年水利建设的经验教训，决定坚决贯彻党中央通过的"调整、巩固、充实、提高"的八字方针。在兴修水利中，除了水利建设重点地区增修一些新的水库、干渠以外，一般都把重点放在提高、续建和工程配套方面，集中力量建设北疆商品粮基地。1961—1965 年，新疆共投资 2.64 亿元，陆续建成昌吉、玛纳斯河和奎屯河流域等一批重点工程。

这一时期，自治区共建成 15 座大中型水库，库容 8.4 亿 m^3。至 1966 年 10 月，按照 1963 年新疆提出的以水利为中心的社会主义新农村的"五好"建设，新疆共规划建设了 274 个人民公社，占公社总数的 42%，建成了 4 万多块条田，面积约 800 万亩，新建了 4.4 万余公里的渠道、2 万多公里的田间林带、1900 多处居民点、2.6 万多公里各级道路，逐步改变了小农经济的落后面貌，促进了农业生产的发展。

第四节 现代新疆农田水利建设取得成就的原因

新中国成立后的 16 年间，新疆的农田水利建设之所以能以空前的规模和速度向前发展，取得辉煌成就，其中的原因值得研究和总结。归结起来，有以下几个方面。

一、科学的治水方针

治水方针是决定水利发展的重要因素之一，其科学与否，直接影响水利事业的发展。新中国成立后，中国共产党和人民政府根据我国社会经济发展情况，制定了各个时期的水利方针以指导我国水利建设，新疆结合本地区的实际状况，坚决贯彻执行了国家各个时期的水利方针。

（一）"防止水患，兴修水利，以达到大力发展生产的目的"水利方针

新中国成立之初，党和政府尤为重视水利建设，在国家处于一穷二白，人力、物力、财力和技术力量非常贫乏的情况下，提出了"防止水患，兴修水利，以达到大力发展生产的目的"的水利方针。新疆认真贯彻执行了这一时期的治水方针，在农业上注重农田水利建设，尤其是对旱情严重地区的农田水利建设更是得到新疆省委、省政府的关注。他们根据新疆经济建设计划和各族人民需要，结合当时的人力、物力、财力和技术力量等条件，分轻重缓急，有目的、有计划、有组织、有步骤地逐步恢复和发展新疆水利事业，做到统一领导、统筹规划和相互配合，并在农田水利建设中不断完善水利机构，培养水利人才，提高建设的科技水平，使新疆的水利事业获得了很好的发展。

（二）"三主"水利方针

1958 年后，中共中央通过了《中共中央关于水利工作的指示》，提出了以小型工程为主、以蓄水为主、以社队自办为主的"三主"水利方针，要求各地在贯彻执行该方针时，在以小型工程为基础的前提下，适当地发展中型工程及必要的大型工程，使大、中、小型工程互相结合，逐渐形成较为完整的水利工程系统。

"三主"方针基本上是正确的，在这一方针指导下，新疆各地掀起了大规模兴修水

利的群众性运动，迎来了农田水利建设的高潮；但与此同时，也存在着一定的片面性，各地在落实时，存在机械照搬的倾向，在水利建设的具体方式上出现一系列问题。例如，在执行"以蓄为主"的方针时，没有区分山区和平原的不同特点，将在山区基本可行的"以蓄为主"的方针，机械地搬到平原，造成了平原土壤盐碱化。此外，各地盲目修建大量水库，许多水利工程还未经过科学的规划、勘测、设计，就盲目施工，给以后的水利工作留下了许多隐患，究其原因是没有正确处理好小型水利和大型水利、蓄水工程和排水工程、群众自办和国家指导之间的关系。

（三）新"三主"方针

国民经济调整时期，针对之前水利工作存在的各种问题，农业部于1962年11月，在北京召开了全国农业会议，对水利方针做出了相应调整，提出了"小型为主，配套为主，群众自办为主"的新"三主"方针。同年12月，水利电部召开了全国水利会议，会议做了"水利工作的基本总结与今后的方针任务"的总结报告，对新"三主"方针再次进行了调整。此后，新疆水利建设的方针开始转变：一方面积极加强灌溉管理工作；另一方面切实做好水利工程及排灌机械的配套工作，以充分发挥已有水利设施的效益。

（四）"发扬大寨精神，大搞小型工程和全面配套工程，狠抓水利管理，使之更好地为农业增产服务"水利方针

1965年8月，全国水利会议又确定了"发扬大寨精神，大搞小型工程和全面配套工程，狠抓水利管理，使之更好地为农业增产服务"的水利方针。新疆在贯彻执行该方针的过程中，解决了许多水利工程的遗留问题，对重视大型工程、轻视小型工程，重视工程建设、轻视工程管理，重视骨干工程、轻视配套工程等缺点进行了纠正，将新疆水利工作重新引上了健康发展的道路。

综上所述，在1949—1965年的农田水利建设中，除了高潮期的水利方针较为冒进外，各个时期的水利方针基本上是科学的，这成为新疆农田水利事业之所以能够健康发展的重要因素之一。

二、强大的计划经济体制

新中国成立后，新疆集中人力、物力、财力和技术力量，有目的、有计划、有组织的进行了大规模的农田水利建设，极大地推动了新疆农田水利建设事业的发展。这充分体现了计划经济体制在农田水利建设上的巨大优势，其优势主要表现在建立了集体性经济合作组织。

新中国成立后的新疆，经济形势十分困难，个体经济力量单薄，无力抵御意外事故与自然灾害，要想对河流进行整体规划与综合开发，举办较大的水利工程，把以往既分散又孤立的各种水利工程联系起来，形成一个较为完备的灌溉排水系统，必须发动各族群众走农业合作化道路。

人民公社和合作社等集体性经济组织的建立为大规模兴修农田水利建设打下了坚实的经济基础。该组织有利于在兵团与地方之间，各县之间、各公社之间、各村之间

发扬社会主义协作精神。以和田地区的皮山县为例，该县地处塔克拉玛干戈壁边缘，一向以干旱、缺粮闻名。

在公社化之前，由于没有人民公社这个大集体可以依靠，人力、物力很难集中，无法举办较大的农田水利工程，以致春秋两季用水奇缺，粮食产量极不稳定。自集体性经济组织建立后，皮山县各个公社开始合力兴建农田水利工程，"起初是开挖坎儿井，全县曾逐年开挖坎儿井 4 处，合力掏泉眼 1500 多处。接着是修建水库，先后建成小型水库 4 座，总蓄水能力 890 万 m³。最后开始引进干砌卵石渠道技术，兴建干砌卵石渠道。与此同时，还兴修了 1900 余座闸口、115 座桥梁和 110 座跌水，农田水利工程的兴建使皮山县粮食逐年稳定增加。1958—1961 年，全县每年给国家交售的粮食，平均在 1000 万公斤左右，一跃成为全疆有名的产粮区"。

三、党和政府的正确领导

党和政府的正确领导，是充分发动各族人民，完成任务的根本保证，在新疆无水利就无农业的具体条件下，中国共产党很早就指出了这一严重问题，因而对农田水利建设颇为重视，并从各个方面强化这一工作。

（一）引导运动

新疆各级党委和政府一方面积极引导广大人民群众开展了一系列卓有成效的运动，如动员广大群众的社会主义教育运动等，这为水利事业的发展创造了一个良好的条件；另一方面运用各式各样的舆论宣传工具，进行了卓有成效的宣传，如通过报纸、杂志、标语、墙报、广播、黑板报等进行宣传，利用诗歌、小说、戏曲、快板、说书等文艺方式来发动群众积极参与水利建设。此外，还征集民歌，广泛传唱。例如，当时流传的歌谣"掏一道沟，挖一眼井，越挖越掏越有劲，井多渠长水更深，农业丰收有保证"（《挖井谣》）；"天旱心不旱，挖渠加油干，冬修一条渠，秋收粮万担"（《修渠谣》）。这些歌谣充分反映了群众对兴修水利的热情。

（二）各方面支持

党和国家从财力、物力、人力等方面给予新疆水利建设以极大的支援。据不完全统计，1950—1963 年，仅国家投入水利建设的资金就达 5 亿多万元，调拨钢材 1 万多 t，水泥 18 万多 t，还派遣了大批水利技术人员，帮助各地勘测设计和进行技术指导。目前，自治区的一些永久性的大、中型水利工程，大多是在党和国家的支援下修建而成的。

（三）深入基层

党和政府的领导干部经常深入基层，到各个工程单位视察，了解水利工作情况，并及时与基层干部群众交换意见，甚至亲自劳作，这种带头作用在很大程度上鼓舞了新疆各族人民兴建农田水利的热情。

例如，为了解玛纳斯河、乌鲁木齐河、伊犁和焉耆等地农田水利建设的实际情况，中央水利部部长傅作义亲率苏联专家沃洛宁等 20 余人，于 1954 年 7 月到以上各地进行视察，并于 8 月通报视察情况。

再如，1960 年 3 月 19—23 日，兵团陶峙岳司令员和自治区副主席伊敏诺夫陪同农垦部长王震视察了农一师垦区，听取了农一师开发塔里木的情况汇报，召开了相关工作会议，为塔里木水利建设的发展，起到很好的指导作用。

新中国成立后，新疆农田水利工程是在党和政府的领导下，大量投工投劳修建而来的。因此，新疆水利事业之所以能够获得迅速发展与党和政府的正确领导是分不开的。

四、健全的农田水利管理体系

新中国成立初期，国家在农业部设立了农田水利局，主管全国农田水利工作。与此同时，又根据我国水利的实际情况，组建了统管全国水资源开发和管理等工作的中华人民共和国水利部。1952年将农田水利局正式划归水利部，由水利部负责管理农田水利事物。由此开始，全国各级行政区均陆续设立水利管理机构。

1949年9月，新疆和平解放，原水利机构暂时保留，机关人员全部留用。1949年12月，新疆省人民政府宣告成立，随着土地改革，旧的水利管理制度逐步废除，新的水利管理机构和制度逐步确立。1950年设立新疆省水利厅，阿里木江为水利厅厅长，王鹤亭为副厅长，管理水利工作。同年6月取消新疆省水利厅，成立水利局，隶属农林厅。1952年4月，决定撤销农林厅水利局，改设农林厅水利科，负责管理地方小型农田水利工作。1953年1月，为适应我国大规模经济建设的迫切需要，新疆根据中共中央西北局及新疆分局的指示，开始对省级农、林、水利机构进行适当调整，成立了统管水利工作的省人民政府水利局新疆维吾尔自治区成立后，为了加强我区的水利工作，于1956年将原设的水利局改为新疆维吾尔自治区水利厅。

与此同时，新疆各级下属水利管理组织也先后发展起来。1950年迪化（乌鲁木齐）和沙湾两县成立水管会。1951年各种形式的水利管理组织已遍及全疆各灌区，县里有水管委员会，乡（区）里有水管分会，村里有水管小组。同时，新疆省农林厅水利局报请省人民政府核准颁发《新疆省灌溉管理机构组织计划草案》，要求各地成立灌溉管理委员会，大灌区成立管理机构。

1956—1957年全疆13个地、州、市相继成立了水利科，主管水利和水管工作。1958—1960年，全疆各地、州、市又成立了水利局，主管水利、水电等工作。截至1962年，自治区地方系统水力专管机构有：17个流域性管理机构，管理人员1456人，控制2066万亩灌区面积；17个县水管机构，管理人员310人，控制406万亩灌区面积；70个独立渠系管理机构，管理人员823人，控制881万亩灌区面积；38个大、中型水库管理机构，管理人员1040人；34个小型水库管理机构，管理人员88人；其他水管机构人员214人，以上共有水管人员3931人。

至此，新疆水利建设队伍不断发展、壮大，水利机构不断调整、充实、加强。全疆上到自治区水利厅，下至各地、州、市、县、乡、村等，形成了一套健全的农田水利管理机构，这对推动新疆农田水利建设事业向前发展起着尤为重要的作用。

五、多样化的筹资形式

筹集资金是水利工程在建设之前或建设之中必须解决的问题，是工程能否顺利进行的前提条件。新疆在兴修水利过程中，主要采用了国家投资、地方投资与民办公助等多种筹资形式。

新中国成立初期，在国家经济形势困难的情况下，新疆的农田水利建设主要靠国家与地方的投资和贷款、各界捐款、义务劳动、以工代赈等多种方式解决。例如，乌鲁木齐河防洪堤的修建就是由新疆省人民政府拨款 200 万元，工商各界捐款 51.7 万元，由广大学生、市民、工人以及机关人员义务劳动而建成的。

1950—1965 年，国家和地方共投资 80 100 万元用于新疆水利事业。其中，恢复时期共投资 5709 万元，平均每年投资 1903 万元；"一五"计划时期共投资 16 591 万元，平均每年投资 3318.2 万元；"二五"计划时期共投资 38 140 万元，平均每年投资 7628 万元；三年调整时期共投资 19 660 万元，平均每年投资 6553.3 万元。从恢复时期到"二五"时期，国家对小型农田水利与地方水利基本建设的投资较少，共计 2.3 亿元，其水利建设主要依靠各族人民无偿地投工和投料，也就是民办公助。

所谓的"民办公助"就是指政府给予一定的资金，以支持人民兴办各种社会事业的一种建设模式。这是在新中国成立后国家财力匮乏的情况下，采取的依靠国家政权力量强制实行的一种水利建设投入措施，其通常以中、小型水利工程为主。新中国成立以后，新疆小型的农田水利建设均采用此种方式。据不完全统计，1950—1962 年，群众投工约 3 亿工日，折合 7 亿多元（以 1980 年以前二级工的工价为标准），即国家投资与人民投工折资比为 1：3。由于"民办公助"是在尊重民意和统一规划的前提下，以财政补助为引导，以基层水管单位和农民等为主体，因此该方式不但调动了农民群众的积极性，还妥善解决了小型农田水利工程管护难的问题。

多样化的筹资方式，为自治区农田水利建设的顺利进行，提供了可靠保证，成为新疆水利建设事业在新中国成立以后能够迅速发展的重要因素之一。

六、重视科研成果、经验交流、技术推广和人才培养

在新疆农田水利建设事业发展的过程中，党和政府格外重视科研成果、经验交流、技术推广和人才培养。

（一）宣传科研结果

为了促进水利建设事业的发展，自治区在《人民日报》《新疆日报》等报刊及农业杂志上刊登水利文章，以宣传水利、水土保持工作的政策、介绍科研成果、交流和推广先进经验、综合报道各地水利工作动态，供水利工作者在工作中学习和参考。

此外，全疆各地还普遍建立了各种试验站，包括灌溉试验站、新式灌溉工具示范推广站、水土保持示范推广站等。其主要内容为：各类作物的灌水时间、灌溉次数、灌水定额等灌溉制度的试验，不同灌水技术、灌水方法的试验研究。

其中的综合试验站还重点进行了以水为中心的盐碱地综合改良试验，如生物、肥料、洗盐、排水、耕作制度等研究。根据各试验站的科研成果，结合实际生产实践，自治区及时地进行了总结推广，有些试验站专门组织各地水利技术人员参观新工具、新技术及新的工作方法，以便他们回去后，在生产实践中，结合当地的特点，发明、

引进先进技术并进一步推广运用。例如，玛纳斯河水利处的技术人员，通过参观研究后，多次实验，总结了一套适用于新疆荒漠盐土、大孔隙土的筑坝土料标准，不仅降低了水利工程造价，还大大加快了施工进度，对全疆平原水库建设起了重要作用。

（二）学习先进经验

新疆曾多次组织各施工单位的干部到关内学习施工技术管理方面的先进经验，结合各工地的实际情况制定出了许多切实可行的规章制度和一些管理办法，在实践中逐渐掌握灌溉工程点多面宽渠道长等的特点和规律，还学会了适应这一特点的一整套施工方法，并在此基础上创造出了一些先进的施工经验。例如，玛纳斯河水利工程处就创造了提高工效 2～3 倍的拖拉机拉斗车运土上坝的经验。

除此之外，20 世纪 50 年代初，自治区渠道防护主要以干砌石为主，1956 年，全国水利会议介绍了甘肃省河西走廊用卵石衬砌渠道的经验，5 月新疆组织水利技术干部前往甘肃参观学习，8 月召开全疆水利会议，总结推广干砌卵石渠道经验。1957 年在修建青年渠的时候，总结出一套干砌卵石操作和施工技术要求规范，对推广干砌卵石渠道起了很好的示范推动作用。从此各地相继推广这种新技术，干砌卵石渠道开始遍及全疆。

1957 年，苏联专家波斯拉夫斯基把苏联的弯道式引水枢纽引进新疆，该渠首通常建于大中型河流之上，起初由于照搬苏联设计原理，弯道设计的过宽，导致泥沙淤积严重，后来通过总结经验教训，并结合新疆河流水文特点，才设计出较为满意的渠首。1958 年，自治区又参照俄罗斯底栏栅式渠首，首次建成了吐鲁番人民渠渠首，从此在全疆陆续推广，但多建于北疆和东疆的小河流上。

（三）重视人才培养

科学技术是第一生产力，人才是水利事业发展的重要因素之一。新中国成立前，新疆没有水利专业学校，民国时期采取选送学员去苏联或在本区开办水利班及委托外省培养水利专业人才等办法，共培养大专人才 25 人，中专和训练班人才 29 人。新中国成立后，为了参与大规模经济建设，结合水利事业的日益迫切的需要，培养水利技术干部已成为刻不容缓的任务。

为了加强新疆水利局的技术力量，新疆军区不仅专门把部队中曾学过水利或土木工程专业的人员挑选出来，还特地派人到内地招聘一批工程技术人员。同时，又从部队抽出部分有一定文化的同志并面向社会招收一批高中毕业生，举办短期的水利培训班，由水利局派工程师担任教师，冬季上课，其余时间随队参加实际野外工作，以期迅速获得锻炼提高。新疆教育由举办水利训练班发展到成立正规水利专业学校，由中等教育发展到高等教育，为新疆培养了大批水利专业人才。很多人成为各级领导和技术工作的骨干，在新疆水利水电建设中发挥着积极作用。

此外，在大规模的水利建设运动中，新疆还出了一批富有经验的管理者及施工人员，他们在长期的水利建设中得到了锻炼，队伍不断壮大，成为新疆农田水利建设的中流砥柱。

第十三章　新疆农田水利节水灌溉技术的发展应用

农业技术是现代农业发展的基础，现代农业科技革命为农业发展提供了技术支撑，农业技术日益成为农业发展的核心要素之一。20世纪以来，农业科技革命突飞猛进，日新月异，有力地推动了现代农业的发展。随着经济社会的发展，水资源日益稀缺，节水灌溉技术日益成为农业技术创新的重要领域，节水灌溉技术的发展为其他农业新技术应用提供了保障。现代农业技术的应用和现代农业的发展越来越离不开高效节水灌溉技术，世界各地也越来越重视和发展高效节水灌溉技术，高效节水灌溉技术的应用已成为现代农业发展的一个重要标志。

第一节　节水灌溉技术概述

一、现代农业、农业科技革命与农业节水灌溉技术

现代科技和农业科技革命奠定了现代农业发展的基础，农业技术成为科学技术和农业发展的桥梁，农业技术将基础科学的最新成果转化为应用技术并让科学为人类服务，将科学知识转化为生产力。农业科技革命使农业技术成为最直接有效的生产力，推动了农业的发展和经济的增长。农业是经济的基础，农业的发展需要充足的水源，水资源缺乏制约着农业发展，提高农业水利用率、发展高效节水灌溉技术是农业科技革命和现代农业发展的必然要求和必由之路。

（一）现代农业发展需要节水灌溉技术

灌溉是农业发展的基础，现代农业发展需要节水灌溉技术。农业是人类将自然界的物质和能量转化为人类最基本的生活资料的社会生产部门，农业发展史是人类发展的文明史，没有农业的发展就不会有今天繁荣的现代社会。农业发展经历了原始农业、传统农业和现代农业3个阶段，原始农业历经1万年，传统农业历经约3000年，而现代农业发展不到100年。现代农业的发展正是农业科技革命和农业技术的应用对传统

农业改造的结果，可以说是农业技术的变迁推动了现代农业的发展。

现代农业是农业生产过程中建立在现代科学技术和应用机械、化肥等现代工业装备和物质产品的基础上的农业，耗费的机械、燃料、化肥等直接或间接来源于石油能源，所以也称为"石油农业"。

现代农业发展大致分 3 个阶段。

① 第一个阶段，以谷物生产机械化为重点，大幅提高劳动生产率。20 世纪 30—60 年代，世界发达国家实现了农业机械化，化肥、良种、农药等最重要的物质基础的应用与农业机械化的结合，推进了劳动生产率的大幅提高，推动了农业的增长。

② 第二阶段，"机械-化工-生物"技术紧密结合，全面实现机械化，劳动生产率迅速提高。20 世纪 60—80 年代，以生物技术为主的种子革命，高产、优质、抗病品种使得作物产量大幅提高，在机械化全面应用和化工产品的大量投入下，农业技术形成了以"机械-化工-生物"技术结合的现代农业技术的应用，大幅提高农业产量和品质，提高了农业产值，推动了农业经济的快速发展。

③ 第三阶段，应用高科技获取更高的劳动生产率。20 世纪 80　90 年代，生物工程技术、计算机信息技术、新材料技术等广泛应用于农业领域，以及大量的"石油产品"投入农业生产，使得农业产出提升幅度更大，土地生产率和劳动生产率达到一个很高水平，农业发展达到一个前所未有的水平。

④ 但是农业生产过量的投入石油产品带来农业增产的过程中，潜伏的石油危机、环境污染、土壤恶化、生态破坏、水资源缺乏等严重问题日益影响着农业发展，甚至危害着人类的生存。

基于现代农业发展的几个阶段，人类过度的依靠石油物质产品的投入，农业发展必然会走到一个极端，发展可持续的农业，农业与自然和谐发展是未来农业发展的方向。水资源的缺乏，制约着人与自然、农业与生态的和谐发展，高效节水灌溉技术的发展既可以节约水资源，提高农业水利用率，又可以节省化肥、农药等物质产品的投入，提高农业资源利用率，是一种促进农业可持续发展的农业应用技术。

因此，现代农业发展需要节水灌溉技术发展，需要大面积推广高效的节水灌溉技术。

（二）现代农业科技革命推动节水灌溉技术发展

世界科技革命为农业科技革命奠定了基础，农业科技革命推动了农业技术的发展，促进农业的增长和农业经济的发展，为推动农业节水灌溉技术更上一个水平提供了物质保障和技术支撑。

18 世纪以来世界三次科技革命给农业技术革新带来了质的飞跃，对农业发展做出了巨大贡献，特别是 20 世纪中叶第三次世界科技革命，信息科学技术、生命科学技术、新材料与新能源技术、管理科学技术等对农业科技革命奠定了基础，农业依托农业科学技术支撑取得巨大发展。

20 世纪，世界科技革命推动了农业科技革命，特别是 20 世纪 50 年代以来，世界农业经历了"绿色革命"、"白色革命"和"蓝色革命"3 次技术革命，3 次技术革命的重点领域主要以生物技术、信息技术和新材料技术（例如，以塑料材料生产的农用薄膜和滴灌设施应用于农业生产），这些新技术革命的兴起和发展，以及应用于农业领域的重要研究成果必将推动农业的飞跃发展。同时，现代农业科技革命为农业高效节水灌溉技术发展奠定了基础，随着水资源的日益稀缺，现代农业科技革命有力地推动着高效的节水灌溉技术的发展。

二、世界农业节水灌溉技术发展历程

（一）世界农业节水灌溉技术的发展历程

1. 国外农业节水技术的基本方式

世界干旱半干旱地区遍及 50 多个国家和地区，总面积约为陆地面积的 1/3，在全部耕地中主要依赖自然降水发展农业生产的旱地占 80%，2010 年耕地灌溉面积占总耕地面积的 21.2%，相应的灌溉水量增加 17%，农业用水日益增大，水资源十分匮乏。

20 世纪初，世界各国开始探索农业节水技术，对各种农业节水方式进行了探索和实践，农业节水技术取得了突破性进展。世界各国农业节水措施主要有工程节水、农艺节水、生物节水和管理节水等四大类。这些节水方式采取的节水措施主要有 4 个基本环节。

① 减少渠系（管道）输水过程中的水量蒸发和渗漏损失，提高灌溉水的输水效率。

② 减少田间灌溉过程中水分的深层渗漏和地表流失，提高灌溉水的利用率，减少单位灌溉面积的用水量。

③ 蓄水保墒，减少农田土壤的水分蒸发损失，最大限度地利用天然降水和灌溉水资源。

④ 提高作物水分利用效率，减少作物的水分奢侈性蒸腾消耗，获得较高的作物产量和用水效益。

农业节水发达的国家在生产实践中，始终把提高上述 4 个环节中的灌溉（降）水利用率和作物水分利用效率作为重点，在水源开发利用技术、田间节水灌溉技术、农艺节水技术、用水管理技术和农业节水技术集成与产业化等方面取得了农业节水的领先优势。

基于以上农业节水过程中的基本环节，国外发展节水灌溉技术的基本方式主要体现在以下几个方面：第一，开放农业水资源开放技术，包括地面集水技术、跨流域调水、地下水库利用技术和劣质水利用技术等；第二，农业输水节水技术，包括渠道防渗技术、低压管道输水灌溉技术；第三，田间灌溉节水技术，包括喷微灌技术、改进地面灌水技术；第四，管理节水措施，包括制定节水灌溉制度、重视田间水管理和农民参与、加强灌区用水信息管理、计划合理用水配水、用水价调节用水等。

2. 世界农业高效节水灌溉技术发展历程

人类文明数千年的历史是一部为水奋斗的水利史，人类拦河蓄水、筑渠引水、开畦灌溉，经历了一次又一次灌溉技术的革新，灌溉技术取得突飞猛进的发展。特别是19 世纪后，新材料和新技术的发明和革新，高效节水灌溉技术得到发展，出现了喷灌技术（最早起源于美国）、微灌技术（诞生于以色列）等先进高效的灌溉技术。

（1）喷灌技术

① 19 世纪末，世界各地探索了适合各地水资源节约利用的节水灌溉方式，高效节水灌溉技术有了突破进展。1894 年，查尔斯·斯凯纳，对灌溉技术进行了革新，发明了一种高效简便的喷水系统用于农业灌溉，开拓了人类利用机械设施进行节水灌溉的先河。1933 年，澳腾·英格哈特发明了世界上第一台结构简洁、喷射面大的摇臂式喷头，对高效的喷灌技术发展产生了革命性的推动作用。

② 20 世纪中叶，世界经济进入繁荣发展时期，科技迅猛发展，新材料、新技术不断涌现，高效节水灌溉技术得到快速发展。美国人皮尔斯创办的企业制造出了便于联结的薄壁钢管和合金铝管，从而诞生了半固定式及固定式喷灌系统，开发出了适用于大面积农田作业的喷灌系统。在固定摇臂式喷灌技术的基础上，哈里·法里斯通发明了由机械牵引的移式喷灌机，提高喷灌的机械化水平，可以适用于低杆作物，如棉花、小麦、蔬菜、牧草等灌溉，极大地提高了劳动生产力。

③ 20 世纪世界经济快速发展，发达国家农业劳动力进一步紧缺，新的灌溉技术又不断涌现。1952 年，美国科罗拉多州的弗兰克发明一种水力驱动、自动转圈、架上安有喷头的喷灌机，称为中心支轴式喷灌机。这种喷灌机具有自动化程度高、喷灌过程中使用劳动力的成本低、地形适应性强的优点，但具有土地利用率低的缺点，利用率仅为 78%。

④ 20 世纪 70 年代后，中心支轴式喷灌机被进行了较大改进，由摇臂式喷头改为低压微喷喷头，水力驱动改为电力驱动，可靠进一步增强。80 年代初，美国又开发出平移式喷灌机，喷灌技术达到较成熟水平。喷灌技术的用水率明显高于传统地面灌溉技术，但对十分干旱的干旱半干旱地区，节水效果不十分明显。因此，一种更为高效的节水灌溉技术诞生了。

（2）滴灌技术

① 20 世纪 40 年代末期，以色列农业工程师希姆克·伯拉斯发明了滴灌技术，在以色列的内格夫沙漠地区应用于温室灌溉，取得很好的效果。随着第二次世界大战后世界经济快速发展，塑料工业得到迅猛发展，塑料管材的使用促进了滴灌技术的发明和推广。

② 60 年代初，以色列和美国开始了滴灌的商业应用，滴灌技术在这两国大力推广，对农业节水做出了重要贡献。随后，高效节水的滴灌技术开始在世界范围推广扩散，推动农业节水革命。

③ 80 年代后，世界最先进的节水灌溉技术——滴灌技术得到蓬勃发展，在发达国家的农业生产中得到推广。1986 年，世界滴灌面积增加了 136%，从 1981—2000 年滴灌面积增加了 663%，滴灌技术在发达国家得到大量应用。

高效节水灌溉技术有很大优势，特别是滴灌技术，滴灌灌溉作物时水滴入作物根部作物适时适量得到水和肥料，水利用率高达 90% 以上，作物生长好，达到节水又增产的效果。但是，高效节水灌溉技术投入高，技术难度大，在发达国家一般也仅在蔬菜、果树等效益高的作物上使用，只有少数国家大面积采用，在一般作物上也很少大面积使用发展中国家，特别是一些贫困国家没有采用滴灌技术的经济能力，高效节水的滴灌技术诞生半个多世纪以来并没有被得到大面积推广。

（二）世界农业节水灌溉技术发展特征和趋势

20世纪末期，世界现代农业的发展日趋成熟，高效节水灌溉技术得到快速发展。特别是随着全球性水资源供需矛盾的日益加剧，世界各国，特别是发达国家都把发展高效农业节水灌溉技术作为农业可持续发展的重要举措。发达国家在生产实践中，始终把提高灌溉水的利用率、作物水分生产率、水资源的再生利用率和单方水的农业生产效益作为农业节水技术发展的重要领域，在研究农业节水基础理论和农业节水应用技术的基础上，将高新技术、新材料和新设备与传统农业节水技术相结合，加大了农业节水灌溉技术和产品中的高科技含量，加快了农业向现代节水高效农业的转变。

（1）农业高效节水的喷微灌技术发展的特征

一是不断提高机械化与自动化的水平，喷微灌技术使用中机械化程度高，计算机技术在喷微灌系统广泛应用，喷微灌技术采用面积日益扩大；二是日益广泛地应用新技术（如激光、遥感等），重视提高喷微灌技术的应用质量；三是喷微灌设备向低压、节能型方向发展；四是喷微灌技术间相互借鉴、同步发展，技术交叉多目标利用，有效地降低单一用途的造价；六是改进设备，提高性能，开发和研制新型喷头及滴灌带，灌溉产品日趋标准化与系统化。

（2）节水灌溉的渠道管网高效输配水技术方面

20世纪70年代以来，美国、以色列等发达国家为适应大规模的节水灌溉工程建设，已逐步实现输水系统的管网化、智能化和信息化；在大型渠道防渗（包括开挖渠床、铺设塑料薄膜到填土或浇筑混凝土保护层）工程的施工和输配水管理方面广泛采用机械化和自动化。近年来，发达国家为实现用水管理手段的现代化与自动化，满足对灌溉系统管理的灵活、准确、快捷的要求，非常重视空间信息技术、计算机技术、网络技术等高新技术的应用，大多采用自动控制运行方式，特别是对大型渠道的输配水工程多采用中央自动监控（遥测、遥信、遥调）方式；在大大减少调蓄工程的数量、降低工程造价的同时，既满足用户需求又有效减少弃水，提高灌溉系统的运行性能与效率。

（3）农业节水灌溉关键设备与重大产品研发及产业化

在农业节水灌溉的关键设备与重大产品研发及产业化方面，国外发达国家特别注重喷微灌设备与新产品、高效输配水设备与新产品和节水工程新材料的研制与产业化开发，大范围应用于农业生产实中并占据了国际市场。在喷微灌设备与产品开发方面，20世纪70年代以来，随着其他基础工业的发展，喷微灌设备和产品的研发已取得长足进步。此外，高效节水灌溉技术向智能化发展，智能型的自动控制系统在喷微灌系统的应用，使得水、肥能够适时精确量地同步施入作物根区，提高水分和养分的利用率，减少了环境污染，优化了水肥耦合关系。

（4）农业节水灌溉技术体系集成模式

世界各国，特别是发达国家都非常重视高新技术和新材料与传统农业节水灌溉技术的结合，大力提高节水灌溉技术产品中的高科技含量，使农业节水灌溉技术日益走向精准化和可控化，并形成集成化、专业化的技术体系和发育较为完善的节水灌溉技术和产品市场机制，使原有灌溉技术下的粗放型农业逐步转变为高效灌溉的现代技术集约型农业。

三、我国农业节水灌溉技术发展前景

21世纪世界性农业科技革命风云兴起，农业高科技广泛应用，现代农业蓬勃发展世界各国农业得到快速发展。我国在耕地和水资源缺乏的双重约束下，要保障粮食安全，提高农业的国际竞争力，就要加速发展现代农业，依靠科学技术，破解耕地和水资源紧缺瓶颈，提高资源特别是水资源的利用率，实现农业高产优质高效的目标。农业节水灌溉是新形势下农业发展的迫切需求，推广节水灌溉技术前景光明，任务艰巨，意义重大。

（一）农业节水灌溉技术发展特征和趋势

21世纪，世界现代农业和现代农业技术的快速发展，我国农业进入由传统农业向现代农业转变时期，农业发展由追求产量最大化向追求效益最大化转变，依靠农业科技进步和技术推广发展农业。农业要实现可持续发展，就必须要调整和优化农业生产结构，提高农业生产效益，增加农民收入，改善生态环境，增强国际竞争力。农业发展要增强资本和科技投入力量，突显资本和技术要素作用，突破其受制于资源要素的制约，特别是水资源的缺乏，发展农业灌溉节水，加大农业节水灌溉技术投入势在必行。

在过去和未来几十年，我国农业节水灌溉技术发展成良好态势，主要具有以下特征和趋势。

1. 国家高度重视，节水政策不断推出，农民节水意识增强

党的十五届三中全会明确提出"把推广节水灌溉作为一项革命性措施来抓"。2011年中央一号文件和中央水利工作会议对发展节水灌溉进一步做出安排部署，强调要把节水灌溉作为发展现代农业的一项重大战略和根本性措施，全面提高农业用水效率。

2. 明确农业节水方向和农业节水技术路线

随着经济社会的快速发展，我国水资源短缺更为严重，作为用水大户的农业首当其冲应列为节水的重要领域，确定以提高水资源利用效率和效益为核心目标，大力发展高效节水灌溉技术的农业节水战略。高效节水灌溉技术是农业节水的重要方向，今后节水将确立以工程节水为主、结合农艺节水和管理节水的技术路线，以提高水的利用效率、经济效益和生态效益为目标，发展自主创新节水灌溉的技术路线。

3. 依靠高科技进行节水灌溉技术创新，发展综合集成型节水新技术

高效节水灌溉技术是一个复杂的系统的技术集成，包含水利工程、作物栽培、水资源管理等多方面，各领域都需要高新技术支撑，形成综合集成型节水新技术是一个重要方向。

4. 创新节水灌溉管理制度，以制度管理保障节水灌溉技术推广

节水灌溉技术重在推广应用，农户是技术选择的主体，建立有效的节水灌溉制度，

以制度推进节水灌溉技术推广是大面积采用节水新技术的重要举措。

农业节水灌溉技术是一个多种学科交叉、多种高科技领域综合的技术体系，它涉及力学、水利工程、农业工程、机械工程、化学工程与技术、材料科学与工程、作物学农业资源利用、控制科学与工程等 10 多个学科及水利、土壤、作物、化工、气象、机械、计算机等多个行业研究领域和应用。

经过多年探索和实践，我国在水源开发与优化利用技术、节水灌溉工程技术、农业耕作栽培节水技术和节水管理技术等方面基本形成了适合我国经济情况和农业特点的节水灌溉技术体系，节水灌溉技术日趋成熟，大面积推广上达到了经济性可接受程度。但是，节水灌溉技术还存在一定不足，在技术创新方面还需进一步突破。

（二）我国农业节水灌溉技术创新趋势

我国农业节水灌溉技术需要继续加强技术创新，在一些重点领域要有突破，具体发展趋势如下。

1.作物生产领域

按照高效用水与作物高产高效优质可持续发展目标，通过优化节水灌溉的配套农艺措施及工程技术、肥料高效利用的综合配套技术，研究作物高产优质、低成本及环境友好的生产目标水肥高效利用的关键技术和高效节水灌溉条件下，不同作物产量形成的生理生态机制及调控技术，从而达到不同作物最优供水量的作物高产优质目的。

2.信息化领域

应用卫星定位技术、遥感技术、计算机控制技术和自动测量技术，及时掌握区域作物需水精确变化数据，适时确定需水量和时间按作物需水规律优化供水方案。

3.灌溉设施生产领域

高效低耗灌溉产品新材料及生产工艺设备的研究。

4.节水灌溉工程领域

灌溉工程设计、安装，滴灌带铺设和回收机械化，与滴灌作物生产配套的技术，作物精准栽培、数字化农作技术及农业生态保护等。

（三）农业节水灌溉技术推广前景

未来时期我国水资源缺乏趋势依然严重，农业节水形势严峻，节水灌溉需求潜力巨大，节水灌溉技术发展前景广泛。目前，我国农业灌溉水利用系数仅为 0.47，比发达国家 0.8 的利用系数低出近一半，提高农业灌溉水利用率任务艰巨。我国节水灌溉工程面积达到 3.52 亿亩，占全国农田有效灌溉面积的 40.7%，而欧美等国则达 80% 以上。

《国家农业节水纲要（2010—2020）》提出，到 2015 年全国推广新增高效节水灌溉面积要达 1 亿亩，根据《纲要》，未来 5 年全国将力争推广新增高效节水灌溉面积 1 亿亩，在目前"水荒"蔓延及政策大力推动水利事业大发展的背景下，节水灌溉为未来水利建设的主导力量，需求潜力巨大。

节水灌溉技术推广方面，据市场预测显示，若将我国的喷灌、微灌面积占有效灌溉面积的占比从 6.70% 提高至 20%，喷、微灌面积将增加 1 亿亩以上，每亩初始投入按 700 元计算，微灌节水改造的初始投入即达 700 亿元，每年更换微灌带等的投入约

230亿元。未来5年，推广高效节水灌溉的首要任务是在全国大型节水灌溉示范区推行喷灌和微灌节水改造，而示范区主要集中在甘肃、青海、内蒙古等省份。

四、新疆农业节水灌溉技术发展历程

新疆是绿洲农业，农业发展主要依靠水利灌溉，兴建水利是新疆农业发展的重要基础。水利兴，则农业兴。新疆的水利史实际上也是节水灌溉技术不断改进和发展的历史。经过60多年建设，新疆水利取得辉煌成就，节水灌溉广泛推广，高效节水灌溉技术日趋成熟，已成为全国最大的节水灌溉技术示范区。兵团是新疆的重要组成部分，兵团农业处于新疆领先地位，兵团的农业发展依靠特殊体制下的组织管理优势，将建设成为全国节水灌溉示范基地、农业机械化推广基地和现代农业示范基地的"三大基地"，特别是节水灌溉技术尤为突出，高效节水灌溉技术率先大面积推广，农业节水灌溉技术成为全国农业节水的排头兵。

（一）新疆兵团节水灌溉技术发展历程

1.新疆兵团农业发展状况

兵团是新疆维吾尔自治区的重要组成部分，于1954年组建，是党政军企合一的特殊组织，是在自己所辖的垦区内，依照国家和新疆维吾尔自治区的法律、法规，自行管理内部的行政、司法事务，在国家实行计划单列，受中央政府和新疆维吾尔自治区人民政府双重领导。兵团承担着国家赋予的屯垦戍边的职责。经过60多年的发展，兵团创建了全国最大的节水灌溉示范基地、农业机械化推广基地和现代农业示范基地等"三大基地"，成为引领新疆地方及全国现代农业发展的示范区，兵团农业发展主要具有以下特征。

（1）农业组织化程度高

兵团组织结构是由兵、师、团、连四级构成，具有准军事化的组织体系。在这种组织结构下，兵团农业土地实行以职工家庭承包经营为基础、统分结合的双层经营管理体制。"统"指团场对土地承包经营职工实行"统一农资采购，统一种植计划，统一机耕作业，统一灌溉管理和模式化栽培，统一产品订单收购"的管理模式（简称"五统一"模式）。"分"指承包职工在团场"五统一"的前提下，独立完成农业生产任务，自主雇佣劳动力，订单以外农产品可以自主种植、自主管理、自主销售，各项费用自理，每个承包户实行独立核算，自负盈亏。通过"五统一"管理模式，团场能将职工在农业生产的各环节有效地组织起来，发挥整体组织效应，体现出兵团农业组织化程度高于地方农村。

（2）农业规模化水平高

团场是兵团农业生产的主体，农作物总播种面积1119.20k公顷，平均每个团场播种面积6.4k公顷，职工平均土地承包面积近2公顷，有些团场职工自主经营的开放性农场土地承包面积在上百公顷。兵团大部分团场地势平坦，农田规划整齐，土地集中连片，路、林、渠相配套，在"五统一"管理模式下，实现了作物布局的统一，灌溉及栽培模式的统一，为大面积机械化作业提供了条件，体现了兵团农业规模化水平高于地方农村的优势。

（3）农业集约化程度高兵团农业集约化程度高

主要体现为单位面积上的生产资料和劳动力投入高、新技术采用相当广泛、单位面积农作物产量较高、农业机械化装备水平高4个方面。

（4）农业科技应用水平高

兵团农业已形成了以农业"十大主体"技术、六大精准农业技术、高密度高产栽培技术模式为核心技术的先进农业科学技术体系，并且在农业生产中广泛应用，技术覆盖面和到位率高。

2.新疆兵团节水灌溉技术发展历程

新中国成立前新疆水利基础设施十分落后，干旱洪灾交替威胁着农业生产，农业发展十分落后。新中国成立后，新疆水利建设进入大发展时期，农业节水灌溉得到较大发展，农田水利建设取得辉煌成绩。兵团是新疆重要组成部分，兵团对新疆水利建设做出了突出贡献，特别是农业节水灌溉，兵团处于新疆领先和示范地位。

兵团水利发展史，是一部与干旱、洪水、风沙、盐碱等自然灾害做斗争的历史，是兵团几代人坚持不懈地进行大规模水利建设并不断改进农业灌溉技术创造辉煌成就的历史。没有水利就没有兵团农业，没有高效节水灌溉技术就没有兵团现代农业的发展。经过60多年灌溉技术的发展，兵团成为全国农业节水灌溉的示范基地，兵团农田水利建设和节水灌溉技术的发展对兵团农业发展做出巨大的贡献。

兵团水利建设和节水灌溉技术发展主要经历了3个时期。

① 20世纪50—80年代初的农田水利基本建设阶段，兵团创建后开展生产的首要工作就是兴修水利工程，就地以实用方法解决农业灌溉，解决新垦农田灌溉用水问题，发挥水利工程最大灌水效率。

② 20世纪80年代中期至90年代末的高效节水灌溉技术探索时期，受制于水资源约束，开始探索推广适合大面积耕作的高效节水灌溉技术。

③ 20世纪90年代末期至今的高效节水灌溉技术推广时期，兵团成功研制出高效节水灌溉技术，特别是膜下滴灌技术，开创我国大面积采用高效节水灌溉技术的新局面，引领全国农业节水革命，成为国家节水灌溉技术的示范区。

（二）新疆地方节水灌溉技术发展历程

1.新疆地方农业发展概况

新疆维吾尔自治区自1955年10月成立以来，农业生产得到快速发展，特别是1978年党的十一届三中全会后，农村改革给农业发展注入了新的动力，新疆农业发生了巨变，取得了辉煌成就。

2.新疆地方节水灌溉技术发展历程

新疆干旱缺水，历代政府都十分重视水利工程建设，新疆维吾尔自治区成立以来，特别是改革开放后，根据"绿洲生态、灌溉农业"的特点，新疆维吾尔自治区政府高度重视水利建设，特别是农田水利工程建设，建成了以阿克苏克孜尔水库、和田乌鲁瓦提水利枢纽等为代表的一批现代大型水利工程和大批干支渠及其防渗工程，使得新疆地方农田灌溉引水量、水库库容和有效灌溉面积迅速增加，农田水利工程和农业节水灌溉建设成绩显著。新疆地方农业节水灌溉技术发展主要经历了以渠道防渗技术为主的普通节水灌溉技术发展和以滴灌技术为主的高效节水灌溉技术发展阶段。

（1）农业节水灌溉技术发展阶段

改革开放以来，新疆地方加大对农业节水灌溉的投入，从 20 世纪 70 年代开始加大建设渠道防渗、节水灌溉工程等，经过多年投入建设，农业节水灌溉建设取得巨大成就。特别是"八五"以来，新疆地方将农业节水工程作为水利建设的重中之重，节水工程以渠道防渗为中心的常规节水建设得到了全面快速发展，全疆建成斗渠以上三级渠道总长 15.5 万公里，完成防渗 9.4 万公里，防渗率达到 60.6%，居全国之首。新疆博尔塔拉蒙古自治州、昌吉等五地州 30 个县（市）实现了渠道"全防渗"，渠道防渗节水技术实现了高标准。这一阶段，新疆地方节水灌溉主要以渠道防渗的普通节水灌溉技术为主，达到节水灌溉标准的耕地占耕地总面积的 47%，居全国前列，节水灌溉建设成绩显著。

（2）新疆地方高效节水灌溉技术发展阶段

新疆地方探索和发展高效节水灌溉技术主要经历了两个阶段。

① 第一阶段，探索发展阶段。20 世纪 70 年代末期，新疆就开始引进试验以低压管道灌和喷微灌为主的高效节水灌溉技术，经过长期试验探索和创新，到"十五"期间，新疆地方借鉴兵团滴灌技术大面积推广的成功经验，开始探索推广以膜下滴灌为主的大田高效节水灌溉技术、探索和总结推广模式、制定高效节水灌溉技术设施安装规程和技术使用方法等，为大面积推广奠定了基础。

② 第二阶段，快速发展阶段。"十一五"期间，新疆地方加大高效节水灌溉技术推广力度，自治区实施资金补贴政策，极大地调动了广大农民群众的积极性使大田滴灌工程建设规模快速增长，每年建成面积达到 300 万亩以上。到 2011 年，新疆地方高效节水灌溉技术推广面积已达 1770 万亩，占到灌溉面积的 29.8%，取得了巨大的社会效益、经济效益和生态效益。

新疆地方经过十多年在高效节水灌溉技术选择应用中的科技研发和生产实践，总结得出高效节水灌溉技术与传统灌溉技术相比具有"两节、两高、两个促进"的优点，即节水、节肥，高产、高效，促进农业生态环境改善和农村生产经营方式改变。高效节水灌溉技术选择已成为新疆地方农业增产、农民增收的重大举措，成为推广农业新技术的基础平台和促进农业生产由分散型向集约化转变的重要手段。

第二节 喷灌技术在新疆的应用

喷灌是将灌溉水加压，通过喷头以降水的形式洒落在田间对作物进行灌溉的技术。20 世纪 70 年代新疆引入喷灌技术，由于各地区条件不尽相同，使用情况差别很大，有些团场逐渐摸索出一些经验，喷灌技术的应用逐渐走上正轨，而有些团场由于操作管理不当等多方面原因致使大部分喷灌机具闲置荒废，以致引起对喷灌技术在新疆是否可行的质疑。

一、喷灌技术在新疆的发展过程及现状

喷灌技术在新疆已有近 50 年的应用历史，喷灌也是新疆发展面积较大的一种节水灌溉模式，截至 2002 年年底，仅新疆生产建设兵团喷灌面积就达近 667 万 hm^2。

20 世纪 90 年代初，农五师九十团首次利用喷灌技术在地下水位较高的当年开垦的盐碱荒地上洗盐压碱，一般 3～4 年就完成改良土壤任务，获得了良好的生态效益、节水效益和经济效益，并经过 5 年生产实践摸索出一套"甜菜改良，小麦过渡，棉花高产"种植模式。

陆朝阳等通过实验认为喷灌棉花比畦灌棉花生育进程提前 3 天左右，从而实现早熟、丰产，提高霜前花比例和棉花等级。喷灌还对蚜虫及红蜘蛛有抑制作用。

温新明等通过棉花喷灌实验认为，喷灌虽然一次性投资较大，但喷灌植棉单产、利润均比地面畦灌要高；而与水土开发喷灌洗盐相结合，从开荒到植棉 3～4 年即可收回投资比畦灌改良盐碱地提前 3 年熟化耕地，缩短了改良周期。从节水角度看，喷灌比地面畦灌节水 45% 左右，经济效益、社会效益、生态效益显著。

宁新民等在农二师二十八团和三十二团进行了棉花喷灌试验，取得明显节水增收效果。

喷灌技术的引进和推广在一定程度上促进了新疆节水灌溉事业的发展。

二、喷灌在新疆的适用性分析

（一）新疆荒漠绿洲灌区一般不适合发展喷灌

1. 新疆荒漠绿洲灌区采用喷灌与先进的地面灌比较不节水

喷灌节不节水主要取决于当地的气候、土壤、地形条件，也与喷灌类型及设备性能有关，不能一概而论。

科学实验业已证实，喷灌与地面畦灌情况下的作物田间蒸腾量没有明显区别。喷灌系管路输水，无渗漏蒸发损失；由施水特点所决定，喷灌能有效地控制深层渗漏地面灌则很难。在这两点上喷灌肯定比地面畦灌省水。但在蒸发强烈、作物生育期多风的干旱区采用喷灌，被消耗于空中蒸发或被风所飘移的水量很多（国内外试验资料为 7%～28%，新疆绿洲应是偏大值），雾化越好越是这样，而地面畦灌方法则基本无此项损失。

中国水利水电科学研究院沈振荣、陈霞芬曾对京津唐平原小麦灌溉方法进行了比较深入的分析研究。他们发现：无论从直接的实验结果或是利用国外有关资料分析估算来看，喷灌与地面畦灌的田间蒸腾量没有明显区别；干旱年份采用喷灌，被消耗于空中蒸发或被风飘移的水量每 $667\ m^2$（亩）达 $30.6\ m^3$，而地面灌基本没有此项损失；根据典型调查资料计算，采用地面灌溉方法的冬小麦全生育期沟、渠塘的总蒸发量比喷灌每公顷多 $298.5\ m^3$（每亩多 $19.9\ m^3$）三项合计，喷灌比地面灌每亩多耗水 $10.7\ m^3$。

必须强调指出，喷灌与地面灌是否节水的比较只应该在田间范畴内对比，因为采用地面灌同样可以实现管路输水；喷灌节不节水，主要取决于当地的气候、土壤、地形条件，也与喷灌类型及设备性能等有关，不能一概而论；喷灌消耗于空中蒸发或被风漂移的水量是不可回收的损失量，而地面灌的深层渗漏和田面退水水量相当一部分是可以再利用的损失水量。

新疆绿洲农业区分布在南疆的塔里木盆地、北疆的准格尔盆地和东疆的吐鲁番、哈密盆地。多年平均降水量，塔里木盆地西部与北部 50～70 mm，南部与东部多在 50 mm 以下；吐鲁番、哈密盆地在 40 mm 以下，吐鲁番的托克逊县仅 7.1 mm；降水较多的准格尔盆地，其边缘年降水量 150～200 mm，盆地中部 100～150 mm，而年蒸发量北疆为 1500～2300 mm，南疆为 2000～3400 mm，吐鲁番、哈密盆地为 3000～4000 mm。

必须指出，新疆绿洲面积仅占总面积的 5%。显然，新疆空气温度较京津唐平原区小很多，而蒸发量却高得多。此外，荒漠绿洲一般地形平坦，有良好的自流灌溉条件。而我们推广采用的喷灌绝大多数又是中压中射程喷头喷灌（常规喷灌），在以上这些条件下谈喷灌节水在理论上是没有根据的。

2. 荒漠绿洲灌区采用喷灌耗能高

新疆荒漠绿洲灌区一般都没有建设自压喷灌系统的条件，喷灌是要耗能的。一般喷头的工作压力在 196～588.4 kPa，加上管件和管路的水头损失，要将喷头启动，需 30～70 m 水头（卷管式喷灌机需 90～100 m 水头，固定、半固定管道式系统一般需 40～50 m 水头）。

按国家有关规定，一般中小型泵站的综合装置效率不低于 54.4%，换算成相应的能源单耗为 5 kW·h/（kt·m）。据陕西省资料大多数中小型泵站的综合装置效率为 30%，其相应的能源单耗为 9 kW·h/（kt·m）。新洲灌区是纯灌溉区，必须完全依靠灌溉，其喷灌灌溉定额不可能低于 4500～600 m³/hm²，以此推算，地面灌改成固定、半固定式喷灌，每公顷能耗增加 1620～2160 kW·h，新疆农用电价一般为 0.3 元/kW·h，每公顷能耗电费为 486～648 元；若采用卷管式喷灌机，则每公顷能耗电费为 1094～1458 元。显然，在荒漠绿洲推广发展喷灌在能耗上也是承受不起的。

3. 极端干旱区不宜采用喷灌国外早有定论

发达国家搞喷灌主要是提高劳动生产率，增加效益。美国是当今世界上喷灌设备最先进、喷灌面积最大的国家，其干旱半干旱区 60% 以上灌溉面积仍采用地面灌，喷灌面积仅占 30% 左右；喷灌主要在半湿润区和湿润区发展，所占灌溉面积的比例分别为 61.0% 和 44.7%。

（二）新疆适合发展喷灌的地区是降水量较多的补充灌溉区

在新疆最适宜采用喷灌的地区是作物生育期降雨量较多、蒸发量相对较小、风力不大、地形复杂、地面坡度大、土层薄、有自压条件或能源充沛价廉的补充灌溉农业区和牧区。例如，天山北坡逆温带（吉木莎尔、奇台、木垒靠山边的补充灌溉农牧区）、巴里坤盆地（农田水分供求差 400～500 mm）、塔城盆地（农田水分供求差

400 ～ 500 m），目前使用较好的已建成喷灌工程主要集中在以上地区，其主要原因是它符合科学规律和经济规律，伊犁河流域大部分地区（农田水分供求差小于 500 m 地区），准格尔盆地北部、博尔塔拉河上游、拜城盆地农田水分供求差 500 mm 左右的地区，以上地区是适合采用喷灌的地区。

三、喷灌在新疆的发展方向

综上，喷灌在新疆的发展前景还是广阔的。当下就是要充分结合当地实际情况，及时获取该领域国内外最新的研用信息，对喷灌技术进行本土应用改良，以适应新疆部分地区的农业生产条件，并总结适用的应用管理模式，促进喷灌技术应用本土成熟化。

（一）向低压低能耗高效方向发展

喷灌属于有压灌溉，喷头工作压力要求在 0.25 M ～ 0.30 MPa，因此，喷灌系统的能耗一般高于地面灌溉系统，致使灌溉成本提高。随着能源的紧张，发展低压喷灌已成为一种趋势，在这方面最为成功的实例是低能耗精确灌溉系统（LEPA）。采用 LEPA 除了降低能耗外，还降低了风对喷灌均匀性的影响，减轻了蒸发，水的利用率可达到 88% ～ 98%，采用该技术后喷灌将更适合在新疆推广应用。

（二）综合利用清洁能源

就喷灌而言，最有利用前途的是风能和太阳能。美国、澳大利亚等国开始利用风能灌溉，在 20 世纪末，美国大平原地区的 800 万 hm^2 灌溉面积的一半采用了风力泵，德国在卷盘式喷灌机上开始使用太阳能。而我国也开始了这方面的研究，我国研制的风力提水系统扬程最大可达 40 m，流量最大可达 12 m^3/h；太阳能提水系统扬程达 30 m，流量 5 m^3/h，可应用于小型灌溉系统。新疆是风能、太阳能富集地区，在此领域开展研究前景广阔。

（三）精准灌溉

一套完整的精准灌溉系统需要包括数据采集系统、决策支持系统、灌溉执行系统及控制系统。变量精准灌溉技术是目前国际上最先进的灌溉技术，可根据农田中不同区域的水分、养分及作物生长情况，做到灌溉水、化肥、农药、除草剂的精量控制，精量控制灌溉在发达国家已经进入生产应用，我国有关单位也在开展相关研究，但技术尚不成熟，在几乎完全靠灌溉进行农业生产的新疆绿洲区开展此项实验研究将会获得更明显的效果。

（四）多目标利用

为提高设备利用率，减轻劳动强度，喷灌的多目标利用在一些发达国家进行了较多研究和应用，除了灌水外，较成熟的应用场合有病虫害防治、施肥、施药、家畜粪尿的喷施、防霜冻、防风蚀等。劳动力紧缺的新疆对于此项技术也是十分渴求的。

（五）提高劳动生产率

扩大单机控制面积，提高劳动生产率，降低单位面积上的设备投资和运行费用。大型喷灌机技术就是为了扩大单机控制面积，通过增加喷枪射程或使用带有许多喷头的长管自行移动来解决大块农田和草场所存在的生产效率低、劳动强度大、单位面积投资成本高的问题而发展起来的。国外为提高喷灌机的生产效率，减少设备投资、节省劳动力和运行费用、努力扩大单机控制面积。

四、选择喷灌的原则和方法

普及推广节水灌溉技术一定要从各地的实际情况出发，在充分考虑当地自然、气候条件，种植结构和社会经济发展水平的基础上、因地制宜地采用适宜的节水灌溉技术和模式。笔者认为因地制宜、扬长避短、减轻劳动者的劳动强度、突出效益是选择喷灌的最基本原则。

由喷灌的施水特点所决定。从气候条件来讲，它适用于较湿润的补充灌溉区，风小的地区；从地形条件来讲，由于喷灌的适应性强，特别适用于地形复杂、坡度大、土层薄的地区；从土壤条件来讲，它更适用于渗漏严重的沙性土；从作物条件来讲，密植作物、叶菜类蔬菜、草坪及花卉作物采用喷灌较好；从能源条件来讲，能源丰富、价格低的地方采用喷灌有利。此外，还有一个经济承受能力问题。

需要指出的是，喷灌的类型很多，它们各有优缺点和特定的适用条件，也应因地制宜地选择。一般说来，美国等发达国家最近生产的大型圆形或平移式喷灌机组代表了当今喷灌的先进水平，在抗风能力和节能方面有重大改进并有向机械化微灌发展的趋势，扩大了它的使用范围，但投资高管理要求高，就我国目前的经济承受能力和产出水平恐难适应；卷管式远射程喷灌机机动性强，但雨滴大、能耗高，只能在降水多的农牧区作为牧草等作物临时补充灌溉采用；在新疆降水多的补充灌溉区应大力发展劳动强度低的自压喷灌城市绿化中应采用固定管道式喷灌和微喷灌。究竟采用什么喷灌方式一定要根据当地的具体情况综合比较，科学决策。

第三节　微灌技术在新疆的应用

本节主要对微灌技术在新疆农田水利中应用的常见问题进行分析，并提出几点合理化建议。

一、农业高效节水工程微灌设计中常见的问题

（一）项目区实地调查不到位，影响工程设计参数的确定

近年来，由于全疆农业高效节水工程项目建设任务较大，而且项目的前期时间较紧，部分设计单位对农业高效节水工程项目区的外业调查有时不到位。因此，忽略了工程设计过程所需项目区的部分基本资料调查。

忽略项目区工程地质内容，部分设计单位认为农业高效节水灌溉工程就是田间灌溉工程，有没有项目区工程地质资料，对工程设计影响不大。其实不然，项目区工程地质边坡稳定性、冻胀和腐蚀性分析评价的结论，直接影响工程管沟临时边坡，以地表水为水源引水渠道的永久边坡，渠道和沉砂前池是否需要抗冻胀设计及防腐处理。

不然，设计中此部分内容和参数的确定，就是无的放矢，缺少依据。

对以地表水为水源的微灌工程，忽略了项目水源泥沙资料，这样直接影响沉沙前池尺寸的设计计算以及灌溉季节所需清沙量。对以地下水为水源的微灌工程，忽略了项目区需利用已有机井（包括配套设备）现状资料。因此，项目区原有机井的水泵、启动柜和变压器能否满足微灌工程系统需求，是否需要全部更换，就缺少必要的依据。对项目区主要种植作物的种植模式了解不够细致，这样设计过程中确定的毛管间距，时常同作物的种植模式不相匹配，影响微灌系统流量确定的准确性。

（二）田间地埋分干管变径过多

部分设计单位对已建成的大田农业高效节水灌溉工程运行状况了解不是太清楚，没有充分考虑用户的工程运行管理便利需求，仍然按传统微灌工程设计思维来考虑问题，为降低管网工程造价，将连接出地管的地埋PVC分干管多次变径。这样的设计会带来同一个轮灌组中，同时工作的地面支管相距较远，不便于项目区的集中轮灌，而且运行管理人员开启支管阀门往返路程较长，无形中加大了运行管理人员的劳动强度，面对当下不断提高的劳务用工费，这在大面积推广农业高效节水灌溉是一个不利的因素。

（三）出地管压力型号偏小

由于有些大田管网系统入口设计扬程在二三十米左右，设计出于经济合理的指导思想，将地埋PVC管材压力型号选为0.4 MPa，这是合理并实际的设计内容。但是，部分设计单位将连接地埋PVC分干管和地面PE支管的PVC出地管（俗称出地桩）压力型号同选为0.4 MPa，这不是太合理或实用的。其主要原因是0.4 MPa的PVC出地管管壁较薄，而且新疆夏季日照时间长、紫外线强度大，再加上现在PVC管材生产的添加辅料量较大，都加快PVC出地管的老化速度。据现在已运行的高效节水灌溉工程情况了解，有些系统的PVC出地管3～4年就需要更换，这样的更换频率有些太高，增加了工程后期维护难度和工作量。

（四）首部过滤器设计过滤精度参数偏高

微灌是通过灌水器给农作物供水，灌水器的流道和出水口一般较小，容易发生堵塞。因此，部分设计单位在微灌工程首部过滤器设计中，出于这方面的考虑，将过滤器的过滤精度参数定得较高，有的甚至将大田滴灌系统的过滤器的过滤精度参数设计为200目。这样的设计并非合理实用，他们忽略了过滤器工作运行状态，系统首部过滤器设计的过滤精度目数越高，管网运行时，过滤器自动反冲洗的频率就越高，也就是有更多的水量进不了管网系统，既浪费了有限的水资源，又降低了管网的工作效率。特别是以地下水为水源的管网系统，抽出的水直接进入了管网，而系统首部反冲洗所排的水不能返回井里，就会在首部管理房附近形成一些积水，这样对首部管理房的运行和安全带来一些隐患。

（五）地面PE支管的管径偏小

新疆农业高效节水微灌工程田间管网系统的地面PE支管，在早期时由于技术和材料的局限，支管设计多以0.4 MPa、ϕ63、ϕ75的PE管为主，随着微灌工程技术不断改进和节水材料性能提高。目前，新疆农业高效节水灌溉工程大田管网系统的地面PE

支管，大多都采用 0.25 MPa 这样既降低材料成本，又便于灌溉结束后的回收。但是，部分设计单位还是沿用以往的设计习惯，将地面 PE 支管的管径设计为 φ63 或 φ75PE 管，这种设计思路已经跟不上现行微灌工程技术不断改进形势的需求。将地面 PE 支管的管径设计为 φ63 或 φ75，由于该管材的管径偏小，过流能力有限，为满足系统灌水均匀度的要求。

因此，选择 φ63 或 φ75PE 支管铺设长度就偏小。如果支管采用较大管径的 PE 软带，既可满足系统灌水均匀度的要求，也可将支管的铺设长度增加，这样就可将地埋分管干的间距加大，从而减少了管网系统地埋管的数量，也就降低了工程造价。

另外，这样布置也为今后经济条件许可的时候，对已建成的高效节水灌溉工程管网系统，进行自动化控制改造创造有利的条件，由于使用的电磁阀数量减少，也就降低了自动化控制改造的费用。

（六）毛管设计滴头流量偏高

部分设计单位过分考虑农户传统灌水习惯，按农户的意愿将毛管的滴头流量设计成 2.8 L/h、3.0 L/h 或 3.2 L/h 甚至更大。通过对已建成并运行多年的大田高效节水灌溉工程调查，这种大流量滴头的毛管设计形式，系统灌水均匀度很不理想。如采用较小滴头流量的毛管设计，在毛管管径不变的情况下，即可满足系统灌水均匀度的要求，也可增加毛管的铺设长度，从而减少了管网系统支管的数量，也就同样降低了工程造价。由于管网系统支管数量的减少，今后如需进行系统自动化控制改造，同样可减少电磁阀的用量，也是降低自动化控制改造费用的一种措施。

（七）轮灌组划分问题

新疆目前现行的大田高效节水滴灌工程管网系统中，支管基本都是铺在地面的 PE 管，而且若支管管径选择多大，那么连接地埋分干管和地面支管的出地管（俗称出地桩）管径就选择多大。但有些系统设计中，在轮灌组划分时，将同一个出地管上连接的两条地面支管，安排在同一个轮灌组，这样是非常不合理，增加了局部水头损失，将影响系统灌水均匀度。

（八）田间防护林灌溉问题

新疆现在的大田高效节水微灌工程建设，基本都是在现有耕地上进行，而且现有的耕地林网配套也基本成形，但部分设计单位在做大田高效节水微灌工程设计时，只考虑了主要种植作物的灌水设计内容，而忽略了配套防护林的灌溉问题。

二、农业高效节水工程微灌设计的几点合理化建议

（一）按自治区农业高效节水灌溉工程标准化、规范化要求完善设计

新疆农业高效节水灌溉工程建设已具备相当规模，自治区水利厅依据全疆高效节水工程建设的管理经验，在 2011 年制定下发了《新疆维吾尔自治区农业高效节水灌溉工程标准化、规范化建设及运行管理办法（试行）》，从规划设计的标准化、规范化等多个方面提出了全面要求。因此，工程设计人员应按此管理办法要求完善设计内容。

（二）加强农业高效节水微灌工程项目区外业调查

农业高效节水微灌工程在室内设计工作开展前，应对工程项目区进行细致的外业调查，除了按规范要求调查收集相关资料外，不能认为高效节水工程是田间工程而忽略了项目区工程地质的勘察。由于微灌工程与其他水利工程在侧重点上有所不同，可以简化部分工作内容和工作量，但同设计密切相关的参数，如项目区内的边坡稳定性、冻胀和腐蚀性评价的结论必须有具体翔实数据。

（三）农业高效节水微灌工程设计中几点建议

依据全疆多地已建高效节水微灌工程建设运行管理经验，对今后新疆农业高效节水微灌工程设计的几点建议。

① 在地埋PVC分干管设计时，考虑到管材的采购和施工安装便利及建成后降低运行管护人员的劳动强度，不宜将分干管多次变径，分干管的管径不宜小于 $\phi160$。

② 过滤器的过滤精度参数选择不宜过高，也不宜过低，由于毛管大多采用的是一次性滴灌带，一个灌溉季节结束就回收了，大田微灌工程的过滤器精度一般选在100目左右即可。

③ 为降低系统地埋管网造价，便于今后灌溉系统的自动化控制改造，地面PE支管的管径不宜小于 $\phi90$。

④ 为减少地面支管的数量，同样是为今后灌溉系统的自动化控制改造打好基础，并且提高系统灌水均匀度，毛管的滴头流量选择在 2 L/h 左右为宜。如项目区土壤质地偏黏性，滴头流量还可适当减小；土壤质地偏沙性，滴头流量还可适当加大。

⑤ 系统轮灌组划分时，同一个出地竖管（俗称出地桩）连接的两条地面支管，无特殊的要求，不能划分在同一个轮灌组中，应安排在不同轮灌组工作。

⑥ 新疆现有耕地基本成形林网化，现行的防护林灌溉是依托现有农田灌水渠系和大田退水解决。如果农田建成了高效节水灌溉形式，现有的农田灌水渠系可能就再不走水了，由于是高效节水灌溉大田也就无退水了，而防护林灌溉问题就需要专门考虑。建议将农田防护林灌溉同系统管网末端冲洗排空结合起来考虑设计，在系统管网末端的排水井前安装闸阀和防冲池，利用作物灌溉间隙管网冲洗的排水，灌溉农田防护林，这样既解决了管网冲洗的排水出路，又解决了防护林的灌水问题。

第四节　滴灌技术在新疆的应用

一、新疆滴灌技术的发展现状

自 2009 年以来，党和自治区政府共投入农业节水资金 63.7 亿元，开展了农田节水灌溉、盐碱地改良和坎儿井保护等农田水利基本建设，以及塔里木河流域综合治理等大型灌区节水改造，对各级渠道进行防渗加固，建设高标准节水灌溉农田，在全区范围内扩大节水灌溉工程控制面积。截至 2006 年年底，新疆在灌溉用水总量并未增加的情况下，农业灌溉面积由 2000 年 66 100 万亩发展到如今的 6600 万亩，其中节水灌溉工程控制面积发展到 3000 万亩，高效节水灌溉面积达 800 万亩，每亩农田每年的毛灌溉量可节水达 46 m^3。这些农业节水灌溉面积和设施，每年可节水 75 亿 m^3。

二、滴灌技术在提高农业经济效益中的优势

（一）提高农作物产量

节水滴灌按照作物需水规律进行灌溉，使水肥供应符合作物生长发育要求，滴灌耕作层土壤疏松，不板结，土壤内通气性良好，地表温度较高，有利于作物生长发育。与地面灌相比，滴灌的作物高产稳产，可增产 30% 以上。

（二）提高果实品质

滴灌完全按照作物需水规律进行灌溉，使作物处于最佳生长环境。与地面灌溉相比，由于地面沟渠杂草丛生，草籽和病虫易随水流传入农田。滴灌断绝了草籽和病、虫的主要传播途径，从而大大减少了杂草和病虫害。特别是温室采用地面灌溉湿度大，病虫害多，易死苗，滴灌温室地表较为干燥，室内湿度低，所以病虫害少，苗全苗壮。农产品质优价高，易于销售，促进农民增收。

（三）滴灌技术在农作物灌溉中的作用

滴灌较传统的地面灌溉可节水 50% ～ 70%，水的利用率可达 97%。滴灌的灌溉设施均埋在地下，与地面漫灌相比，少占用耕地 3% ～ 5%。滴灌施肥技术被公认为是当今世界上提高水肥资源利用率的最佳技术。滴灌结合施肥非常方便，将肥液注入管道，随灌溉水施入土壤，因而很容易做到少施、勤施，可提高肥效 30% ～ 40%，可节省水肥管理人工 90% 以上。

因此，滴灌技术能够在农作物灌溉中起到节水、节地、省肥、省工作用。同时滴灌所用的设备，由工厂制造，购买后即可安装，由于滴灌适应性强，无论何种地形和土壤均可使用，对于缺水的丘陵山区尤为适用。沙漠、戈壁、盐碱土壤、荒山荒丘等也可利用滴灌技术进行种植，使边际土地资源得到有效的开发。

三、滴灌技术经济效益分析

（一）3 种灌溉方式经济效益比较

1. 滴灌与地面灌溉比较

滴灌与地面灌溉相比可省水 20% ～ 30%，对地面的适宜性强，特别是丘陵和坡地，并且可以防旱，增产、增效，单位面积可增产 20% ～ 30%。滴灌比不灌处理增加纯效益 1.686 万元/hm^2、单方水纯效益 14.05 元。垄台平铺式滴灌节水增收效果显著，每公顷节水 1200 ～ 1350 m^3、增收 3750 ～ 4500 元，且比垄下埋管式渗灌操作方便、节水显著、经济实惠，易于推广应用。

2. 滴灌与沟灌比较

研究表明，滴灌比沟灌节水 50.0% ～ 82.5%，烟叶产量增加 20%，产值提高 30% ～ 40%。滴灌与喷灌相比，对产量、品质、内在化学成分等方面的影响并无显著

差异，但滴灌以其低廉的成本，在烟草移栽时可作为一种行之有效的技术来代替喷灌。

对于烤烟、棉花、茄子等经济作物而言，滴灌较沟灌更能提高作物的产量和经济效益，但是滴灌设施灌水方式成本要高于沟灌 7～8 倍，用工量和耗水量远低于沟灌，综合比较，采用滴灌比沟灌获取的效益更多。

（二）滴灌技术对新疆农作物产生经济效益

1. 棉花产生的经济效益

膜下滴灌技术对棉花产生的良好经济效益有以下 3 个结论。

① 膜下滴灌棉花与常规沟灌相比具有较好的经济效益。每公顷年均纯收入为 2921.55 元，比常规沟灌 1835.91 元增收 1085.64 元。从规模效益来看，膜下滴灌棉花生产一个劳动力所创造的产值为 19487.03 元，是常规沟灌的 5.31 倍。

② 膜下滴灌棉花生产的 $NPV=5780.67>0$，$IRR=67\%>12\%$，投资收益率为 91.5%，投资回收期为 2.1 年。说明膜下滴灌棉花生产的盈利能力较强。

③ 通过单因素敏感性分析和多因素敏感性分析可知，单产或单价或经营成本是影响膜下滴灌棉花经济效益的敏感性因素，而滴灌设备不是影响经济效益的主要因素。

2. 番茄产生的经济效益

膜下滴灌技术对番茄产生较好的经济效益有以下 5 个结论。

① 膜下滴灌番茄的生产与常规灌溉相比具有较好的经济效益。膜下滴灌纯收入在折旧后为 5223.45 元/hm²，比常规沟灌 2556.45 元增收 2667 元/hm²。从规模效益来看，膜下滴灌番茄生产一个劳动力所获得的实际纯收入为 24 393.51 元，是常规灌溉的 5.71 倍。

② 膜下滴灌番茄生产的净现值为 $NPV=9935.72>0$，内部收益收益率 $IRR=64\%>10\%$，投资收益率为 51.54%。投资回收期为 1.94 年，说明膜下滴灌番茄生产的盈利能力较强。

③ 膜下滴灌与常规灌溉相比，在节水、省人工、增产增效方面同样具有明显的优势。膜下滴灌比常规沟灌节约水费 510.00 元/hm²，节约 45.33%；节约人工费 367.50 元/hm²，节约 25.73%；增产 8550 kg/hm²，增产率为 12.23%。

④ 通过盈亏平衡分析，膜下滴灌番茄达到盈亏平衡时的产量为 38 653.85 kg/hm²，单位产品价格为 0.17 元/kg，单位可变成本为 0.18 元/kg。

⑤ 通过单因素和多因素敏感性分析可知，单产量或单价和经营成本是影响膜下滴灌番茄投资效益的敏感性因素，而投资额（即滴灌设备投入）不是敏感性因素。

3. 加压滴灌技术的经济效益

采用加压滴灌技术，不仅在经济作物棉花上效益显著，在粮食作物小麦上也切实可行。通过应用加压滴灌技术，可较大幅提高作物产量和生产效益，增强产品的竞争力和抵御市场风险的能力。

四、农田水利灌溉系统滴灌工程的设计方案

滴灌系统的设计需要对地形、地质进行详细勘探，要考虑当地水资源的条件及当地整体性的气候特点，然后采用科学的计算方法对滴灌系统进行设计。

（一）滴灌工程设计的相关参数

根据相关的规则对我国滴灌技术进行了重新认知，结合国内外滴灌的经验和技术总结：微灌土壤的湿度比为 40% ～ 50%。一般来说，微灌水的利用系数在 0.90 左右，设计灌溉水的均匀度为 90% ～ 95%。

（二）滴灌工程设计的目标

滴灌工程设计的最终目标是选择合理的形式进行滴灌，真正意义上的滴灌系统需要使用典型的设计作为例子，然后对灌溉的面积进行合理化的布局。

（三）滴灌管线的特点

滴头内所用的是插入结构，这是其他的灌溉技术所不具备的，因为滴头是直接焊接在滴管的内部，所以它可以最大限度地防止损害的发生，并且还节省了空间，所采用的管线其壁厚不应 < 0.50 mm。

（四）滴灌管线的布置形式

滴灌管道的安排及农作物的性状与作物的类型及栽培的方法有着密切的关系，对于不同的作物，要选择不同的滴头类型。同时也应该考虑滴管系统的建设、管理和其他外部因素，它们都是影响农作物的生长的因子。例如，玉米、蔬菜和其他作物都属于密集种植型作物，这些作物需要的水分相对较多，所以在滴灌管线的安装上就要格外在意，在一膜中至少需要 1 ～ 2 根，为了确保最佳的灌溉效果，滴灌管应躺在地上。

五、农田水利灌溉滴灌工程设计

（一）管网布置的原则

根据作物种植及灌溉技术的相关要求，采用符合要求的灌溉技术；结合作物种植的方向要求，确保作物水分的需求，以确保水分转移的方便性，这样可以及时有效地维护灌溉面积。管道的纵向平面要光滑，要尽可能地防止热胀冷缩及冬季霜冻害问题的发生。

（二）管网布置的形式

如今，我国的农业灌溉技术还相对较差，在很长的一段时间内严重制约经济的发展，为了更好地推动农业的发展，同时大力提升农民的生活质量，需要进一步完善农田灌溉系统的建设。过去相对落后的技术，严重影响了后续的长远发展。如今，我国滴管网总体布局的形式主要是水泵与支管，然后是管线，因为我国地形相对复杂，因此所有的干管一般都使用人字形布局，它可以最大限度地节约水源，防止水资源的浪费。

（三）输配水管道规格

农田水利灌溉系统是一个非常重要的民生系统，其施工必须安全可靠，所以在施工的过程中要对管道的规格和材质有一个明确的标准，这个标准应根据不同地区的设计流量而制定。在正常情况下，滴灌管的材料是由低密度聚乙烯拉制而成，它的化学配方可以有效地降低对外界的破坏。同时它也包含抗老化的添加剂成分，可以有效地防止管道的老化，延长管道的使用寿命。此外，为了确保每个灌区得到水资源，应该结合当地的实际情况，在每个灌溉区域安装一个压力调节阀，设置统一的压力，保证稳定的滴灌技术。

（四）首部枢纽设计

首先要考虑的是过滤系统，因为过滤设备一直是制约滴灌系统能否安全运行的重要保证。任何一个水域中水资源都含有一定的沉积物、藻类和碎片。在这些漂浮物中还存有一定量的化学成分，因此，首先需要确定过滤结合是否符合系统设计的要求，是否有着坚固耐用的优点。

我国现阶段相对成熟的过滤技术主要有离心力砂石分离器外叠加片过滤器组、介质过滤器外加网式过滤器组合及离心式过滤器组等，这些过滤器组能够较好的适用于没有藻类的水源中。如果水中含有大量的沉积物，那么就需要使用离心过滤器组、介质过滤器组对水中的浮游植物有着很好的过滤效果。如果水质很好，可以直接使用滤水器。事实上，无论选择什么样的过滤器，目的是为更好地减少阻塞状况的发生。

六、农业高效用水发展瓶颈和制约因素

（一）重建设和轻管理并存

新疆农业高效用水发展较快，滴灌规划和建设由水利部门负责，而管理则涉及农业部门及农户。由于水利部门缺乏农业种植方面的专业认识，导致建设的滴灌系统不完善，如不利于农业机械耕作、不利于施肥灌溉等；当滴灌系统建成后，随着灌水方式的变革，施肥、锄草等田间管理随之发生变化，而多数滴灌系统管理人员、农业技术人员及农户等没能适应从传统农业跳跃发展为以滴灌为主导的现代农业这一变化，其结果是导致滴灌系统未能发挥其应有的效益。现代农业是三精农业，即精量播种、精量施肥和精量灌溉，其中两精是由滴灌施肥实现的，但滴灌系统实施后，管理人员依然采用传统灌溉的施肥量和灌水定额。

因此，高效用水发展的重点是有针对性地培训农业技术人员，使其掌握施肥灌溉技术，同时制定适合新疆不同作物滴灌条件下的施肥制度。农业部门要结合农业栽培技术制定适宜的施肥灌溉制度，水利部门配合农业施肥灌溉制度研究更有效的施肥设施或装置。

（二）缺乏合理的施肥灌溉制度

水利部门建设滴灌系统的主要目标是节水，而滴灌在农业管理中真正目的是精量施肥、灌溉以及机械化。在作物全生育期，传统大水漫灌或地面灌溉灌水次数 3～5次，无法根据作物生长状况适时施肥，滴灌施肥系统解决了这一问题，可以实时适量根据作物需肥规律施肥，减少过量灌溉或雨水对硝态氮淋洗的影响，勤施、少施水溶性肥，减少磷肥和钙镁肥固化吸收损失。

目前农业技术人员对滴灌灌溉制度理解不够，依然采用传统的灌溉制度，或增加灌水次数，没有完全发挥滴灌施肥优点。肥随水走，每次带肥，降雨多的地区，滴灌在降雨后应补充氮肥。先进的灌水技术不仅适时、适量灌溉，而且实现了根据作物的需肥规律进行施肥灌溉，使农作物产量提高和品质得到改善。

只有采用精准施肥灌溉的滴灌系统才能实现果树的优质高产。新疆有很多名优待

产，但种植者不了解滴灌果树的施肥灌溉制度，采用不合理的施肥灌溉制度导致果实产量不高，品质不优。果树滴灌根系可达土层以下 1 m 多，壤土可储水量 24 m³/亩，满足作物蒸腾，果树的行间距为 4～6 m，湿润比为 0.3～0.5，实际储水量为 7～12 m³/亩，低于棉花的储水量 12～15 m³/亩，因此，果树灌溉周期应更短，2～3 天灌一次，每次灌 8～12 m³/亩，如果是沙壤土，应该 1～2 天灌一次，每次灌 5～8 m³/亩，而且要每次施肥，在盛果期施用钾肥提高果品的品质和产量。

据调查，在一些果树滴灌项目研究中，一般 8～10 天灌一次，每次灌溉 20～30 m³/亩，实际上第 3 天或第 4 天就发生土壤水分胁迫，影响了水果的品质和产量，且有 50%～60% 的水产生深层渗漏，将养分也淋洗到根区以外，这是果树滴灌没有成功的原因。

（三）灌区调配水管理模式不适应现代滴灌灌溉制度

新疆灌区的调配水模式不能满足滴灌施肥灌溉制度的要求，当滴灌系统需要渠道供水时渠道却供给不了，或是供给水量不能满足滴灌系统设计要求，反之亦然，从而导致滴灌系统抢灌现象的发生，春灌期尤为突出，成为影响滴灌施肥灌溉优质高产的因素之一。随着灌区信息化不断发展，一些灌区具有了初步水资源的监控能力，但往往是有监不控，或有控不监，没能用于灌溉指导。

因此，需加强渠灌区配套设施建设，包括改建和改进干、支、斗、农渠道防渗和配套设施，使渠系适应现代灌溉管理的配水要求。例如，实施监控一体渠系调配系统，实现滴灌系统实时适量调配用水；通过先进灌区渠系物联网管理调配技术和灌溉管理，实现农作物产量的提高和品质的改善。

（四）缺乏制定滴灌灌溉制度的实时气象数据

随着气候不断变化，季节性变化加大，历年和动态预报参考作物需水量（ET_0）发布难度不断提高，制定滴灌施肥灌溉制度的有效数据缺乏，制约了农业高效节水提质增效。

目前，全国有许多灌溉试验站，监测不同土壤深度土壤含水量，通报土壤墒情，监测数据为体积含水量，可以计算不同深度的有效降雨，可折算为灌溉水量，但有些地区将监测数据换算为重量含水量发布，失去了对灌溉制度制定和产量预报的参考意义，土壤水分仪器埋在田间土壤中是监测有效降雨，埋在作物生长的田间是监测作物需水量，气象站 ET_0 不能实时发布，不同深度有效降水信息不能及时获取，没有实时作物需水量和有效降雨量就不能制定合理的施肥灌溉制度和产量预测。

当前节水灌溉是在缺乏数据指导的条件下进行灌溉，是以牺牲农作物品质和产量为代价的节水。与大水漫灌一次灌水定额相比，滴灌灌溉一次节水约 50%～70%，要达到优质高产，滴灌一年的灌溉定额有时候要比地面灌溉多 50%～60%，但效益也更显著。

因此，气象部门应开放气象站动态气象数据和遥感气象数据，为计算和预测参考作物需水量（ET_0）提供依据，同时采用云数据预测 1 km² 未来一周的变化量，为农作物产量预报、制定科学合理的施肥灌溉制度提供科学依据。

（五）传统小管径大流量滴灌带制约了自动化发展

在新疆，滴灌系统中常采用传统边缝式滴灌带，其滴头流量为 1.8 ～ 3.4 L/h，管径为 φ16 mm，滴头流量大，铺设距离仅为 50 ～ 70 m，使得田间出水栓较多，每个轮灌区灌溉时长 3 ～ 4 h，频繁开启阀门为夜间操作带来极大不便，制约了滴灌自动化和智能化的发展。与之相比，新型大管径低流量滴灌带滴头流量 1 L/h，管径 φ20 mm 或 φ22 mm，其铺设距离可达 150 ～ 200 m，可有效减少系统阀门、支管数量及轮灌区，降低灌溉成本，提高灌水均匀度。阀门数量的减少，降低了投资，有利于实施滴灌自动化，实现实时、适量施肥灌溉，促进作物优质高产。

（六）自动反冲洗过滤器不符合低能耗绿色灌溉要求

根据农业可持续发展要求，新疆滴灌系统设计与运行工作压力由过去的 35 ～ 40 m 降到目前的 18 ～ 20 m，有些系统压力降至 15 m。传统自动反冲洗过滤器不能满足绿色灌溉要求。例如，叠片自动反冲洗过滤器出水口工作压力为 26 ～ 30 m、网式自动反冲洗过滤器出口压力为 20 ～ 25 m，均大于滴灌系统所需压力，造成能源浪费。

在渠灌区，由于水质差，实际灌溉中许多过滤器滤芯被取出，失去过滤效果；一些地区采用重力过滤大首部系统没有二次保护性过滤器，滴灌系统滴灌带出现"第一水"作物一展平，"第二水"一清绿，"第三水"高低不平滴头堵塞现象；特别对于灌溉水质混浊，藻类、菌类和水生动物大量繁殖的水源，滴头堵塞严重。对于优质高产作物，如果灌溉 15 ～ 25 次，滴头堵塞更严重。

国外滴灌系统均为多次过滤，其成功经验值得思考和借鉴。不能以一次性滴灌带为接口降低过滤标准，研发推广低压自动反冲洗过滤器、自动水力驱动无压进水口过滤器等过滤装置，才能确保新疆滴灌系统运行正常，为施肥灌溉更均匀提供保障。

（七）施肥装置影响系统压力和降低施肥灌溉均匀性

施肥灌溉在整个滴灌系统运行中占大多数时间，新疆滴灌系统大多采用压差施肥罐或文丘里施肥器。压差施肥罐在施肥过程中首部要保持在 3 ～ 8 m 压差，而文丘里施肥器要保持 5 ～ 10 m 压差，当前滴灌系统压差为 18 ～ 20 m，施肥损失系统压力 20% 左右，施肥后系统压力降低，对施肥灌溉均匀度造成影响。与过去滴灌带压力 10 m 相比，现在工作压力只有 5 m 左右，很多区域出现灌溉量不够，尤其距离系统首部远或地势高的区域。

"十三五"期间应彻底改进现有的压差施肥罐或文丘里施肥器，采用比例施肥机或装置，减少对滴灌系统压力影响，提高施肥精度和均匀性。

（八）苜蓿浅埋地下滴灌技术不成熟

浅埋滴灌是指滴灌带（管）埋在 5 ～ 10 cm 耕作层下，可以减少棵间土壤水分蒸发和铵态氮挥发，将肥料直接施用在根系附近，提高肥效，同时防止风对滴灌带的影响。浅埋滴灌主要用在马铃薯、蔬菜等根系浅作物上，每年需回收滴灌带或管。当前，新疆有些地区将浅埋滴灌应用在苜蓿上，出现很多问题。

苜蓿是深根多年生作物，地下滴灌带铺设间距 0.6 ～ 0.7 m，阀门数量多，建设和运行成本高；浅埋地下滴灌带易受老鼠和蟋蟀等啃咬损坏，修补费时、费工，增加成本；在收割期间受打草机械和收获机械碾压损害，在黏土地受碾压后滴灌带在低压条件下难以撑开，影响灌溉均匀度；苜蓿地下滴灌收割后第一天就可以滴灌施肥，由于滴灌后毛细管作用地表湿润影响苜蓿晒干，6天后打捆收获后再施肥灌溉，导致产量减少36%。

地下滴灌工作压力大于12 m，边缝式滴灌带多采用回收料加工，容易爆管，因此苜蓿如果采用地下滴灌，滴灌带应选用贴片式小流量滴灌带（< 1.6 L/h），铺设深度15 ～ 20 cm，铺设间距1.0 ～ 1.2 m，以降低成本。

七、新疆滴灌技术研究发展方向

新疆滴灌技术已经发展数十年，已经被广大农户接受，目前应在现有滴灌技术集成的基础上，解决新疆滴灌发展的制约因素，加强对滴管施肥灌溉系统的管理，研发和创新出更适合新疆的新技术和新理论，使新疆滴灌提高到一个新台阶。

（一）离子灌溉系统理论创新研究与应用

开展水盐离子分离器与镁、锌离子释放的离子灌溉研制，用物理方法将负离子电子收集导入地下，而水中盐分正离子相互排斥，降低盐分水分基质有利作物根系吸收，同时通过电位差释放出镁离子和锌离子有利于作物光合作用，提高作物产量，当前研究成果表明，在微咸水条件下，产量提高20% ～ 45%。新疆节水企业创新研制的离子灌溉技术为微咸水和肥效提高在世界上提出新的理论和技术，该技术和理论还需要进一步研究和完善。

（二）研制与推广低流量大直径、压力补偿式高性能滴头

低流量大管径滴灌带研发和应用为降低滴灌自动化技术成本和提高稳定性提供必要条件，而果树滴灌管与压力补偿滴头滴灌管的研制与应用使果树滴灌施肥灌溉更均匀，品质和产量更加提高。

（三）研发无压与低压过滤器

研发适合新疆滴灌系统工作压力20 m以下的自动反冲洗过滤器，包括已研发的无压过滤器、完善水力驱动和低压10 m自动反冲洗过滤器；对新疆一次性滴灌带不同流量滴头过滤器目数进行评价，在确保抗堵的情况下，降低目数，提高过流量，确保不同流量，特别是小流量滴灌带和滴灌管有过滤系统保护的同时，提高使用年限，降低成本，为滴灌自动化的实施奠定基础。

（四）改进与配套施肥灌溉设备

改变现有压差施肥罐和文丘里施肥器对低压系统工作压力损失，提高施肥灌溉均匀性；研究适合小农户一家一个控制阀或温室简易比例施肥装置；研究适合大田水溶肥备肥与配肥比例施肥系统；推广液体肥，提高氮磷钾有效性，研发适合液体肥施肥装置。

（五）气象大数据的建立与应用

利用新的ET_0发布云数据，建立新疆不同地区作物的需水量、灌溉制度体系和产量预测系统，让新疆的高效农业施肥灌溉、滴灌系统有科学依据，充分发挥农业高效滴灌系统效益。

参考文献

[1] 刘俊浩. 农村社区农田水利建设组织动员机制研究[M]. 北京：中国农业出版社，2006.

[2] 李宗尧,杨晓红. 农田水利建设[M]. 南京：河海大学出版社，2011.

[3] 佚名. 农田水利设施建设效果评价[M]. 北京：社会科学文献出版社，2011.

[4] 刘拴明. 农田水利工程建设与管理[M]. 西安：黄河水利出版社，2001.

[5] 陶家俊. 农田水利管理[M]. 南京：河海大学出版社，2011.

[6] 王元第. 黑河水系农田水利开发史[M]. 兰州：甘肃民族出版社，2003.

[7] 罗兴佐. 水利——农业的命脉:农田水利与乡村治理[M]. 上海：学林出版社，2012.

[8] 郑守仁. 农田水利小知识[M]. 武汉：长江出版社，2010.

[9] 贺雪峰. 中国农田水利调查[M]. 济南：山东人民出版社，2012.

[10] 钟再群，李桂元. 小型农田水利工程建设规范化与生态化[M]. 西安：中国水利水电出版社，2013.

[11] 李明，张光辉. 小型农田水利及农村饮水安全工程内业资料整编指南[M]. 西安：黄河水利出版社，2011.

[12] 王春堂. 农田水利学[M]. 西安：中国水利水电出版社，2014.

[13] 张玉龙. 农田水利学[M]. 北京：中国农业出版社，2013.

[14] 裴毅. 新农村农田水利工程建设实用技术图集[M]. 长沙：湖南科学技术出版社，2012.

[15] 周永建. 农村水利技术与实务小型农田水利技术丛书[M]. 西安：水利水电出版社,2012.

[16] 楼骏. 农田水利学[M]. 西安：中国水利水电出版社，2005.

[17] 郑守仁. 小型农田水利工程管护[M]. 武汉：长江出版社，2011.

[18] 董文胜. 小型农田水利基本设施维护与使用[M]. 西安：黄河水利出版社，2011.

[19] 樊惠芳. 农田水利学[M]. 西安：黄河水利出版社，2003.

[20] 余利丰. 农田水利基础设施建设与农业发展关系研究[D]. 武汉：华中科学大学，2006.

[21] 周晓平. 小型农田水利工程治理制度与治理模式研究[D]. 开封：河海大学，2007.

[22] 张跟朋. 新农村建设背景下小型农田水利建设的现状和对策[D]. 泰安：山东农业大学，2013.

[23] 孙静. 小型农田水利工程治理模式绩效评价研究[D]. 济南：山东大学，2013.

[24] 王文浩. 高标准农田水利工程后评价指标体系研究[D]. 咸阳：西北农林科技大学，2013.

[25] 郭唐兵. 我国农田水利供给的有效性研究[D]. 昆明：云南财经大学，2013.

[26] 段旭斌. 小型农田水利设施建设和管理研究[D]. 长沙：湖南农业大学，2013.

[27] 陈凯. 新疆滴灌系统工程技术问题分析及其管理模式研究[D]. 保定：河北农业大学，2016.

[28] 王海军. 针对新疆农田水利工程规划设计与灌溉技术的探讨[J]. 水利建设与管理，2015（7）：28-30.

[29] 柴向俐. 滴灌工程在新疆农田水利灌溉系统中的应用探讨[J]. 水能经济，2016（11）：69.

结　语

　　水利是现代农业建设不可或缺的首要条件，是经济社会发展不可替代的基础支撑，是生态环境改善不可分割的保障系统。农田水利建设作为新农村建设的重要组成部分，对于我国农业发展、农村经济繁荣、农民增收具有重要意义。2011年中央一号文件明确指出，要不断加大水利投入力度，建立水利投入稳定增长机制，实行最严格的水资源管理制度，完善流域管理与区域管理相结合的水资源管理制度，把水资源管理作为加快转变经济发展的战略举措。

　　因此，农田水利建设在我国社会发展过程中具有非常重要的意义。面对当前我国农田水利建设过程中存在的问题和困难，要深刻认识和把握农田水利建设的自身特点，认真分析和研究新时期各种情况对农田水利建设的影响，通过强有力的政府引导和推动，积极引导农田水利建设。要结合社会主义市场经济的要求，建立一套适合我国农业发展需求的农田水利管理体制和运行机制，推动社会和谐发展。